新工科计算机专业卓越人才培养系列教材

软件工程原理与方法

微课版

张爽 胡清河◎编著

Software Engineering

人民邮电出版社

北京

图书在版编目（CIP）数据

软件工程原理与方法：微课版 / 张爽，胡清河编著
. -- 北京 ：人民邮电出版社，2023.12
新工科计算机专业卓越人才培养系列教材
ISBN 978-7-115-62056-9

Ⅰ. ①软… Ⅱ. ①张… ②胡… Ⅲ. ①软件工程－高
等学校－教材 Ⅳ. ①TP311.5

中国国家版本馆CIP数据核字(2023)第110576号

内 容 提 要

随着信息技术的发展，软件已经深入人类社会生产和生活的各个方面。软件工程就是运用工程的
思想、理论、方法、过程和工具来开发和维护软件，具有很强的实践性。本书覆盖软件生命周期中的
活动，从需求、分析、设计、实现、维护到软件质量保证。全书共 12 章，主要内容包括绪论、软件工
程要素、需求、面向对象思想与范型、面向对象分析、面向对象设计、实现、软件质量保证、维护、
软件生命周期模型、敏捷软件开发和综合案例实践。

本书可作为高等学校软件工程、计算机科学与技术等相关专业的教材，也可作为计算机软件相关
领域从业者的参考书和相关培训的教材。

◆ 编　著　张　爽　胡清河
　　责任编辑　许金霞
　　责任印制　王　郁　陈　犇
◆ 人民邮电出版社出版发行　　北京市丰台区成寿寺路 11 号
　　邮编　100164　　电子邮件　315@ptpress.com.cn
　　网址　https://www.ptpress.com.cn
　　涿州市京南印刷厂印刷
◆ 开本：787×1092　1/16
　　印张：16.5　　　　　　　　　 2023 年 12 月第 1 版
　　字数：347 千字　　　　　　　 2023 年 12 月河北第 1 次印刷

定价：69.80 元

读者服务热线：(010)81055256　印装质量热线：(010)81055316
反盗版热线：(010)81055315
广告经营许可证：京东市监广登字 20170147 号

新一代信息技术产业是国民经济的战略性、基础性和先导性产业。软件已经成为引领新一轮科技革命和产业变革的核心技术，在制造、金融、教育、医疗、交通和商务等几乎所有领域发挥着巨大的、不可替代的作用，极大地促进了人类社会的进步，改变了人类的生产、生活方式。培养优秀的软件人才、传授开发和维护软件的最新技术，是高校责无旁贷的责任和光荣使命。

"软件工程"课程是软件工程专业的核心课、主干课，也是计算机应用技术等信息类专业重要的专业课，目标是培养学生具有良好的职业道德、热爱祖国，掌握软件工程基础理论、相关技术和实践方法，能够在软件及相关领域从事软件系统的分析、设计、开发等工作。

我校张爽老师本着对教育事业的热爱，对"软件工程"课程进行了20年的深耕。她基于自己30余年的科研和项目经验，广泛汲取国内外软件工程课程教学的精华，从课程理念、教学内容、教学案例、到教学方法与考核手段，不断地、持续地进行教学改革和精心设计，不断充实和完善课程资源。该课程清晰的教学内容、易于理解的教学案例、丰富优质的课程资源、深入浅出的教学方法，收到了非常好的教学效果，获得了我校广大学生的一致好评与欢迎，取得了一系列国家级、省级和校级教学成果，同时也对辽宁省其他高校的"软件工程"课程教学起到了非常好的带动和辐射作用。

张爽老师基于"软件工程"课程多年教学经验和教学成果，撰写了《软件工程原理与方法（微课版）》。本教材基于主流的面向对象技术，内容正确、夯实，脉络清晰，语言平实、准确。教材中的案例均选自张爽老师在科研和教学实践中实际应用过的案例，案例真实且丰满，参考答案正确且经过考验。

希望此书以培养具有高尚的道德情操和远大抱负的高层次软件人才为目标，以良好的思想素质、职业道德和爱党爱国为基准，既能传授软件工程的理念和知识，又能培养学生实战的软件工程技能，激发莘莘学子弘扬中华民族精神，树立为实现中华民族伟大复兴而奋斗的志向。

东北大学副校长、教授

2023.11.13

党的二十大报告强调，要构建新一代信息技术、人工智能等一批新的增长引擎，为我国新一代信息技术产业发展指明了方向。新一代信息技术的高速发展，不仅为我国加快推进制造强国、网络强国和数字中国建设提供了坚实有力的支撑，而且将促进百行千业升级蝶变，成为推动我国经济高质量发展的新动能。随着信息技术的发展，软件已经深入人类社会生产和生活的各个方面。软件工程是将工程化的方法运用到软件的开发、运行和维护之中，从而达到提高软件生产率、提升软件质量、降低开发成本的目的。目前，软件工程已经成为当今较活跃、较热门的学科之一。

本书结合作者丰富的软件项目开发经验和多年的国外工作经历，以及"软件工程"20年的课程教学经验编写而成。作者负责并主讲的"软件工程"课程是国家精品在线开放课程和国家级线上一流课程，上线中国大学 MOOC 平台和学堂在线中文平台。"软件工程（全英文）"课程已上线学堂在线国际平台，并于 2022 年初被印度尼西亚国家慕课平台选用，服务"一带一路"沿线国家。近十年来，本课程在辽宁省高校中发挥了良好的示范作用，沈阳航空航天大学、沈阳大学、辽宁工程技术大学、大连海事大学等多所高校持续地选用了本课程的教学资源与教学方案，受到了广泛的认可。同时，作者获得了多项各级教学成果奖，承担过多项省部级、校级教学改革项目。

本书特色

1. 立足经典知识体系，培养新工科人才的软件开发能力

作者依据多年的教学经验与软件工程的知识体系，以新工科软件开发人才能力培养目标为基础搭建内容框架，从实用的角度出发，详细介绍软件系统从需求、分析、设计、实现到维护的软件活动，以及软件质量保证等内容。

2. 理论基础与实际案例结合，强化读者解决实际问题的能力

立足软件工程的基本原理和方法，将理论基础和实际案例相结合，使读者系统掌握软件工程的基本概念和专业知识，强化读者运用软件工程思想与技术分析问题与解决问题的能力，同时兼顾软件工程过程介绍的全面性和系统性。

3. 百余幅图例，图文并茂地阐释软件工程的实施过程

作者绘制了百余幅示意图、用例图、类图、状态图、顺序图等，图文并茂地讲述了面向对象软件工程分析和设计的方法。通过大量的开发实例，让读者从可实践的角度对软件工程的实施有一个完整、清晰的认识。

4. 配套新形态立体化资源，完备的教辅资源助力教学

本书针对重点、难点均配有微课视频，通过视频讲解大幅度降低了读者学习的难度，作者在中国

大学 MOOC 平台和学堂在线平台上开设的国家级线上一流课程"软件工程"课程,有助于读者进行理论知识的自主学习。本书为教师提供了丰富的教辅资源,包括教学大纲、教案、习题答案、题库等。

☆ 教学建议

本书内容着眼于教学第一线,注重理论与实践相结合。建议本课程在教学实践中既有理论授课,也要有实践教学。

本书配套有优质的线上课程资源,建议采用线上线下混合式教学。各位主讲教师,可根据本校、本专业、本轮教学的实际情况,如学时、学生人数、学生已具备的专业知识等具体情况,灵活采用传统课堂教学与翻转课堂教学相结合的教学手段。

本书的本科教学参考学时为 64~96 学时(含至少 16 学时实践课),教学学时安排可参考下表,不同学校和专业可以根据学生的具体情况进行选择,其中带有"*"的内容为选修内容和扩展内容,带有"#"的内容为可开展翻转课堂教学。

章	教学内容	参考学时/学时	
		理论部分	实践部分
第1章 绪论	• 计算机与软件历史* • 软件概述 # • 软件工程 • 软件工程道德与从业规范 #	6~8	
第2章 软件工程要素	• 软件过程 • 软件方法 • 软件工具 #	4~5	
第3章 需求	• 什么是需求 • 需求的层次 • 如何做需求 • 功能性需求 • 非功能性需求 • 快速原型 • 需求面临的挑战	7~9	4~8
第4章 面向对象思想与范型	• 模块 • 内聚 # • 耦合 # • 数据封装 • 信息隐藏 • 类之间的关系 # • 多态与动态绑定 • 面向对象范型 • 面向对象软件工程 • 统一建模语言与工具	6~7	

续表

章	教学内容	参考学时/学时	
		理论部分	实践部分
第5章　面向对象分析	• 分析方法 • 面向对象分析概要 • 用例建模 • 类建模 # • 动态建模 • 面向对象分析的测试	9~10	8~12
第6章　面向对象设计	• 软件系统设计基本框架 • 面向对象设计概要 • 交互图 • 详细类图 • 客户-对象关系图 • 方法的详细设计 • 面向对象设计的迭代与测试	6~8	4~8
第7章　实现	• 编程语言的分类 # • 编程语言的应用 # • 编程语言的选择 # • 编程规范 # • 实现与集成	4~6	(8~16) *
第8章　软件质量保证	• 软件质量 • 软件质量保证 • SQA 管理 • 软件测试 • 测试活动与文档*	2~3	
第9章　维护	• 软件维护的必要性 # • 软件维护的重要性 # • 对维护人员素质的要求 #	1~2	
第10章　软件生命周期模型	• 瀑布模型 • 快速原型模型 • 迭代与增量模型 • 同步稳定模型 • 螺旋模型	1~1.5	
第11章　敏捷软件开发*	• 敏捷方法 • 极限编程 • 敏捷开发与计划驱动开发	1~1.5	
第12章　综合案例实践*	• 案例简介 • 需求文档 # • 用例图 # • 初始类图 # • 顺序图 #	2~4	

前言 FOREWORD

🤝 致谢

本书的建设得到了东北大学软件学院领导和同事们的指导与支持，在此表示诚挚的感谢。

软件的新思想、新技术会不断涌现，本书中介绍的一些内容仍需持续更新，因此我们会不断更新、完善和充实本书的相关内容。恳请各高校师生以及业内人士对本书给予宝贵意见和建议，我们将严肃、认真地考虑您的反馈，不断地改进本书，以便更好地为大家提供服务。

作者的电子邮箱：zhangs@swc.neu.edu.cn。

本书出版之时，正值东北大学百年校庆之际，谨以本书向母校献礼。

张爽

2023 年 10 月于沈阳

CONTENTS **目录**

目录 CONTENTS

CONTENTS **目录**

CONTENTS 目录

1

第1章　绪论

学习目标

- 了解计算机的历史与软件的历史
- 了解国产计算机与软件的发展历史
- 理解软件的基本概念、特点和分类
- 了解软件危机，理解软件工程及其重要性
- 了解软件工程的知识体系
- 了解软件工程道德与从业规范

计算机与软件历史

软件工程（Software Engineering）由"软件"和"工程"两个词组合而成。顾名思义，软件工程就是做软件的工程。

工程有着几乎与人类文明同样长的历史，它是指需较多的人力和物力来进行的、较大而复杂的工作，需要一个较长时间周期来完成，如建造房屋、桥梁的土木建筑工程等。近代随着自然科学的发展，工程还指将自然科学的理论应用到具体工农业生产部门中形成的各学科的总称，如机械工程、冶金工程、采矿工程、水利工程、化学工程、遗传工程、系统工程、生物工程、海洋工程等。

软件是从1946年随着第一台计算机的出现而诞生的新事物。然而，在这短短的70多年里，软件取得了令人难以置信的、迅猛的发展，软件已经深深地植入人类的生活、制造、科研、教育、文化、农业、经济、商务、军事、航空航天等的各个方面，极大地促进了其他行业领域的发展。软件实实在在且极大地改变了人们的生活、工作、学习方式，促使人类进入了信息时代。软件工程的历史从1968年开始。

1.1　计算机与软件历史

欲说软件，必先说硬件（Hardware）。广义来说，硬件泛指计算机硬件、各种可编程的单片机等电子设备。计算机（Computer）是最早出现的硬件，其准确的全称是"计算机硬

件"。而软件则是指存储并运行在硬件上、使硬件按照预先编写的软件指令来工作的程序和数据。显然，没有硬件，软件无所依托；反之，没有软件，硬件根本无法工作。软件是硬件的灵魂，软件与硬件是天生的一对，不可分离，所以软件的历史必然与硬件的历史相生相伴。

1.1.1 计算机历史

人类所使用的计算工具随着生产的发展和社会的进步，经历了从简单到复杂、从低级到高级的发展过程，历史上相继出现了如算盘、计算尺、手摇机械计算机、电动机械计算机等计算工具。世界上第一台计算机诞生于 1946 年。发明伊始，计算机的定位是一种高级计算器。计算机在接下来的几十年中经历了电子管、晶体管、集成电路和超大规模集成电路 4 个阶段的发展。计算机体积越来越小，功能越来越强，价格越来越低，应用越来越广泛，目前正朝着智能化（第五代）计算机方向发展。

1. 第一代电子计算机

第一代电子计算机是 1946 年至 1958 年。1946 年，世界上第一台电子计算机（ENIAC）诞生。这台计算机共用了 18000 多个电子管组成，占地 170m^2，总质量为 30t，耗电 140kW·h，运算速度达到每秒能进行 5000 次加法、300 次乘法。这些数字足以说明其体积较大，运算速度较低，存储容量不大。该台计算机不仅价格非常高，而且使用也不方便，为了解决一个问题所编制程序的复杂程度难以表述。这一代电子计算机主要用于科学计算，只在国家重要部门或科学研究部门使用。

2. 第二代电子计算机

第二代电子计算机是 1958 年至 1965 年。其全部采用晶体管作为电子器件，运算速度比第一代计算机提高了近百倍，体积却为原来的几十分之一。在软件方面开始使用计算机算法语言。这一代电子计算机不仅用于科学计算，还用于数据处理和事务处理及工业控制。

3. 第三代电子计算机

第三代电子计算机是 1965 年至 1970 年。这一时期的主要特征是以小、中规模集成电路为电子器件，主存储器仍采用磁芯，并且出现了分时操作系统及结构化、规模化程序设计方法。第三代计算机不仅体积更小，而且速度更快，功能越来越强，可靠性有了显著提高。第三代计算机的价格进一步下降，应用范围越来越广，产品走向了通用化、系列化和标准化。它们不仅用于科学计算，还用于文字处理、企业管理、自动控制等领域，出现了计算机技术与通信技术相结合的信息管理系统，可用于生产管理、交通管理、情报检索等领域。

4. 第四代电子计算机

第四代电子计算机是指自 1970 年以后，采用大规模集成电路和超大规模集成电路为主

软件工程原理与方法（微课版）

要电子器件制成的计算机。例如，80386 微处理器在面积约为 10mm×10mm 的单个芯片上可以集成大约 32 万个晶体管。软件方面出现了数据库管理系统、网络管理系统等。

第四代电子计算机的另一个重要分支是以大规模、超大规模集成电路为基础发展起来的微处理器和微型计算机。1971 年，世界上第一台微处理器在美国硅谷诞生，开创了微型计算机的新时代。其应用领域从科学计算、事务管理、过程控制逐步走向家庭。

几十年来，随着物理元器件的变化，不仅计算机主机经历了更新换代，其外部设备也在不断变革。例如，外存储器由最初的阴极射线显示管发展到磁芯、磁鼓，以后又发展为通用的磁盘，后又出现了体积更小、容量更大、速度更快的只读光盘（CD-ROM）。

5．第五代电子计算机

第五代电子计算机，是指把信息采集、存储、处理、通信同人工智能结合在一起的智能计算机系统。它能进行数值计算或处理一般的信息，主要能面向知识处理，具有形式化推理、联想、学习和解释的能力，能够辅助人们进行判断、决策、开拓未知领域和获得新的知识。人、机之间可以直接通过自然语言（声音、文字）或图形图像交换信息。第五代计算机又称新一代计算机。

1.1.2 软件历史

随着这几代计算机的发展，软件也相应地经历了以下几代的发展。

（1）第一代软件（1946—1953 年）。第一代软件是用机器语言编写的。机器语言是内置在计算机电路中的指令，由 0 和 1 组成。

（2）第二代软件（1954—1964 年）。当硬件变得更强大时，就需要更强大的软件工具使计算机得到更有效的使用。汇编语言的出现，使软件向正确的方向前进了一大步，但当时程序员还是必须记住很多汇编指令。此时，对软件开发还没有形成系统化的方法，对软件的开发过程更没有进行任何管理。这一时期，计算机刚刚投入实际使用，但只是一些大型科研院校和大型企业使用，主要的软件开发方式是使用机器语言或者汇编语言在特定的机器上进行软件的设计与编写。此时的软件规模较小，文档资料通常也不存在，不采用系统化的软件开发方法，基本上是个人设计编码、个人操作使用的私人化软件生产模式。这个时代的程序一个典型特征就是依赖特定的机器，程序员必须根据所使用计算机的硬件特性编写特定的程序。这一时期的软件主要用于科学计算、数据处理和事务处理及工业控制，开始出现工业软件。

（3）第三代软件（1965—1970 年）。在这个时期，由于用集成电路取代了晶体管，处理器的运算速度得到了大幅度的提高，但处理器在等待运算器准备下一个作业时也造成了资源的浪费，因此，我们需要编写一种来使所有计算机资源处于计算机的控制中的程序。这种程序就是操作系统。这个时期更大容量、更高速度计算机的问世使计算机的应用范围迅速扩大，软件需求及开发急剧增长，出现了"软件作坊"，但软件作坊仍然沿用早期形成的个性化软件开发方法。操作系统的发展促使计算机应用方式发生了改变；大量数据处理催生了第一代数据库管理系统，高级语言开始出现。这一时期，硬件与软件的配合有了很大的提升。这一时期的软件不仅用于科学计算，还用于文字处理、企业管理、自动控制等方面，而且出现了计算机技术与通信技术相结合的管理信息系统，其可用于生产管理、交通管理、情报检索等领域。

（4）第四代软件（1971—1989年）。20世纪70年代出现了结构化（Structured）程序设计技术，Pascal语言和Modula-2语言都是采用结构化程序设计规则制定的，BASIC语言这种为第三代计算机设计的语言也被升级为具有结构化设计的版本。1972年，灵活且功能强大的C语言诞生。这些结构化语言标志着结构化程序设计时期的到来，并走向辉煌。结构化程序设计技术包括面向过程的开发或结构化方法，以及结构化的分析、设计和相应的测试方法。

这一时期，软件技术的发展日新月异，划时代的产品接连问世：贝尔实验室推出了第六版UNIX；1979年Oracle公司推出了第一个商用SQL关系数据库管理系统，1983年IBM公司推出了DB2数据库产品；人机交互的方式发生改变，引入了鼠标的概念和单击式图形界面；1985年Windows 1.0正式推出。

20世纪80年代，微电子和数字化声像技术得以发展，计算机应用程序中开始使用图像、声音等多媒体信息形式，于是出现了多用途的应用程序，其可面向没有任何计算机操作经验的用户。同时，20世纪80年代中期出现了客户机/服务器（Client/Server，C/S）架构。此架构把服务器端程序和数据库放在远程服务器上，而在客户机上安装相应的客户端软件。

（5）第五代软件（1990年至今）。20世纪80年代末，面向对象分析（Object-Oriented Analysis，OOA）和面向对象设计（Object Oriented Design，OOD）方法出现，随之而来的是面向对象建模语言（以UML为代表）、软件复用、基于组件的软件开发等新的方法和技术逐步代替了逐渐暴露出大量先天不足的结构化方法和技术而成为主流。与之对相应的是从企业管理角度提出的软件过程管理。

建立在计算机和网络技术基础上的计算机网络技术得到了迅猛发展，形成并普及了高速计算机互联网络（Internet）。随之基于Web的开发技术和应用迅速成为主流，1994年推出了PHP、1995年诞生了Java、1996年推出了JavaScript、2000年推出了C#。

Web兴起了一种网络结构模式——浏览器/服务器（Browser/Server，B/S）架构，其中Web浏览器是客户端最主要的应用软件之一。这种模式统一了客户端，将系统功能实现的核心部分集中到服务器上，简化了系统的开发、维护和使用，客户机上只需要安装一个浏览器，如Internet Explorer、搜狗浏览器、火狐浏览器等，服务器端安装相应的Web Server和数据库，浏览器通过Web Server同数据库进行数据交互。B/S架构由于不需要安装客户端，因此不存在更新多个客户端及升级服务器等问题。

这一时期，开始快速出现大量的面向各类个体用户与组织用户、面向各领域和行业的应用软件，如教育软件、医疗软件、办公软件、政务软件、银行软件、电商软件、社交软件、支付软件、搜索引擎、智能导航、企业应用软件等，软件对各行各业乃至整个社会的促进与影响日益显著。

> **▶ 知识拓展**　　　　　　**软件业的发展历史**

软件业的历史要追溯到 20 世纪 40 年代末。

第一代：早期专业服务公司（1949—1959 年）。

第一批独立的软件公司是为个人客户开发、定制解决方案的专业软件服务公司。在美国，这个发展过程是由几个大软件项目推进的。这些项目先是由美国政府，后来是由几家美国大公司认购的。这些巨型项目为第一批独立的美国软件公司提供了重要的学习机会，并使美国在软件业中成了早期的主角。

第二代：早期软件产品公司（1959—1969 年）。

在第一批独立软件服务公司成立 10 年后，第一批软件产品出现了。它们被专门开发出来，重复销售给一个或一个以上的客户。一种新型的软件公司诞生了，这是一种要求不同管理技术的公司。

第三代：强大的企业解决方案提供商出现（1969—1981 年）。

IBM 公司给软件与硬件分别定价的决定再次证实了软件业的独立性。在随后的岁月里，越来越多的独立软件公司破土而出，为所有不同规模的企业提供新产品——可以看出，它们超越了硬件厂商所提供的产品范畴。最终，客户开始从硬件公司以外的提供商处寻找他们的软件来源并为其付钱。

第四代：大众市场软件（1981—1994 年）。

基于个人计算机的大众市场，相关公司提交了他们的软件产品。由施乐公司于 1969 年创立的帕洛阿尔托研究中心（PARC）用突破性的革新，如黑白屏幕、位映射显示、按钮、激光打印机、字处理器和网络（最值得一提的是以太网），为个人计算机革命奠定了技术基础。后来，有些曾在 PARC 工作的科学家为苹果公司及微软公司工作，或者创立了他们自己的软件公司。

第五代：互联网软件产业。

从 20 世纪 90 年代出现互联网后，互联网经济以令人难以置信的速度创造了巨大财富。互联网技术和应用与人们的生活、学习紧密结合，可以说社会与人们已经离不开互联网软件。知名的互联网公司有百度、腾讯、阿里巴巴、谷歌、脸书等。

1.1.3　国产计算机与软件

1. 国产计算机的历史

20 世纪 50 年代中期，"计算机"这个词对绝大多数中国百姓来说，还是一个陌生的词。为了尽快实现国家现代化，当时我国制定了"十二年科学技术发展规划"，并提出"向科学进军"的口号。著名数学家华罗庚敏锐地意识到计算机的发展前景广阔，便提出要研制我国的计算机。

1956 年，国家成立中国科学院（简称中科院）计算技术研究所筹备委员会。国营738 厂用时 8 个月，完成了计算机的制造工作。1958 年 8 月 1 日，这台计算机完成了 4 条指令的运行，宣告中国人制造的第一台通用数字电子计算机的诞生。虽然起初该计算机的运算速度仅有每秒 30 次，但它是我国计算技术这门学科建立的标志。1964 年，第一部由我国完全自主设计的大型通用数字计算机 119 机研制成功，运算速度提升到每秒5 万次。

1973 年，我国第一部百万次集成电路大型计算机 150 机诞生。1982 年，757 机诞生，这是我国第一部每秒运算达到千万次的巨型计算机。紧接着 1983 年，我国第一部每秒运算亿次级计算机"银河一号"研制成功，它将我国带入了研制巨型机国家的行列。

几十年来，中国的计算机从无到有，从仿制到走在世界最前沿。2010 年以来，我国的"天河"系列及"神威·太湖之光"超级计算机多次问鼎世界超算 500 强。2020 年，我国共有 226 台超算上榜，继续在上榜数量上位列第一。2016 年 6 月，"神威·太湖之光"荣登"全球超级计算机 500 强"榜首，此后连续四次蝉联第一。

2. 国产软件发展史

计算机在我国的普及首先遇到的基本问题就是如何让英文操作系统更好地接纳中文。各种中文 DOS 操作系统努力打造中文操作环境，WPS 等办公软件解决了中文排版的问题，而形形色色的输入法为汉字录入提供了解决方案——这些基础软件为在计算机上使用中文奠定了根基。在改革开放前 10 年当中，诞生了许多在我国软件史上有筚路蓝缕之功的软件英雄。

1983 年，严援朝在长城个人计算机（Personal Computer，PC）上研发了 CCDOS 软件，其突出贡献便是解决了汉字在计算机内存储和显示的问题，走出了中文操作系统的关键一步，具有划时代意义。

1983 年，王永民以 5 年之功在河南南阳发明"五笔字型"，为后来中文输入奠定了基础，其意义不亚于活字印刷术。

1984 年 9 月 6 日，中国软件行业协会正式成立，标志着软件作为一个新兴产业的历史开端：软件从硬件中分离出来，成为一个独立的产业。

1988 年，求伯君来到深圳，在张旋龙的帮助下开始研发中国首款字处理软件 WPS，金山软件的历史就此展开。1989 年，求伯君在深圳蔡屋围酒店 501 室，历经 14 个月终于写就了 WPS 1.0，它是中国软件史上第一款中文字处理软件。当时，社会上各种计算机培训班的主要课程除了五笔字型输入法外，就是 WPS 的操作，WPS 成为中国第一代计算机用户的启蒙软件。求伯君也因此成为中国程序员的偶像，称为"中国第一程序员"。

1988 年，吴晓军将 CCDOS 汉字系统升级到了 2.13E 版，周志农设计完成自然码汉字输入系统，朱崇君首创中文字表编辑概念并推出 CCED 2.0 版。1989 年，"杀毒软件之父"王江民推出杀毒软件 KV6。

受惠于改革开放的春风，中国软件产业在 1988 年前后迎来最初的繁荣期。许多软件制作者成为当时的明星人物，也激励了雷军、鲍岳桥、王志东等正在大学读书的学子们成为软件行业的后起之秀。

改革开放第二个 10 年中，尽管有非法软件和国际巨头的打压，但中国软件仍然经历了历史上第一个繁荣时期。

在中文平台方面，1991 年，王志东开发出了中文之星；1992 年，鲍岳桥开始研发 UCDOS。据不完全统计，国内自行开发的 DOS 系统有几十种，其中 UCDOS、金山 SPDOS、CCDOS、天汇、中国龙、超想、联想、晓军系统占有一定的市场。中文 Windows 平台的开发厂家也有 20 余家，其中以中文之星、中文大师、RICHWIN、UCWIN、CLEEX 中文 X 窗口最有名。

在办公软件方面，各民族软件厂商除了 WPS，还开发出了巨人汉卡、王码 480、CCED、联想汉卡等（20 多种）字处理软件。此外，还有 500 多种编码方法，在计算机上实现的有 50 多种，在市场广为流行的有 20 多种。在这诸多中文字处理软件当中，最有名、市场占有率超过 90% 的是金山 WPS。但后来微软公司在中国扩张时纵容非法 Windows 泛滥，利用格式兼容，把所有金山 WPS 的用户引流到了 Office Word 上，成为了国产软件行业一大恨事。WPS 和其制作者求伯君一起被誉为民族软件的一面旗帜。

近些年，我国软件业的发展非常迅猛，尤其是大量优质的行业和领域应用软件已经广泛应用于人们的生活、学习和工作中，为广大用户提供了极大的方便，为广大商家提供了更加广阔的市场空间，也为广大职能管理部门工作能力和效率的提高提供了技术上的可能。例如，北大方正的电子排版系统，高德等智能导航系统，爱课程、学堂在线等慕课平台，学校教学管理信息系统，医院管理信息系统，证券交易平台，共享单车管理平台，滴滴打车管理软件，用友、金蝶等财务软件，电子游戏，各种政务平台，QQ、微信等社交聊天软件，百度、搜狗等搜索引擎，淘宝、京东等电商平台，美团等外卖点餐系统，支付宝、手机银行等应用系统，以及各种娱乐软件等，数不胜数。

2020 年以来，基于通信技术和大数据的通信大数据行程卡（俗称行程码）、健康码、核酸检测报告等软件在抗疫和防疫中发挥了巨大的、不可替代的作用。例如，国务院客户端小程序疫情防控行程卡能够帮助民众便捷地证明自己的行程，提高企业、社区、交通部门等机构的行程查验工作效率，加速复工、复产进程，让每一个人都深切地体验到国产软件的便捷和高效。

3. 国产软件的现状分析

与传统产业相比，软件产业是当今世界增长最快的朝阳产业，是信息社会的基础、信息产业的核心、高科技领域的制高点，各国纷纷将软件产业列为战略产业。软件产业不仅能创造十分可观的经济效益，而且由于其强大的渗透和辐射作用，软件对经济结构的调整优化、传统产业的改造提升和全面建设小康社会都能够起到重要的推动作用，是国民经济和社会发展的"倍增器"。

不同于冶金、采矿、能源生产、交通建设、机械等资源和资金密集型的传统产业，软件产业低耗资源、高环保，可持续发展能力强；而且软件产业是高度智慧密集型的产业，其发展的关键在于从业的软件技术人才和管理人才。我国在发展软件产业方面有着雄厚的人才基础，但还需大力培育更多的软件人才，以促进我国软件产业更快的发展。

我国软件产业自 20 世纪末诞生以来，发展迅猛。国产软件在国内市场上的占有率不断上升，在一些领域形成了竞争优势，如中文信息处理软件、政务软件、教育软件、行业应用软件等。

但是由于缺乏关键技术和核心技术的知识产权，我国软件产业的发展长期受制于外国。我国政府近年来在卡脖子的软件和芯片设计核心技术的研发上不断加大支持力度，重点支持操作系统、数据库管理系统、中间件和重大应用软件。在政府采购中，向国产软件企业倾斜。尤其是事关政治、经济、核心技术等方面的软件需求，出于国家安全等方面的考虑，政府会采购国产软件。

近 10 年来，我国一直鼓励政府机构采用国货，并将部分国外产品从政府采购清单排除。近两年，政府机关及国有企业加速替换国产化计算机，不仅反映了我国政府对信息安全的日益关注，同时也展现了对于国产计算机的信心。

随着联想集团、浪潮信息等中国企业开始在计算机及服务器市场取得较高的全球市占率，也使得计算机产业链国产化进程得以加速。

虽然，目前很多计算机产品可能仍依赖于美国的高阶零组件，例如英特尔和 AMD 的 CPU。但是，中国近年来也开始积极的推动国产 CPU 的发展。比如国资企业与威盛、AMD 分别成立合资公司上海兆芯和天津海光，从而获得 X86 授权，推出了相对自主可控的国产的 X86 CPU。同时，华为、飞腾也都有推出自研的基于 Arm 指令集的计算机及服务器 CPU，龙芯更是推出了自研 LoongArch 架构的 CPU。经过近几年快速发展，这些国产 CPU 厂商目前也已经构建了自己的计算机/服务器生态。

另外，在计算机所需的 DRAM 和 NAND Flash 芯片方面，国内的长鑫存储和长江存储也已取得了突破。长鑫存储即将量产 DDR5，长江存储早已量产了 128 层 3D NAND Flash 芯片；在显示面板方面，国内的京东方、TCL 华星等也早已达到国际领先水平；在 GPU 显卡方面，国内也已经有了景嘉微、芯动科技等国产厂商。

除了关键的硬件之外，近几年来国产计算机操作系统及软件也发展迅速。

在 2019 年银河麒麟和中标麒麟整合之后，麒麟操作系统的发展进一步提速。其最新的星河麒麟桌面操作系统 V10，已经实现了同源代码构建，同源支持四种技术路线的六大国产 CPU 平台（飞腾、华为鲲鹏、兆芯、海光、龙芯、申威）。该桌面操作系统在兼顾用户既有的 Windows 系统操作习惯的同时，还拥有高兼容性的安卓运行环境，可原生支持安卓应用。这也极大地扩展了麒麟操作系统的软硬件生态。

2019 年成立的统信软件，在整合了深度操作系统和中兴新支点的基础之上，加速推进

UOS 的研发。目前，UOS 已经能够替代微软 Windows 操作系统，并且在与 Windows7 的产品上，还存在着一定的优势。在软硬件生态建设方面，UOS 已经和兆芯、飞腾、龙芯、申威、海光、华为鲲鹏等国产 CPU 厂商开展了广泛和深入的合作，与国内各主流整机厂商，以及数百家软件厂商展开了全方位的兼容性适配工作。

在国产应用软件方面，金山软件旗下的 WPS 无疑是极具代表性的国产办公软件。据计世资讯调研数据显示，金山 WPS Office 产品的市场占有率超过 60%。

虽然，目前这些国产 CPU、存储芯片、GPU 显卡等硬件以及软件操作系统，在性能及体验上仍与国外有着一定的差距，但是，至少国产化的 PC 供应链已经能够建立起来了。这对于政府及关键行业的对于设备供应及信息安全的自主可控，是极为重要的。而且，随着国产芯片产业的持续发展，以及配套系统软件生态的逐渐成熟，未来国产计算机也有望为用户带来更好的体验。

我国国内软件市场巨大，人才资源丰富，非常适合发展软件产业，前景非常广阔。相信在政府、软件企业、软件从业人员和广大客户与用户的共同努力下，我国软件业一定会有一个非常辉煌的未来。我莘莘学子、中华好青年，应树立爱国主义情怀，应立志学成之后为民族软件而献身。

动手动脑

查找资料，列出更多的国产软件产品，了解它们的发展过程，并对国产软件的发展前景做展望和建议。

1.2 软件概述

软件概述

1.2.1 什么是软件

说起软件，所有人都会首先想到程序就是软件。当然，用各种编程语言编写的程序（Program）、代码（Code）是软件。但同时也万万不能忽视数据（Data），数据也是软件系统不可或缺的一部分，程序的输入、程序运行中所产生的中间结果、程序运行的最终输出都是数据。

按照持久性，数据可分为临时性数据（Temporary Data）和持久性数据（Persistent Data）。临时性数据是指程序运行过程中使用、程序运行结束后就消失的数据，如变量、数组、对象、集合、临时文件等，这些数据只在程序运行时出现并使用，程序运行结束后，这些数据在内存中所占用的空间就会被释放、相关的临时文件就会被删除。持久性数据是指程序运行过程中和运行后、乃至于程序停止运行后依然存在的数据，如数据库中的数据、以各种格式存在的数据文件（如文本文件、图像文件、音频文件、视频文件等），这些数据都独立于程序而存储在硬盘中，是永久性的。

显然，如果没有数据，程序就无法编写、无法运行。而离开程序，数据也无法发挥作用。程序与数据是可执行软件中不可分割、相互作用的组成部分。

两门重要的专业基础课"数据结构"和"数据库"就是来解决数据问题的，数据结构是解决程序中临时数据的高效存取问题，而数据库则用来解决独立于程序的永久性数据的高效存取问题。

同时，我们还必须充分认识并理解：从软件工程的范畴来说，软件系统相关的各种文档也是软件的一部分，其中包括需求文档、分析文档、设计文档、测试计划、测试报告、软件项目管理计划、法律及财务文档、用户手册、管理日志等。这些文档对软件系统的开发、管理、维护及商务事宜都是非常重要的。对于文档的重要性怎么强调都不过分，事实上软件生命周期大部分阶段的成果都是各种文档，所以，文档也是一种软件成果。

> **▶知识拓展** 软件产品交付
>
> 在甲乙双方（即客户方与开发方）的软件开发合同中，乙方要求甲方交付的软件产品不仅仅是机器可读的可执行文件和源代码，通常还包括需求文档、分析文档（即规格说明）、设计文档、数据（可能是数据库，也可能是各种格式的数据文件）等。

1.2.2　软件的特点

软件是一种极特殊的事物，它有着与物理实体迥然不同的特点。

1. 软件是抽象的

程序代码、数据及文档，在软件不运行或不打开时看不到、摸不到。软件完全不同于这个世界上其他可见的、实实在在的物理实体，不具有物理实体的特性，如形状、尺寸、颜色、质量、材料、工艺、物理构造、化学成分等。毫无疑问，软件的的确确真实存在着，但它只能存在于计算机硬件中，因此软件也是一种实体，但它是逻辑实体（Logic Entity），是抽象的（Abstract）。

2. 软件永不磨损

所有的物理实体都会磨损、老化，都会最终损坏到无法使用、报废，从而宣告其生命的结束，例如，汽车、手机、计算机、衣服、房屋、家用电器、家具等，这些物理实体都有用坏、被淘汰的一天。而软件没有磨损、老化的问题，它用不坏。

软件绝不会因为"用坏了"而导致其生命的结束。但是软件作为一种实体，也遵循事物发展的普遍规律，也有从无到有、从诞生到消亡的生命周期。一个软件消亡的标志是它不再为用户提供服务、退出历史舞台。软件消亡的原因可能是用户因为业务情况发生变化等而舍弃该软件，也可能是该软件运行所需的硬件设备不复存在、丧失其赖以存在的硬件环境而导致该软件无以依附和运行。

有些软件在使用过程中，可能是因为用户的误操作或软件自身的缺陷而出现软件运行非正常终止的情况。然而，软件并没有消亡，重启后，该软件还可以重新运行。用户卸载该软件或删除该软件，则标志着该软件退出了该环境。但是，该软件可能还在其他环境中运行着，或者用户可以在该环境下重新安装、继续使用，这都意味着该软件并没有消亡，它还在发挥着作用。所以用户彻底放弃使用该软件才标志着该软件生命周期的终结。

3．软件是可移植的

软件是可移植的（Portable）、可复制的。从技术层面来说，软件几乎可以零成本地从一个计算机环境移植、复制到另一个兼容的计算机环境。也就是说，从第二个版本开始，软件产品就几乎没有成本了，可以零成本地"生产"无数个副本。这又是一个软件不同于物理实体之处：即使在有一个成功的设计方案前提下，所有的硬件产品的生产也都是有成本的，因为硬件产品的生产需要生产设备和原材料、需要生产、加工、仓储和运输等；而软件副本的生产几乎不需要任何投入和成本。

软件的可移植性使得软件的复制和在网络中的传输极其便捷和高效，软件从开发环境移植到应用现场非常容易、成本极低，用户可以便捷地上传本地资料到网上、从网上下载资料到本地或在线使用软件等。软件这个独一无二的特点成就了软件的飞速发展，在极短的时间内创造了大量的财富，造就了软件产业在短时间内高速发展的奇迹。然而，软件可移植性也是一把双刃剑，它使得盗版软件和非法窃取数据易如反掌，这会给软件企业和软件用户带来巨大的风险，并造成巨大的损失。

4．软件是复杂的

软件自身的抽象性、其所解决的问题的复杂性和管理开发过程的难度等因素都导致了软件的复杂性，其中包括确定目标软件需求的复杂性、开发软件技术的复杂性、软件项目管理的复杂性及软件维护的复杂性等。

5．软件是昂贵的

社会各行各业对软件广泛而又急切的需求和软件自身的复杂性，以及因为软件行业的飞速发展而造成的专业人员短缺，都导致了软件高昂的成本。软件昂贵的另一面就是软件业界整体的高收入，这一点也是软件专业越来越热门的原因之一。

1.2.3　软件的分类

从不同的层面，软件有以下不同的分类。

1．技术层面分类

从技术层面，软件大体上可以分为三大类：系统软件、支撑软件和应用软件。

（1）系统软件

系统软件（System Software）处在计算机软件的底层，向下直接与硬件打交道，向上直接与应用软件打交道，支持计算机硬件及应用软件的运行。其主要功能是调度、监控和维护计算机系统，负责管理计算机系统中各种独立的硬件，以使它们能够协调、高效地工作。系统软件使得计算机使用者和其他软件将计算机当作一个整体，而不需要顾及底层每个硬件是如何工作的。

最典型的系统软件是操作系统。操作系统直接与硬件沟通，例如与内存、与显示器、与打印机、与硬盘进行数据传递都需要操作系统。同时，操作系统类似一个母体，任何其他软件都是在操作系统上运行。没有操作系统，就谈不上其他的软件。常见的操作系统有 Windows系列、UNIX 系列、Linux、Mac OSX 等，以及智能手机操作系统 Android、iOS、鸿蒙系统（华为 HarmonyOS）等。各种驱动软件，如声卡驱动、显卡驱动等，也属于系统软件。

网络操作系统是用于管理网络软、硬资源，提供简单网络管理的系统软件。

系统软件是通用的，不针对某一特定应用领域和用户人群。

（2）支撑软件

支撑软件（Support Software）是支撑其他软件的开发、运行与维护的一系列软件，是工具性软件，包括帮助软件设计人员设计软件的绘图工具、帮助程序开发人员编写和调试程序的开发工具、帮助软件项目管理人员控制开发进度的工具、网络软件等，也包括软件系统运行所需要的软件环境，如各种平台、服务器、数据库、接口软件等。

下面介绍几种常见的支撑软件。

① 软件开发环境。软件开发环境在基本硬件和宿主软件的基础上，为支持系统软件和应用软件的工程化开发与维护而使用。它由软件工具和环境集成机制构成，前者支持软件开发的相关过程、活动和任务，后者为工具集成和软件的开发、维护及管理提供统一的支持。

② 数据库管理系统。数据库管理系统（Database Management System，DBMS）用于建立、使用和维护数据库。它对数据库进行统一的管理和控制，以保证数据库的安全性和完整性。用户通过 DBMS 访问数据库中的数据，数据库管理员也通过 DBMS 进行数据库的维护工作。

③ 网络软件。网络软件用于计算机网络环境中支持数据通信和各种网络活动。网络软件包括通信支撑平台软件、网络服务支撑平台软件、网络应用支撑平台软件、网络应用系统、网络管理系统及用于特殊网络站点的软件等。

（3）应用软件

应用软件（Application Software，App）是为满足用户不同领域、不同问题的应用需求而提供的那部分软件。它可以拓宽计算机系统的应用领域，放大硬件的功能。应用软件是用户可以使用的各种程序设计语言，以及用各种程序设计语言编制的应用程序的集合，供多用户使用。应用软件可以分为工具软件、领域应用软件、游戏/娱乐软件等。

① 工具软件。工具软件包括一般办公软件、杀毒软件、制图软件、多媒体软件、检测软件、聊天社交软件、浏览器、下载软件、搜索软件等。

② 领域应用软件。领域应用软件几乎已经涵盖了所有领域，包括教育、医疗、金融、银行、制造、农业、航空航天、军事等。例如，同学们学习中用到的在线开放课程平台、购物时用到的淘宝购物平台、京东购物平台、手机银行 App、制造领域中的信息系统和智能系统等，这些都是领域应用软件。

③ 游戏/娱乐软件。游戏/娱乐软件通常是指将各种程序与动画效果或娱乐节目相结合起来而形成的软件产品，其在游戏机、计算机或者智能手机上运行，供用户娱乐和消遣之用。

应用的需求催生了软件，加速了软件的发展。应用软件直接服务于各领域，而系统软件和支撑软件是基础，它们使应用软件的开发和运行成为可能。系统软件的每一次进步，都会极大地促进支撑软件和应用软件的发展。

我国应用软件比较发达，尤其是领域应用软件已经在很多领域取得了非常好的成绩。但底层的系统软件和支撑软件非常薄弱，能够有影响力的只有华为等少数几家软件企业提供的网络软件和智能手机操作软件等少数产品。令人欣慰和自豪的是，截至本书出版之时，国产计算机和国产系统软件和支撑软件已经取得了长足的进步，已广泛应用于各级党政机关单位和企业。在政府的支持下，国内业界正在为之而加倍努力。

2．商务层面分类

从商务层面，软件产品可以分为通用软件（General Software）、定制软件（Custom Software）和开源软件（Open Source Software）3 类。

（1）通用软件

通用软件，是指由软件企业或团队根据社会中某类用户的潜在需求而进行产品定位和设计、开发制作，并在市场上公开销售的软件产品。它并不是受特定的客户委托而开发的软件产品，与业务领域无关，可以独立、通用地使用。典型的通用软件产品有数据库软件、办公软件、绘图软件、数学软件、开发平台等，还包括用于某行业或领域的通用软件，如财务系统、图书馆管理信息系统、聊天软件、电子邮件系统等。

（2）定制软件

定制软件也称为合同软件（Contract Software），它是软件企业受特定的客户委托，专门为该客户开发制作的软件产品，其标志通常为双方签署的合同，合同中提出客户对目标软件的要求。开发方交付给客户的最终产品必须符合合同中的要求，必须得到客户的认可。

软件产品的销售方式随着软件的发展也发生了变化。Internet 得到广泛应用之前，软件产品被刻录到软盘、光盘里，然后对软盘和光盘进行包装后投放到市场，以跟寻常商品一样的方式进行销售。Internet 得到广泛应用之后，软件产品通常以网上下载的方式进行销售。当然免费的软件无需付费即可下载，例如，学生学习上需要的软件很多都可以免费从Internet 获得，这样极大地降低了学生在工具软件方面的投入成本。非免费的软件则需先按照规定的方式付费，然后才能获得授权，才可下载软件产品。另外，还有相当多的软件产品基于 Internet，以在线的方式提供服务，其也分免费的与非免费的两种。

（3）开源软件

开源软件由一组志愿者开发和维护，任何人都可以免费下载并使用，如知名的 Linux 操作系统、Apache Web 服务器软件、Firefox Web 浏览器等。开源意味着不仅仅可以免费获得该软件的可执行文件，而且所有人都可以免费得到该软件的源代码，不像大多数商业软件产品那样只销售可执行软件。

1.2.4 术语

本小节介绍以下 3 个软件工程领域的基本术语。

（1）客户（Client）：是指想要某一软件产品得到开发和应用的个人或组织。客户通常是合同或协议的甲方，提供软件产品开发与维护的经费。

（2）用户（User）：是指在客户授权下使用软件产品的个体或群体。

（3）开发方或开发者（Developer）：是指负责开发、建造软件产品的团队或个体。通常，客户与作为乙方的开发方达成软件开发、维护的合同或协议。开发者就是开发方组织中的成员。

例如，东北大学教学管理信息系统，客户就是东北大学，因为东北大学希望获得一款高校教学管理信息系统且为此向开发方支付了开发经费；开发方为某软件企业；用户则将是东北大学的所有在籍学生和在岗教师及各级教学管理人员和教辅人员。

再如，某银行的手机 App，客户是该银行，用户则是该行所有储户。某银行的 ATM 系统，客户是该银行，用户则是该行所有储户及其他银行的储户（现在几乎所有银行的 ATM 系统都同时为其他银行的储户提供某些基本业务服务）。

又如，某网上购物平台系统，客户是该购物平台的发起方，它出资开发了该网上购物平台系统，用户则是平台上所有卖家的工作人员、所有的买家和访问者及平台的运维人员。如阿里巴巴根据自己的创意和设计，开发了淘宝系统，同时它自身也使用淘宝系统来进行淘宝平台的管理和运维，因此客户就是阿里巴巴自身，开发方也是阿里巴巴，用户则是广大卖家、买家、访问者及阿里巴巴负责平台运维的人员。

例如，百度搜索系统，用户则是所有需要使用百度系统的用户，客户是百度，开发方也是百度。即百度提出了百度搜索引擎系统的创意与需求，然后由百度自己进行百度系统的设计、开发和运维。

 知识拓展　　　　云技术

1961 年，美国计算机科学家约翰·麦卡锡（John McCarthy）提出了把计算能力作为一种

像水和电一样的公用事业提供给用户的理念。2011 年，美国国家标准和技术研究院提出了云计算（Cloud Computing）的概念，认为云计算是一种资源管理模式，能以广泛、便利、按需的方式通过网络访问实现基础资源（如网络、服务器、存储器、应用和服务）的快速、高效、自动化配置与管理。

"云"是网络、互联网的一种比喻性说法。狭义的"云计算"，是指信息技术基础设施的交付和使用模式，用户通过网络以按需、易扩展的方式获得所需资源。广义"云计算"，是指服务的交付和使用模式，用户通过网络以按需、易扩展的方式获得所需的服务。

云技术的基本特征是虚拟化（Virtualization）和分布式，其中虚拟化技术将计算机资源（如服务器、网络、内存及存储等）予以抽象、转换后呈现，使用户可以更好地应用这些资源，而且不受现有资源的物理形态和地域等条件的限制；分布式网络存储技术将数据分散地存储于多台独立的机器设备上，利用多台存储服务器分担存储负荷，不但解决了传统集中式存储系统中单存储服务器的瓶颈问题，还提高了系统的可靠性、可用性和拓展性。

云技术应用举例如下。

- 电子邮件应用。电子邮件作为最流行的通信服务，为人们提供了更快和更可靠的交流方式。电子邮件在不断演变，传统的电子邮件使用物理内存来存储通信数据，而云计算使得电子邮件可以使用云端的资源来检查和发送邮件，用户可以在任何地点、任何设备和任何时间访问自己的邮件，企业可以使用云技术让自己的邮箱服务系统变得更加稳固。
- 云会议应用。国内云会议主要是以 SaaS 模式为主体的服务，其包括电话、网络、视频等服务形式。云会议是基于云计算技术的一种高效、便捷、低成本的视频会议形式。使用者只需要通过互联网界面进行简单易用的操作，便可快速、高效地与全球各地团队及客户同步分享语音、数据文件及视频，而会议中数据的传输、处理等复杂技术由云会议服务商帮助使用者进行操作。例如，2020 年以来，各级学校利用腾讯云旗下的腾讯会议、阿里云旗下的钉钉会议等云会议平台进行线上教学，教师可以通过语音讲解和屏幕共享向学生讲授课程。

1.3 软件工程

1.3.1 软件危机

软件工程

自 1946 年诞生第一台计算机以来，计算机技术发展迅猛，其应用领域由最初的科学计算，逐渐发展到生产、学习、生活和军事等领域。随着计算机越来越广泛的应用，社会对软件的需求越来越大型化和复杂化、对软件的期望越来越高，使得软件开发与维护的工作量和难度越来越大，由此导致了多次的软件危机（Software Crisis）。

20 世纪 60 年代，随着软件系统的规模越来越大，复杂程度越来越高，软件可靠性问题也越来越突出，程序设计的复杂度和难度也随之增长，原来的个人设计、个人使用的方式已经不能满足需要，软件危机开始爆发。1968 年，北大西洋公约组织的计算机科学家在联邦德国召开国际会议，第一次讨论软件危机问题，并正式提出"软件工程"（Software Engineering）一词，从此一门新兴的工程学科——软件工程，为研究和克服软件危机应运而生。

1. 软件危机的表现

早期出现的软件危机主要表现在以下几点。

（1）对软件开发的进度及成本难以控制

其表现为不能如期地、在预算范围内交付软件产品。失败的软件项目随处可见，拖延工期几个月，甚至几年的现象并不少见；投资一再追加，实际成本往往比预算成本高出数倍，令人难以置信。这种现象降低了软件开发组织的信誉，降低了客户、用户和社会对软件及软件团队的信心与信任。

（2）软件产品质量无法保证

尽管耗费了大量的人力、物力，而软件系统的质量却越来越难以保证，出错率极速增长，因软件错误而造成的损失十分惊人。为了赶进度和节约成本所采取的一些权宜之计又往往损害了软件产品的质量，从而不可避免地会引起用户的不满。

（3）用户对产品难以满意

开发人员和客户、用户之间的沟通难度很大，想法很难统一。软件开发人员往往不能真正了解客户的需求，而客户又不了解软件解决问题的方式和能力，双方无法找到共同"理解"的语言进行交流。在双方互不充分了解的情况下，开发方就仓促上阵设计目标系统、匆忙着手编写程序，这种"闭门造车"的开发方式所开发出来的、开发方自我满意的最终软件产品，无法满足用户的实际需求，从而导致客户和用户对最终产品的不接受。

（4）生产出来的软件难以维护

许多软件系统的程序编写不规范，缺少必要的注释，缺乏相应的文档资料，造成程序难读、难懂、难调试、难维护，对已有错误的改正往往又带来新的错误。随着软件的社会应用量越来越大，维护占用了大量人力、物力和财力。进入 20 世纪 80 年代，尽管软件工程研究与实践取得了可喜的成绩，软件技术水平有了长足的进展，但是软件生产水平的发展速度依然远远落后于硬件生产水平。

（5）软件缺少适当的文档资料

文档资料是软件必不可少的重要组成部分。事实上，在软件生命周期的过程中所有的工作都与文档息息相关，所有的工作都要基于相关文档开展，几乎所有工作成果也都是以文档的形式呈现的。在整个软件过程中，产生的大量文档既有技术文档（如需求文档、分析文档、设计文档、测试方案、测试报告、用户手册等），也有项目管理文档（如项目管理计划、日志等），还有具有法律效力的文档（如合同等）。这些文档的缺失，给软件开发、项目管理和软件维护带来的困难是严重的，甚至是致命的。

从 20 世纪 80 年代开始，软件系统的规模和复杂度进一步增长，大规模软件常常由数百万行甚至更多的代码组成，有数以百计、数以千计的程序员参与其中，怎样高效、可靠地构造和维护这样大规模的软件成为了一个新的难题。较之上一个时期，软件危机不仅没有消失，还有加剧之势。这一阶段，软件危机的主要表现有以下几方面。

（1）软件成本在计算机系统总成本中所占的比例居高不下，且逐年上升。由于微电子学技术的进步和硬件生产自动化程度的不断提高，硬件成本逐年下降，性能和产量迅速提高。然而，软件开发需要大量人力，软件成本随着软件规模和数量的剧增而持续上升。统计数字表明，1985 年年度软件成本大约占总成本的 90%。

（2）软件开发生产率提高的速度远远跟不上计算机应用迅速普及深入的需要，软件产品供不应求的状况使得现代计算机硬件所能提供的巨大潜力得不到充分利用。

这时候典型的需求是更好的可组合性（Composability）、可扩展性（Extensibility）及可维护性（Maintainability），程序的性能已经不是一个大问题了。为了解决这次危机，面向对象的编程语言（C++、Java、C#等编程语言）诞生了，更好的软件工程方法，如需求分析、设计模式、重构、测试等诞生了，软件和硬件的界限越来越明确，程序员也越来越不需要知道硬件的工作原理了（这是非常受程序员欢迎的便利），例如 Java 编写的代码能在任何 JVM 支持的平台上运行。

> ▶ **知识拓展**
>
> ### 著名的软件危机事件
>
> **1. IBM OS/360 一个价值数百万美元的错误**
>
> IBM OS/360 操作系统被认为是一个典型的案例。到现在为止，它仍然被使用在 360 系列主机中。这个经历了数十年、极度复杂的软件项目甚至产生了一套不包括在原始设计方案之中的工作系统。IBM OS/360 是第一个超大型的软件项目，它使用了 1000 名左右程序员。佛瑞德·布鲁克斯在他的大作《人月神话》中曾经承认，在他管理这个项目的时候，他犯了一个价值数百万美元的错误。
>
> **2. 信托软件开发案**
>
> 1982 年美国银行进入信托商业领域，并规划发展信托软件系统。项目原订预算为 2000 万美元，开发时程为 9 个月，于 1984 年 12 月 31 日以前完成，后来至 1987 年 3 月都未能完成该系统，期间已投入 6000 万美元。美国银行最终因为此系统不稳定而不得不放弃，并将 340 亿美元的信托账户转移出去，并失去了 6 亿美元的信托生意商机。

2. 软件危机的原因

从软件危机的种种表现和软件作为逻辑产品的特殊性，我们可以分析出软件危机的原因。

（1）客户需求不明确

在软件开发过程中，客户需求不明确问题主要体现在以下 4 个方面。

① 在软件开发出来之前，客户自己也不清楚目标软件系统的具体需求，因为客户对计算机和软件缺乏认知，无法想象目标软件系统将如何工作以解决问题，无法正确规划目标软件系统的蓝图。

② 客户对业务情况和目标软件的需求描述不正确、不明确、不全面，可能有矛盾、有遗漏、有二义性，甚至有错误。

③ 在软件开发过程中，客户还不断提出新的需求，如改变业务流程、修改业务功能、改变界面设计、变化支撑环境等。这是因为客户缺乏软件领域的知识，导致其对目标软件系统没有明确的理解、期望和构想。

④ 软件开发人员对业务的理解、对用户需求的理解、对目标软件系统的构想与客户和用户的理解有差异。

（2）缺乏正确的理论指导与方法

软件开发不同于大多数其他工业产品，其开发过程是一种复杂的逻辑思维过程，软件产品极大程度地依赖于开发人员高度的智力投入。由于缺乏有力的方法学和工具的支持，导致过分地依靠程序设计人员在软件开发过程中的技巧和创造性，加剧了软件开发产品的个性化，也是发生软件开发危机的一个重要原因。

（3）软件开发规模越来越大

软件的应用范围越来越广，软件拟解决问题的规模越来越大，软件的规模也越来越大。大型软件的开发团队必须由各种人员组成，而且需要这些人员之间充分沟通和通力合作。开发团队组织结构的不合理或管理上的疏漏，都可能造成这些人员之间信息交流不及时、不准确，有时还会产生误解，进而直接导致软件产品中产生疏漏，甚至错误。

（4）软件开发复杂度越来越高

软件不仅仅是在规模上快速地发展扩大，软件试图解决的问题也越来越复杂。例如，天气预报、智能导航、搜索引擎等软件，我们可以想象这些软件的复杂度。高度复杂的问题、软件本身的抽象性及人类智力的局限性，使得软件开发的复杂度也越来越高。

（5）软件开发人员自身的不足

软件产品是人类的思维成果，因此软件生产水平最终在相当程度上取决于软件开发人员的技术水平和能力。大型软件需要许多人合作开发，甚至要求软件开发人员深入应用领域进行问题研究，这样就需要在客户、用户与软件开发人员之间以及软件开发人员之间相互交流，在此过程中难免发生理解的差异，从而导致后续错误的设计或实现。要消除这些误解和错误往往需要付出巨大的代价。

由于计算机技术、软件技术等发展迅速，知识更新周期缩短，软件开发人员经常处在变化之中，不仅需要适应硬件更新、软件更迭的变化，还要涉及日益扩大的应用领域问题的研究。软件开发人员进行每一项软件开发时，几乎都必须调整自身的知识结构以适应新问题求解的需要，而这种调整是人所固有的学习行为，难以用工具来代替。因此，软件生产的这种知识密集和人力密集的特点是造成软件危机的主要原因。

1.3.2 软件工程定义与要素

1968 年在北大西洋公约组织召开的计算机国际会议上，针对日益严重的软件危机，提出了软件开发与维护不应该被看作是一些个体的神秘劳动，而应该是一个由各种人员组成团队组织开展的工程，应该用"软件工程"来解决软件的整体质量较低、开发周期和成本没有保障等问题。

软件工程一直以来都缺乏一个统一的定义，很多学者、组织机构都分别给出了自己认可的定义。以下是几个有代表性的软件工程定义。

（1）IEEE 在软件工程术语汇编中对软件工程的定义：软件工程将系统的、规范的、可度量的工程化方法应用于软件开发、运行和维护的全过程及上述方法的研究。

（2）《计算机科学技术百科全书》中对软件工程的定义：软件工程是应用计算机科学、数学、逻辑学及管理科学等原理，开发软件的工程。软件工程借鉴传统工程的原则、方法，以提高质量、降低成本和改进算法。其中，计算机科学、数学用于构建模型与算法，工程科学用于制定规范、设计范型、评估成本及确定权衡，管理科学用于计划、资源、质量和成本的管理。

（3）Barry Boehm 对软件工程的定义：运用现代科学技术知识来设计并构造计算机程序及为开发、运行和维护这些程序所必需的相关文件资料。

（4）Fritz Bauer 在 NATO 会议上给出的定义：建立并使用完善的工程化原则，以较经济的手段获得能在实际机器上有效运行的可靠软件的一系列方法。

（5）ISO 9000 对软件工程过程的定义：软件工程过程是输入转换为输出的一组彼此相关的资源和活动。

软件工程还有许多其他的定义，但其基本思想都是强调软件工程为研究和应用如何以系统性的、规范化的、可定量的过程化方法去开发和维护软件，以及如何把经过时间考验而证明正确的管理技术和当前能够得到的最好技术方法结合起来。

软件工程是一门工程学科，它涉及从最初的需求到交付的软件生产，再到交付后的软件运行和维护的软件生命周期的各个方面。这一过程中不仅仅包括软件开发的技术过程，也包括其他活动，如软件项目管理以及支持软件开发的工具和方法。软件工程的目的是提高软件生产率、提升软件质量、降低软件成本。

软件工程就是要运用工程的思想、理论、方法、过程和工具来开发软件，努力生产出没有错误的软件，按时且在预算内交付，满足用户的需求，并且软件必须易于维护。

软件工程包括以下 3 个要素。

（1）软件工程方法（简称软件方法）是完成软件工程项目的技术手段，它支持整个软件生命周期。

（2）软件工程使用的工具（简称软件工具）是人们在开发软件的活动中智力和体力的扩展与延伸，它自动或半自动地支持软件的开发和管理，支持各种软件文档的生成。

（3）软件工程过程（简称软件过程）贯穿于软件开发的各个环节，管理人员在软件工程过程中要对软件开发的质量、进度、成本进行评估、管理和控制，包括人员组织、计划跟踪与控制、成本估算、质量保证和配置管理等。软件生产过程改变了人们对软件生产就是编写程序的认识偏差，把软件生产扩展到软件的需求、分析、设计、实现、测试、维护、项目管理和过程管理等一系列活动，以及上述过程的工具和方法。

1.3.3　软件工程知识体系

电气与电子工程师协会（Institute of Electrical and Electronics Engineers，IEEE）于 2014 年发布了《软件工程知识体系指南》，该指南将软件工程知识体系划分为以下 15 个知识领域。

（1）软件需求（Software Requirements）。软件需求涉及软件需求的获取、分析、规格说明和确认。

（2）软件设计（Software Design）。软件设计定义了一个系统或组件的体系结构、组件、接口和其他特征的过程，以及这个过程的结果。

（3）软件构建（Software Construction）。软件构建是指通过编码、验证、单元测试、集成测试和调试的组合，详细地创建可工作的和有意义的软件。

（4）软件测试（Software Testing）。软件测试是为评价或改进产品的质量、标识产品的缺陷和问题而进行的活动。

（5）软件维护（Software Maintenance）。软件维护是指由于一个问题或改进的需要而修改代码和相关文档，进而修正现有的软件产品并保留其完整性的过程。

（6）软件配置管理（Software Configuration Management）。软件配置管理是一个支持性的软件生命周期过程，它是为了系统地控制配置变更、在软件系统的整个生命周期中维持配置的完整性和可追溯性，而标识系统在不同时间点上的配置的学科。

（7）软件工程管理（Software Engineering Management）。软件工程的管理活动建立在组织和内部基础结构管理、项目管理、度量程序的计划和控制 3 个层次上。

（8）软件工程过程（Software Engineering Process）。软件工程过程涉及软件生命周期过程本身的定义、实现、评估、管理、变更和改进。

（9）软件工程模型和方法（Software Engineering Models and Methods）。软件工程模型特指在软件的生产与使用、退役等各个过程中的参考模型的总称，如需求开发模型、架构设计模型等都属于软件工程模型的范畴。软件开发方法主要讨论软件开发各种方法及其工作模型。

（10）软件质量（Software Quality）。软件质量涉及多个方面，保证软件产品的质量是软件工程的重要目标之一。

（11）软件工程职业实践（Software Engineering Professional Practice）。软件工程职业实践涉及软件工程师应履行其实践承诺，使软件的需求分析、规格说明、设计、开发、测试和维护成为一项有益和受人尊敬的职业，还包括团队精神和沟通技巧等内容。

（12）软件工程经济学（Software Engineering Economics）。软件工程经济学是研究为实现特定功能需求的软件工程项目而提出的在技术方案、生产（开发）过程、产品或服务等方面所做的经济服务与论证、计算与比较的一门系统方法论学科。

（13）计算基础（Computing Foundations）。计算基础涉及解决问题的技巧、抽象、编程基础、编程语言的基础知识、测试工具和技术、数据结构和表示、算法和复杂度、系统的基本概念、计算机的组织结构、编译基础知识、操作系统基础知识、数据库基础知识和数据管理、网络通信基础知识、并行和分布式计算、基本的用户人为因素、基本的开发人员人为因素、安全的软件开发和维护等方面的内容。

（14）数学基础（Mathematical Foundations）。数学基础涉及集合、关系和函数、基本的逻辑、证明技巧、计算的基础知识、图和树、离散概率、有限状态机、语法、数值精度、准确性和错误、数论和代数结构等方面的内容。

（15）工程基础（Engineering Foundations）。工程基础涉及实验方法和实验技术、统计分析、度量、工程设计、建模、模拟和建立原型、标准和影响因素分析等方面的内容。

1.4　软件工程道德与从业规范

软件工程道德与从业规范

当今是信息时代，软件是一种宝贵的知识产权，在生产、生活和学习中都起着关键作用。软件工程从业人员直接参与或讲授软件系统的产品定位、分析、设计、开发、维护、测试和认证，他们能够本人或者让他人对软件产生好的影响或坏的影响。如果软件从业人员有良好的社会道德、职业道德和技术水平，那么他们就可能生产出对社会、对用户有益的软件产品；反之，他们就可能生产出危害社会、危害广大用户的危险软件产品，危害严重的可能超出道德范畴，违法犯罪。因此，软件工程从业人员必须认识到他们的工作不仅仅是技术层面的任务，还要肩负很多社会责任。他们的工作必须在法律和社会道德规范的框架内完成。

大多数行业都有其从业人员（如律师、医生、教师等）必须遵循的职业道德规范。因此，与其他行业的从业人员一样，软件工程从业人员也必须遵照软件工程道德与从业规范来工作，以最大限度地保证他们的工作是有益的，以保证软件工程行业成为对社会有益的、受人尊敬的行业。1999 年，电气与电子工程师协会（IEEE）和计算机联合会（ACM）联合通过了软件工程道德与从业规范（Software Engineering Code of Ethics and Professional Practice），其间包括 8 项基本原则，针对包括软件工程行业的从业者、教育者、管理者、监督者、政策制定者和学生在内的职业软件工程人员。这 8 条原则阐明了个人、团队和机构之间职业道德上的责任关系，以及他们在其中应该履行的基本义务。每一原则的条款都表述了这些关系中的一些义务。这些义务既基于软件工程人员的人性，也对那些受他们的工作和软件工程实践的独特环境影响的人们表示出特别的关怀。

该准则把这些内容规定在任何一个自称为或渴望成为软件工程人员的义务中。软件工程人员应当做出承诺，使软件的分析、描述、设计、开发、测试和维护等工作对社会有益且受人尊重。基于对公众健康、安全和福利的考虑，软件工程人员应当遵守以下 8 条原则[2]。

（1）公众感。软件工程从业人员应当始终与公众利益保持一致。

（2）客户和雇主。软件工程从业人员应当在与公众利益保持一致的前提下，保证客户和雇主的最大利益。

（3）产品。软件工程从业人员应当保证他们的产品及其相关附件达到尽可能高的行业标准。

（4）判断力。软件工程从业人员应当具备公正和独立的职业判断力。

（5）管理。软件工程管理者和领导者应当维护并倡导合乎道德的有关软件开发和维护的管理方法。

（6）职业感。软件工程从业人员应当弘扬职业正义感和荣誉感，尊重社会公众利益。

（7）同事。软件工程从业人员应当公平地对待和协助每一位同事。

（8）自身。软件工程从业人员应当毕生学习专业知识，倡导合乎职业道德的职业活动方式。

关于软件工程道德和从业规范，怎么强调都不过分，因为利用软件技术进行违反社会道德，甚至法律的案例在我们周围时有发生，有的甚至令我们防不胜防，损失惨重。

例如，有的软件默认捆绑一些其他软件，使用户的计算机或手机在不知不觉之中就安装了一些他并不需要、并不想安装的软件，影响计算机或手机的性能、干扰用户正常使用计算机或手机。有些软件在用户不知情、没授权的情况下，窃取用户计算机或手机中的数据，造成个人信息泄露、个人或单位的重要文件外泄，有的甚至篡改或删除数据，给个人或单位造成严重的，甚至无法挽回的损失。

再如，曾经有人利用某商场积分系统的漏洞，编写软件以使一些人能够非法获得商场会员积分，以换取商场所在大厦停车场的超长停车时间，使商场和大厦停车场蒙受了巨大的经济损失。

又如，有的软件从业人员利欲熏心，不顾道德和法律，开发和运营一些赌博网站、色情网站、诈骗网站，对社会和公众产生极坏的影响。

每一个软件用户都有责任和义务抵制违反软件工程道德和从业规范，乃至法律的人和事。软件从业人员更有责任坚持诚实、正直的行为准则，不能用掌握的专业技能做不诚实、有害于社会的事情，不能给软件工程行业抹黑。

我国的软件人一定要践行社会主义核心价值观，要具有强烈的社会责任感和家国情怀，能够坚守社会道德、个人道德、职业道德，能够综合考虑法律、环境与可持续发展等因素，在工程实践中能坚持国家和公众利益优先。

> **▶ 知识拓展**

软件危害社会的案例

中央电视台"法治在线"节目中介绍了这样一个真实案例。

某社交软件允许用户随意上传一些人物照片，并且用户可在该软件系统中随意定义该人物与该用户自身之间的关系，甚至是亲密关系。有的用户上传了一些明星、名人的照片，然后对之设定某种亲密关系，如女友、老公、儿子之类或直接定义为某明星、名人的姓名，该软件能够利用 AI 技术将该人物虚拟成该用户的好友，且该虚拟的好友能够与该用户进行亲密的聊天，以满足该用户自身的某种心理需要。这严重违反了社会伦理和道德，严重侵犯了照片中真人的人格自由、人格尊严、姓名权和肖像权等，已经触犯了法律，开发该软件的软件工程师因此受到了法律的惩罚。

不少电影也生动地演绎了软件可能对社会造成的严重危害，甚至灾难。例如，有些个人或邪恶组织雇用一些毫无道德的软件从业人员开发软件，这些软件能够利用银行系统中的某些漏洞来神不知鬼不觉地窃取银行的金钱。再如，有的软件能够摧毁一个地区的通信、网络或电力系统，造成该地区的混乱，以便给犯罪分子创造实施犯罪行为的机会，达到其不可告人的目的。甚至有的软件能够直接远程操控某处核武器，意欲屠杀无辜民众，以颠覆世界秩序、制造世界性的大混乱等。

以上这些都是危害社会的案例，我们每一个人都有责任坚决打击这样的人和事物。

1.5　案例研究

为了更清楚地阐述软件工程概念、讲述软件工程技术，本书将用几个软件应用系统作为案例。避免使用单一案例，旨在用多个不同应用领域的案例来充分且透彻地讲解软件需求、分析与设计的技术及思路。在讲解软件需求、分析与设计时，我们会有针对性地选择合适的例子。

本书所用的案例有：网上商店系统、高校图书馆管理信息系统、高校教学管理信息系统、国内某慕课平台管理信息系统、电梯控制系统和高校学生工作管理信息系统。

1. 网上商店系统

出于教学目的，本书只针对网上商店系统中一部分简化版的业务进行讲解。

- 用户可在某网上商店系统上注册而成为顾客。
- 顾客登录后可以浏览商品和下订单。
- 购物过程中顾客可以操作购物篮，包括向购物篮中添加商品、从购物篮中移除商品、清空购物篮。
- 用户提交购物篮中的商品而完成下订单的操作。

- 顾客一旦退出，系统对顾客的购物篮不予保留。

2. 高校图书馆管理信息系统

高校图书馆管理信息系统为学校的广大师生提供图书自助借阅业务服务，包括借书、还书、续借、预约等业务功能，同时也为图书馆内部的工作人员提供图书管理、书库管理等功能。按照图书馆管理条例，系统对逾期未归还图书的人员给予相应的提醒及处罚。本书只针对其中的图书自助借阅业务进行的面向对象分析与设计讲解。

3. 高校教学管理信息系统

高校教学管理信息系统为高校教学管理工作人员提供教学管理的相关功能，同时也为广大师生提供相关的教学业务功能、教学资料和信息。本书中只选取该系统的一部分业务为案例。

- 学生、教师、教学管理人员要先登录，才能进行各种操作。
- 学生在该系统上可以选课、查询成绩等。
- 教师在该系统上可以选择欲教授的课程。
- 教师在该系统上可以提交成绩。
- 教学管理人员在该系统上可以维护教师信息、维护学生信息、结束选课等。
- 高校教学管理信息系统在处理选课事宜时将与学校现有的课程管理信息系统进行交互。
- 高校教学管理信息系统在处理结束选课事宜时将与学校现有的收费系统进行交互。

4. 国内某慕课平台管理信息系统

我国内某慕课平台向广大学员免费提供大量的优质课程资源。出于教学目的，本书只针对慕课平台管理信息系统中一部分简化版的业务进行讲解。

- 课程的主讲教师和学员在慕课平台管理信息系统上免费注册后成为用户。
- 课程主讲教师登录后，可以设置课程及其开课学期，然后设置新学期的相关课程资源，包括课程教学视频、课程 PPT、论坛论题、作业、单元测试题、结课考试试卷等。
- 学员登录后，可以选课、观看课程教学视频、参与论坛讨论、做作业、做单元测试、参加结课考试。
- 教师也可以参与论坛讨论，对学员进行引导、启发、辅导和答疑。

5. 电梯控制系统

目标电梯控制系统控制某 m 个楼层建筑中的 n 部电梯的移动。电梯用户通过与电梯控制系统的交互来向电梯控制系统提出请求，电梯控制系统按照电梯用户的请求为其提供相应的服务。从电梯用户的视角来看，电梯用户搭乘电梯从某楼层出发，到达某目标楼层的过程中，需要与电梯控制系统有以下两种交互。

- 电梯用户在某楼层按下楼层按钮，请求电梯来接他/她。
- 电梯用户进入电梯之后，按下目的地的楼层按钮，请求电梯把其送到目标楼层。

6. 高校学生工作管理信息系统

出于教学目的，本书只针对高校学生工作管理信息系统中一部分简化版的业务进行讲解。该高校学生工作管理信息系统中有关于新学期学生返校注册的管理，具体包括学生返校注册、辅导员查询、打印学生返校信息。

要点

- 软件的历史。
- 国产软件的历史。
- 软件的概念、特点和分类。
- 软件危机的表现与原因。
- 软件工程就是要用工程的、规范的技术与管理手段来保证如期、在预算范围内交付客户满意的软件产品。
- 软件工程知识体系划分为 15 个知识领域。
- 软件工程道德和从业规范包括 8 项基本原则，每一个软件工程从业人员都应该了解并遵守。

习题

选择题

1. 软件包括代码、数据和_____。
   A. 图　　　　　　B. 用户　　　　　　C. 测试用例　　　D. 文档
2. 软件_____。
   A. 是虚的，并不真实存在　　　　　　B. 不磨损
   C. 是一种抽象的物理实体　　　　　　D. 不能移植
3. 以下哪个说法是正确的？_____
   A. 硬件磨损，软件也磨损，这就是软件需要维护的原因
   B. 软件移植就是照样再开发一个一样的软件产品
   C. 软件不同于物理实体，不具有物理实体的属性，如形状、尺寸、材质、颜色等
   D. 有些软件是免费的，所以软件并不昂贵
4. _____运用系统的、规范的、有效的方法来实施软件开发和维护。
   A. 软件工程　　B. 软件分析　　C. 软件过程　　　D. 软件测试

5. 以下哪个说法不对？_____

    A．客户是想要一个软件产品得到开发的个人或组织

    B．开发者是负责开发软件产品的组织的成员

    C．客户为了用户而立项开发某软件产品，然后由用户使用该软件

    D．客户、开发者、用户绝对不可能是同一个人

6. 以下哪个说法是正确的？_____

    A．软件从业人员应该保证其工作始终与公众利益保持一致

    B．软件从业人员当然要听从于雇主，雇主要求干什么就应该无条件服从，因为雇主给他们支付酬金

    C．普通的软件从业人员不需要独立的职业判断力，只管服从负责人的安排就行

    D．软件从业人员之间是竞争的关系，所以他们之间谈不上平等对待和协助

7. 以下哪个说法是正确的？_____

    A．软件从业人员如果与公众利益保持一致，就无法与雇主和客户的利益相一致

    B．依赖于先进的软件技术，就能够避免因软件从业人员缺乏职业道德和社会责任感而生产出错误的、有危害的软件产品

    C．软件是抽象的，所以无法明确软件工程职业道德和职业行为准则

    D．提升软件工程行业的声誉，是每一个软件从业人员的责任与义务

思考与讨论

1. 软件包括代码和数据，那么软件系统中的数据从何而来？

2. 请讲述你从新闻、小说、电影、电视剧中看到过的故事，证明软件的某一个或某几个特性如何使社会、某类人群受益或受损。

3. 请讲述你亲身经历或你身边发生的故事，证明软件的某一个或某几个特性如何使社会、某类人群受益或受损。

4. 请思考在这场抗击新冠病毒的战斗中，软件从技术层面做了些什么、发挥了哪些作用？

5. 软件质量问题可能会给社会、人类、某些组织、人群或个体带来哪些危害？

6. 很多行业的从业人员都必须进行资格认证，通过认证者获发资格证书，从业人员凭资格证书上岗。软件行业是否也应该这样做？为什么？

7. 某单位有自己的电子邮件系统，为了工作方便，给每一位员工分配了一个电子邮箱。那么你认为该单位的领导是否有权查看员工的电子邮箱，就像查看公司内部的档案、文件柜、抽屉一样？

8. 请讲述你从某个新闻、小说、电影、电视剧中看到过的故事，来体现因为某人或某些人良好的或败坏的软件工程道德与从业规范而使社会、某类人群受益或受损。

9. 请讲述你亲身经历或你身边发生的故事，来体现因为某人或某些人良好的或败坏的软件工程道德与从业规范而使社会、某类人群受益或受损。

10. 请对 ACM/IEEE 职业道德与从业规范 8 条中的每一条，举出一个恰当的例子加以说明。

11. 请思考 ACM/IEEE 职业道德与从业规范对你现在的专业学习及将来的工作有什么启示。

12. 计算机、软件越来越深入社会的每一个角落，软件给人们带来便利的同时，软件伦理、软件犯罪的事情也时有发生。请预测随着软件技术的不断发展，以后还可能会出现哪些新型的社会问题甚至犯罪，应该如何防止和打击这些可能的犯罪活动。

2

第 2 章　软件工程要素

学习目标：

- 理解软件过程的概念与内涵
- 理解软件方法的概念，了解几种典型的软件方法
- 理解软件工具的作用，知晓一些常见的软件工具

软件过程

软件工程包括 3 个要素：软件方法、软件工具和软件过程。

软件方法是完成各项软件开发任务的技术方法，为软件开发提供"如何做"的技术。它包括多方面的任务，如可行性分析、项目计划与估算、需求获取、需求分析、系统设计、数据结构与算法过程的设计、数据库设计、编码、软件质量保证与测试及维护等。

软件工程的工具为软件工程方法提供了自动的或半自动的软件支撑环境。目前，已经推出了许多软件工具，这些软件工具集成起来，建立起称为计算机辅助软件工程（Computer Aided Software Engineering，CASE）的软件开发支撑系统。CASE 将各种软件工具、开发机器和存放开发过程信息的工程数据库组合起来形成一个软件工程环境。

软件工程的过程则是将软件工程的方法和工具结合起来，以达到合理、及时地进行计算机软件开发的目的。软件过程定义了方法使用的顺序、要求交付的文档资料、为保证质量和协调变化所需要的管理及软件开发各个阶段完成的里程碑。

软件工程是一种层次化的技术。任何工程方法必须以有组织的质量保证为基础。全面的质量管理和类似的理念不断刺激过程改进。正是这种改进导致了更加成熟的软件工程方法的不断出现。支持软件工程的根基就在于对软件质量的关注。软件工程要素即过程、方法和工具，与软件质量之间的层次关系示意图如图 2.1 所示。

图 2.1　软件工程要素层次关系示意图

可靠的软件质量以软件过程为依托。软件过程的实施需要采用不同的软件方法来具体完成，方法确定采用软件工程方法学中的何种软件开发思想做指导，并利用不同的软件工具来展现不同方法的思想、并描述方法中的步骤。

2.1 软件过程

世界上的万物都遵循这样一个客观规律：经历一个从产生、发展到消亡的过程，这一过程称为生命周期。虽然软件是抽象的，但软件作为一种逻辑实体也同样遵循这个规律，即任何一个软件都有其生命周期，也会经历从无到有、从诞生、发展到退役（即报废）这样一个过程，这个过程称为软件生命周期（Software Life Cycle）。

软件过程（Software Process）是为了获得高质量软件所需要完成的一系列任务的框架，针对软件生命周期的一般规律，规定了完成各项任务的工作顺序和在完成开发及维护任务时必须进行的一些必要活动。软件过程是软件开发与维护的方式，它结合了方法学和软件生命周期的模型与技术、所采用的工具，以及开发软件的个体。

软件过程是整个软件生命周期中一系列软件生命活动的流程，尽管这个流程的模式对不同的开发团队或面向不同的软件项目可能是不尽相同的，但都包含基本的软件活动：需求、分析、设计、实现、维护、软件质量保证/测试和项目管理。

2.1.1 需求

客户认为他们的组织需要软件系统来提升工作效率、工作水平和企业形象且节约成本等，那么客户就会提议一个软件系统或软件产品的开发，这种情况有明确的客户方。有时没有明确的客户方，而是开发方敏锐地察觉到社会中潜在的需求，进而确定开发某软件产品，例如，金山之于办公软件、微软之于图形化操作系统、百度之于搜索引擎、腾讯之于社交聊天软件、阿里巴巴之于网上购物平台、高德创业团队之于高德数字地图与智能导航系统等。做需求的目的就是确定客户或潜在的客户对目标软件系统的要求。

需求阶段要完成以下 3 项工作。

1. 问题定义

问题定义也称为概念探究（Concept Exploration）。这一步必须回答的关键问题是"目标软件系统要解决的问题是什么？"如果不知道问题是什么就试图解决这个问题，显然是盲目的，最终开发出的软件很可能是毫无意义的，白白浪费时间和金钱。

问题定义就是确定目标软件系统的目的、业务范围、面向的用户群体、意义、目标等。问题定义通常是客户高层对目标软件系统的期望和定位，是接下来围绕着目标软件系统的一切工作的方针和根据。

尽管确切地定义问题的必要性是十分明确的，但是在实践中它可能是最容易被忽视的一个步骤。

2．可行性研究

这一步必须回答的关键问题是"对于目标软件系统的需求有行得通的办法吗？"为了回答这个问题，分析员需要在抽象的高层次上进行分析。可行性研究的任务不是解决具体问题，而是研究问题的范围，探索这个问题是否值得去解、是否有可行的解。我们通常需要考虑的因素主要有工期（Schedule）、成本（Cost）和技术可行性（Technical Feasibility）。

（1）工期

每一个目标软件系统都有一个要求交付的时间点，这就是对工期的要求。对于有明确客户的目标软件系统，则有客户要求的交付时间点；对于没有明确客户的目标软件系统，则由开发方根据市场情况和预算成本来自己确定交付时间点。

毫无疑问，有明确客户的目标软件系统将被用于客户的工作、学习或生活中，如果开发方不能按时交付软件，必将给客户造成损失，甚至可能被客户诉诸法律。没有明确客户的目标软件系统，如果没能如期地按照市场计划发布软件产品，则将贻误占领市场、争取客户的有利时机，造成利润受损，甚至可能导致产品的完全失败。

（2）成本

成本有时对于目标软件系统的开发能否持续下去、能否最终完成几乎是决定性的。对于开发方来说，成本指完成目标软件系统的开发和实施或发布所需的资金。对于客户方来说，成本指他们对目标软件系统的开发拟投入的资金，也称为预算（Budget）。这个成本如果确定得不恰当，可能对开发方或客户方造成很大的负面影响。过低的成本预算可能会造成开发方无法完成目标软件系统的开发；过高的成本预算可能会是客户方无法承受之重。这两种情况都会导致目标软件系统无法最终完成，甚至导致开发方破产或客户方蒙受巨大的经济损失和社会效益损失。所以经济可行性对于目标软件系统的最终成功非常重要。

（3）技术可行性

技术可行性分析是根据用户提出的系统功能、性能及实现系统的各项约束条件等，从技术角度研究实现目标软件系统的可能性。技术可行性分析包括风险分析、资源分析和技术分析。

① 风险分析的任务：在给定的约束条件下，判断能否设计并实现系统所需的功能和性能。

② 资源分析的任务：论证是否具备系统开发所需的各类人员（管理人员与技术人员）、计算机软/硬件和工作环境等。实际上，它是对技术资源、人才资源、设备资源的综合分析。

③ 技术分析的任务：分析和判断当前的信息技术是否支持系统开发的全过程。

在技术可行性分析过程中，系统分析人员应采集系统性能、可靠性、可维护性和可生产性方面的信息，对实现系统功能和性能所需的各种设备、技术、方法和过程进行分析，对项目开发在技术方面可能担负的风险进行分析，且分析技术问题对开发成本的影响等。

3．需求分析

这一步的任务是确定为了解决客户的问题，目标软件系统必须做什么、目标软件系统必须具备哪些功能。

需求是目标软件系统的根和源。正确且恰当的需求是目标软件系统成功的必要的、首要的、基本的条件。错误的/不恰当的需求将使接下来的所有工作都受影响，产生偏颇，不断放大，导致一系列错误的/不恰当的分析、设计、实现与集成及软件质量保证和项目管理等，最终提交的软件系统也必定不是客户所真正需要的、必定无法解决客户的问题，从而导致客户和用户不满意。难以想象糟糕的需求最终能够成就一个成功的软件系统。所以可以毫不夸张地说，在软件生命周期的各个阶段中需求是最重要的，它对目标软件系统的成功起着至关重要的、无法替代的作用。

同时，需求工作也非常有难度，需要开发方的需求分析人员具有专家级的领域知识、丰富的项目经验和高超的社交能力。需求几乎是软件生命周期中难度最大、风险最大、最具挑战性的一项工作。

> **▶ 知识拓展**
>
> ## 术语
>
> - **领域**：在本书中，指利用软件系统所解决的问题的领域，如教育领域、医疗领域、财务领域、金融领域、交通领域、冶金制造领域、汽车制造领域、医药制造领域等。
> - **领域知识**：指该领域的业务知识、业务规则、业务流程、业务术语、业务逻辑等，如高校教学管理中的课程管理、成绩管理、培养计划管理、排课管理等，银行管理中的存取款业务、贷款业务等。

各领域都有其独有的、特有的领域知识，迥然不同，例如钢铁冶金行业的领域知识，如生产工艺、生产流程、生产管理等，就完全不同于化工行业、装备制造业、纺织行业等行业的领域知识。所以绝大多数领域专家，乃至软件企业都是专注于、擅长于某一个或几个领域，而不是专注于所有领域，如有的软件企业专注于开发和维护财务软件、有的软件企业主要专注于开发和维护钢铁冶金企业的企业资源计划（Enterprise Resource Planning，ERP）、有的软件企业致力于汽车行业的智能制造、有的软件企业专注于高校教学管理、有的软件企业致力于电商的大数据分析等。

需求分为功能性需求和非功能性需求。

功能性需求（Functional Requirements）是指对软件系统与业务功能直接相关的行为方面的要求，例如顾客登录/退出、旅客查询列车时刻表、用户发送/查看邮件、学生论坛发帖、系统自动生成课表、系统自动生成生产计划和排产计划等。

非功能性需求（Non-Functional Requirements）是指目标软件系统除功能需求以外，为满足用户业务需求还必须具有的特性，包括系统的性能、可靠性、健壮性、安全性、实用性、可维护性、可扩充性、容量、界面、接口和所需要的软/硬件环境等。

例如，某网上商店系统的性能要求可能是系统能满足 10000 人同时访问，且平均反应时间不超过 30 秒；其可靠性要求可能是系统能够 7×24 小时连续运行，年均非计划系统中断时间不能高于 8 小时；要求在出现故障时，系统能够在 30 分钟之内切换到备用机等。

软件团队在需求得到客户方的确认、签字之后，就可开始制定软件项目管理计划（Software Project Management Plan，SPMP）。该计划的关键内容包括拟交付的东西（客户将得到的软件系统及其相关文档资料等）、里程碑（阶段性成果及其时间点）和预算（将投入的经费、资源、设备、工具、人力等）。项目管理计划要尽可能详细地描述整个软件过程，其中包括要使用的软件生命周期模型、开发组织的组织结构、项目职责、管理目标和优先权、使用的技术和 CASE 工具，以及详细时间表、预算和资源分配。

> **▶ 知识拓展**
>
> ## 需求工程
>
> 　　20 世纪 80 年代中期，形成了软件工程子领域——需求工程（Requirements Engineering，RE）。从 1993 年起每两年举办一次需求工程国际研讨会，自 1994 年起每两年举办一次需求工程国际会议。需求工程是随着计算机的发展而发展的。
>
> 　　在计算机发展的初期，软件规模不大，软件开发所关注的是代码编写，需求分析很少受到重视。后来，软件开发中引入了生命周期的概念，需求分析成为其第一阶段。随着软件系统规模的扩大，需求分析与定义在整个软件开发及维护过程中越来越重要，直接关系到软件开发的成功与否。人们逐渐认识到需求分析工作不再仅限于软件开发的最初阶段，它贯穿于系统开发的整个生命周期。
>
> 　　进入 20 世纪 90 年代以来，需求工程成为研究的热点之一。一些关于需求工程的工作小组也相继成立，并开始开展工作，如欧洲的 RENOIR（Requirements Engineering Network of International Cooperating Research Groups）。

2.1.2　分析

软件分析的目的是分析并精化需求。有人可能会有这样的疑问：已经做了需求工作，为什么还要做分析，分析是必要的吗？答案是肯定的，因为需求的工作是要面向客户的，而分析的工作是面向开发团队的。

需求文档用客户能够理解的、人类自然语言和领域语言来描述目标软件系统的业务需求。自然语言是指客户所使用的自然语言，例如汉语、英语、法语、西班牙语等。领域语言是指目标软件系统所面向的领域，如财务、商务、税务、教育、金融、生产制造等应用领域，因此需求文档中将包含大量的领域术语、领域语言和领域知识。

自然语言和领域语言写就的需求文档，对于客户方是完全能够读懂、没有问题的；而对于开发方的设计人员、开发人员来说，是比较难于理解的、比较模糊的，因为它不是用信息技术（Information Technology，IT）思想和软件的思维、软件的语言、软件的方式来描述和表达的。解决的办法就是通过软件分析工作，把用自然语言和领域语言描述的需求，用软件工程的思维、软件工程的语言、符号和方法来梳理、翻译、描述和提升来精确地描述目标软件系统的业务需求，使需求对于软件设计人员来讲是明确的、确切的、规范的。

分析文档的标准是不懂领域知识的软件技术人员也能够读懂业务需求，它是介于需求与设计之间的翻译和"桥梁"。软件分析可能对客户理解目标软件系统关系不大，但对于开发该软件产品的软件专业人员是必要的和重要的。

软件分析的工作就是用 IT 的思想、软件的方法对需求做进一步的分析、精炼和提升，以获得正确开发软件产品和易于维护之所必需的需求。分析阶段的成果是分析文档，也称为产品规格说明（Specification），它回答目标软件系统做什么，但不回答如何实现目标软件系统。规格说明不仅是下一步软件设计的基础和依据，也是软件测试和维护非常重要的、不可或缺的基础和依据。

如果采用的是结构化范型（Structured Paradigm），则对需求做结构化分析（Structured Analysis）；如果采用的是面向对象范型（Object-Oriented Paradigm），则对需求做面向对象分析。

2.1.3 设计

无论是需求还是分析，都回答了目标软件系统要做什么，而没有回答如何实现目标软件系统。软件设计的任务就是要回答如何实现目标软件系统。软件系统设计包括架构设计和详细设计。

架构设计（Architecture Design）又称为高层设计，是指在基于一定的设计原则，指定整个软件系统的组织和拓扑结构，确定并描述软件系统中的各个组件之间所存在的关系，如外部系统接口、用户界面、商业逻辑组件、数据库等。软件架构设计是一系列有层次的决策，就是从宏观上说明一套软件系统的组成与特性，比如：技术路线、功能、接口、自主研发还是合作、商业软件还是开源软件等。

软件架构从根本上决定了一个软件系统的可扩展性、安全性、可靠性、性能、成本等。

详细设计（Detailed Design），是在确定了系统架构之后开始的。详细设计包括用户界面设计、数据库设计、功能模块设计和数据结构与算法设计。

（1）用户界面（User Interface）是用户与软件系统进行交互的接口，是用户对软件系统的唯一所见和直接感受。用户体验直接影响用户对系统的满意度，因此用户界面对软件系统的成功起着重要的、不可替代的、不可忽视的作用。当今的用户和业界对用户界面越来越重视。

（2）功能模块（Module）设计是对业务功能的具体设计，例如成绩录入、查询成绩、打印成绩单、查询课表、订机票、存款、转账等。如果采用的是结构化范型，则做结构化设计（Structured Design）；如果采用的是面向对象范型，则做面向对象设计。

（3）数据库（Database）设计是对需要永久性保存的数据进行存储和处理的解决方案，关系数据库设计主要指数据表（Table）设计，可能还需要视图（View）设计和存储过程（Stored Procedure）设计。

（4）数据结构（Data Structure）是对程序中复杂的临时数据进行处理的解决方案。算法（Algorithm）设计是针对系统中要提供的复杂业务功能、业务逻辑的解决方案，例如高校教学管理信息系统中的全校排课算法、导航系统中的最优路径选择算法、ERP系统中的物料需求计划MRPII算法、打车平台中车辆派遣算法等。

设计阶段的工作成果是设计文档。

2.1.4　实现

显然，需求、分析和设计的工作成果都是各种文档，而这些文档是无法运行的，并不是用户能够直接使用的软件产品。我们知道在计算机中运行的是用各种计算机语言编写而成的计算机程序，实现阶段的任务就是基于设计方案，利用所选择的编程语言来编程，从而获得目标软件系统的计算机程序，即实现目标软件系统。

编程语言给最终完成的软件系统打下了深深的、不可磨灭的烙印，对最终软件系统的质量及交付后的维护有着深远的影响，因此编程语言的选择非常重要。如何从众多的编程语言中为目标软件系统选择合适的编程语言是一个不可回避的重要问题。

编程实现的同时要做好相应的集成，实现与集成工作要并行开展，要根据具体情况采用较合适的实现与集成方法。

2.1.5　维护

前面我们所讲述的工作，包括需求、分析、设计、实现与集成，其工作目标都是为了开发出目标软件系统，因此它们可统称为开发（Development）阶段。软件系统一旦通过验收测试（Acceptance Testing）、交付（Deliver）给客户投入使用，就标志着进入了维护（Maintenance）阶段。

虽然软件永不磨损、用不坏，但是难免软件中还有测试中没能发现的错误和缺陷，因此对软件的维护是不可避免的。同时，随着软件的深入应用，还需要软件自身功能的不断完善、升级；随着用户不断提出新的需求，软件也需要不断增加新的功能；另外，随着业务的发展变化、软件运行的软/硬件环境的变化、行业规则和社会环境的变化等，软件还需要不断适应新的环境。因此只要用户还在使用该软件，该软件就需要维护，直到该软件退役。

可见，软件维护完全不同于其他行业的维护工作。例如，家电行业的维护通常就是用新的、好的部件更换损坏的部件。而软件维护的工作内容则涵盖前面提到的软件开发阶段所有的工作，包括需求、分析、设计、实现与集成和测试，因此对维护人员的技术水平要求非常高。而且维护人员还要跟不满意的客户和用户打交道，需要很强的社交能力。

事实上，平均来说，软件产品的维护在时间和成本上占其整个软件生命周期的六成以上，因此无论从社会效益还是从经济效益来说，维护都是非常重要的。

2.1.6 退役

退役（Retirement）是软件生命周期的最后一个阶段。理论上来说，只要条件（包括软硬件环境和社会环境）允许，软件能够永远地为用户服务。但是在现实中，软件使用了或长或短的一段时间之后，当客户由于各种原因决定放弃使用该软件时，就标志着该软件进入了退役阶段。通常情况下，软件一旦退役，就很难再次投入使用。

客户决定放弃该软件的可能原因有以下几个。

（1）因为软/硬件环境或社会环境的变化太大，或者业务流程、业务逻辑的变化太大，使得对软件要做的改变太大，甚至于产品的整体设计都可能需要变化。这种情况下，重新设计和实现一个软件系统的费用比修改该软件更经济。

（2）对初始设计进行了如此多的改变，以至于无意中在产品内部构成了相互依赖性，这种相互依赖使得对产品最小组件的一个小的改变都会对产品的整体功能有很大的影响。这使得对该软件系统进行维护的技术难度越来越大。

（3）该软件的技术已经太落后了，很难找到掌握落后软件技术的技术团队或技术人员对其进行维护、升级。

（4）文档维护工作做得不充分，增加了软件系统退化的风险，以至于对产品重新编码比对产品进行维护更加安全。

2.1.7 软件质量保证

与任何其他行业一样，软件工程行业也非常重视产品的质量问题。软件质量（Software Quality）定义为软件产品满足规格说明的程度。合格的质量才能保证软件系统能够为客户和用户提供令人满意的服务。如果软件中存在问题和错误，可能会导致软件系统无法正常工作，使其客户和所面向的用户蒙受不同程度的损失，甚至给社会和广大用户造成经济、财产、健康、个人隐私、名誉上的严重危险与损失。因此，软件质量问题是软件成功的核心要素。软件质量问题已经成为所有软件团队和广大用户共同关注的焦点问题，因此，软件的质量必须得到保证。

测试（Testing）是软件质量保证（Software Quality Assurance）重要的和主要的技术手

段。软件产品不仅仅指程序代码，还包括软件过程中产生的阶段性成果，如需求文档、分析文档、设计文档等。软件测试可以分两种：对可执行代码进行的基于执行测试（Execution-Based Testing）、对不能执行的各种文档及代码进行的非执行测试（Non-Execution-Based Testing）。

软件质量保证、测试不是软件工程中的某一个阶段，而是应该贯穿于软件开发中的所有阶段及维护阶段，即软件开发和维护过程中所有工作都需要进行测试、进行软件质量保证，所以没有专门的测试阶段或软件质量保证阶段。

2.1.8 项目管理

软件开发是复杂的任务，它涉及很多人员相当一段时期内共同工作、相互配合，还涉及相应的软硬件资源。软件项目管理是为了使软件项目能够按照预定的成本和进度、保质保量地顺利完成，而对人员（People）、产品（Product）、过程（Process）和项目（Project）进行分析与管理的活动。为使软件项目开发获得成功，必须对软件开发项目的工作范围、可能遇到的风险、需要的资源（人、软/硬件环境）、要实现的任务、经历的里程碑、成本、进度的安排等做到合理的计划、组织和实施，这一计划就是软件项目管理计划（Software Project Management Plan，SPMP）。

软件项目管理先于技术活动之前开始，且持续贯穿于软件系统的开发、构造和部署。在管理活动开始时，首先是制订项目计划。项目计划定义将要进行的过程和任务，安排工作人员，确定评估风险、控制变更和评估质量的机制。

软件项目管理、软件质量保证贯穿于软件过程的关系示意图如图 2.2 所示。

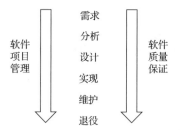

图 2.2 软件项目管理、软件质量保证贯穿于软件过程示意图

2.2 软件方法

软件过程定义软件开发的顺序和操作流程，软件方法是完成各项软件开发任务的技术方法，软件工具提供了软件方法中可用的一组图形符号。这些图形符号有各自的语法和语义。软件方法主要有面向过程的结构化开发方法、面向数据结构的 Jackson 方法、面向对象开发方法和敏捷方法（Agile Method）等。

软件方法与软件工具

2.2.1 结构化方法

结构化方法（Structured Method）是 20 世纪 70 年代末被提出的，也称为面向功能的软件开发方法或面向数据流的软件开发方法。其基本思想是用结构化分析（Structured Analysis）对软件需求进行分析，之后用结构化设计（Structured Design）方法进行系统设计，最后采用结构化编程（Structured Programming）来实现目标软件系统。在 20 世纪 70 年代至 90 年代初，结构化开发方法给大型软件系统的开发提供了一套可行的、便于管理的方法学，不仅提高了软件开发的效率和质量，而且降低了错误率。

随着结构化开发方法的发展，逐渐形成了完整的开发过程：从用户需求入手，利用数据流图、数据字典等工具来分析用户需求，然后通过对数据流的映射，得到软件结构；之后通过对软件结构的模块化设计，定义模块的接口，设计各模块间的数据传输、调用关系及模块内的算法流程；最后通过结构化编程、测试而得到目标软件系统。

（1）结构化分析：是根据分解与抽象的原则，按照系统中数据处理的流程，用数据流图来建立系统的功能模型，从而完成需求分析工作。

（2）结构化设计：根据模块独立性准则、软件结构优化准则将数据流图转换为软件的体系结构，用软件结构图来建立和描绘系统的逻辑模型和概要设计。

（3）结构化程序设计：结构化程序设计方法是按照模块划分原则，以提高程序可读性和易维护性、可调性和可扩充性为目标的一种程序设计方法。在结构化的程序设计中，只允许 3 种基本的程序结构形式，它们是顺序结构、分支结构（包括多分支结构）和循环结构。这 3 种基本结构的共同特点是只允许有一个流动入口和一个出口；仅由这 3 种基本结构组成的程序称为结构化程序。

结构化方法总的指导思想是自顶向下、逐层分解，它的基本原则是功能的分解与抽象。它适合解决数据处理领域的问题，不适合解决超大规模的、特别复杂的项目问题，且难以适应需求的变化。

在整个 20 世纪 80 年代，结构化方法取得了众多的成功，为软件业的发展立下了汗马功劳，在软件史上写下了浓重的、辉煌的一笔。

2.2.2 Jackson 方法

Jackson 方法是一种面向数据结构的开发方法。

JSP（Jackson Structure Programming）方法是以数据结构为驱动的，它适合于小规模的项目。JSP 方法首先描述问题的输入/输出数据结构，分析其对应性，然后推出相应的程序结构，从而给出软件过程描述。

JSD（Jackson System Development）方法是 JSP 方法的扩展，是一个完整的系统开发方法。首先建立现实世界的模型，再确定系统的功能需求，对需求的描述特别强调操作之间的时序性。它是以事件作为驱动的，是一种基于进程的开发方法，所以适用于时序较强的系统，包括数据处理系统和一些实时控制系统。

2.2.3 面向对象方法

面向对象（Object-Oriented，OO）开发方法是继结构化开发方法之后的一次技术革命，是软件工程发展的一个重要里程碑。面向对象软件开发方法诞生于 20 世纪 80 年代末，并于 20 世纪 90 年代得到蓬勃发展。它在大型软件项目需求的易变性、系统的扩展性、易于维护和代码的可重用性等方面具有明显优势。

面向对象开发方法将面向对象的思想应用于软件开发过程中，指导开发活动，是建立在"对象"（Object）概念基础上的方法学。面向对象方法的核心思想是提倡用人类在现实生活中本就存在的、一直在使用的思维方法来认识、理解和描述客观事物，强调最终建立的系统能映射问题域，使得系统中的对象及对象之间的关系能够如实地反映问题域中固有的实体及其相互之间的关系。

面向对象开发方法认为客观世界是由对象组成的，对象由属性（Attribute）和方法/操作（Method/Operation）组成，对象可按其属性进行分类，对象之间的联系通过传递消息来实现，对象具有封装性、继承性和多态性。面向对象开发方法是以用例驱动的、以职责驱动为设计原则、迭代的和渐增式的开发过程，主要包括面向对象分析（Object-Oriented Analysis，OOA）、面向对象设计（Object-Oriented Design，OOD）和面向对象编程（Object-Oriented Programming，OOP）这 3 个阶段，但是各个阶段的划分不像结构化开发方法那样清晰，而是在各个阶段之间迭代进行。

在发展的初期，面向对象方法形成了多个流派，主要包括：1997 年面向对象管理组织（Object Management Group，OMG）基于其中最有影响的 Grady Booch 的面向对象开发方法、James Rumbaugh 的对象建模技术和 Jacobson 的面向对象软件工程（Object-Oriented Software Engineering，OOSE）。但因为标准和规范的缺失，面向对象方法与技术百花齐放的同时，也呈现出行业内的混乱，非常不利于业内的交流与技术的进一步发展。

由此，业界于 1997 年 1 月正式推出基于面向对象思想和技术的统一建模语言（Unified Modeling Language，UML）。UML 是面向对象分析设计方法的标准建模语言，通过统一的语义和符号使各种方法的建模过程和表示统一起来。UML 现已成为面向对象建模的工业标准。

面向对象方法早已取代结构化方法而成为技术主流。本书主要讲解运用面向对象方法的软件工程，故其也称为面向对象软件工程（OOSE）。

2.2.4 敏捷方法

对于某些类型的软件（如大型软件系统或与安全攸关的软件系统）来说，对开发过程有严格要求是必不可少的，以上计划驱动的几种方法可能是正确的选择。然而，这种重载的、计划驱动的开发方法被应用于小、中规模的业务系统时，其产生的额外开销过大，以至于占据了软件开发过程的大部分。同时，我们处在一个快速发展和变化的世界，客户的业务需求也在快速变化，所以如果目标软件产品的开发周期过长，很可能到该软件产品能够交付时，最初采购该软件产品的理由和需求已经发生了变化，以至于开发出来的软件产品实际上已经没什么用了。因此，对敏捷软件开发有迫切的、必要的和重要的现实需求。

敏捷方法在 20 世纪 90 年代后期发展起来，已经在很多领域取得了成功，特别是在以下两类系统的开发中。

（1）软件企业正在开发并准备推向市场的是一个小型或中型的软件产品。

（2）机构内的定制化系统开发，客户明确承诺可以参与开发过程，并且没有许多来自外部的规章和法律等影响。

1. 敏捷方法的分类

业内最知名的敏捷方法是极限编程（Extreme Programming，XP）。其他敏捷方法还包括 Scrum（Cohn，209，Schwaber，2004，Schwarber 和 Beedle，2001）、Crystal（Cockburn，2001，Cockburn，2004）、适应性软件开发（Highsmith，2000）、DSDM（Stapleton，2003）和特征驱动开发（Palmer 和 Felsing，2002）。尽管这些敏捷方法都建立在增量式开发和支付的概念上，但达到这样的目标所用的过程是不同的。然而，它们的基本原则是相同的，都基于敏捷宣言，因而有很多共同点。

2. 敏捷方法的基本原则

敏捷方法的基本原则如下。

（1）客户参与。客户应当在整个开发过程中始终紧密参与其中，他们的作用是提供新的系统需求及其优先级，并对系统的迭代进行评价。

（2）增量模式。用户描述每个增量中将要包含的需求，软件以增量的方式进行开发和交付。

（3）接受变更。预料系统需求变化，对系统进行设计以适应这些变化。

（4）开发团队的技术应当得到承认和发扬。团队成员在没有规定的过程限制下，保持他们自己的工作方式和能力。

（5）保持简洁。在所开发的软件及开发过程中都关注简洁，只要有可能，开发人员都要积极地消除系统的复杂性。

3. 敏捷方法共同的特性

敏捷方法共同的特性如下。

（1）规格说明、设计和实现过程交织在一起。没有详细的系统规格说明，设计文档被最小化或者由用于实现系统的编程环境自动生成。用户需求文档是对最重要的系统特性的概览定义。

（2）系统按照一系列增量进行开发。最终用户和其他系统利益相关者参与每一个增量的规格说明和评估。他们可能会对软件的变更提出要求及应当在系统的后续版本中实现的新需求。

（3）使用广泛的工具来支持开发过程。可使用的工具包括自动化测试工具、支持配置管理和系统集成的工具、用户界面自动化构造工具。

4. 极限编程

极限编程是最广为人知、流行最广的敏捷方法之一。该方法是一种迭代式开发，达到一个"极限"水平，例如，在极限编程中，系统的多个新版本可能由不同的程序员实现并集成和测试，在一天之内完成。

在极限编程中，所有的需求都表示为情景（scenario），它将被直接实现为一系列任务。程序员两两配对工作，在同一台计算机上协同工作、结对编程（pair programming）；两名程序员每隔一段时间，就交换着编码；没有编码的程序员在同伴输入时，仔细检查代码。在新的代码加入系统中之前，所有的测试必须成功执行。

在极限编程过程中，客户要投入系统需求的定义和优先权排序工作中，是开发团队的一分子，与其他团队成员一起讨论情景。需求不是被定义为所要求的系统功能的列表，而是用"情景卡"来封装客户需求。开发团队朝着这个目标在软件的将来版本中实现这个情景。

图2.3说明了一个极限编程的过程，它能够产生正在开发的系统的一个增量。

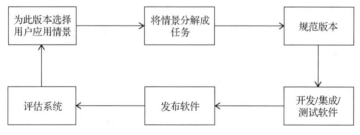

图2.3　极限编程的版本循环

2.3　软件工具

用来辅助软件开发、运行、维护、管理和支持等活动的软件称为软件工具（Software Tools）。早期的软件工具主要用来辅助开发人员编程，如编辑程序、编译程序、调试程序等。在软件工程、软件生命周期的概念越来越被业界接受和重视以后，出现了很多软件开发方法，同时软件管理也越来越受到重视。相应地，出现了一些软件工具来辅助软件工程的实施，包括软件开发、维护、管理过程中的各项活动，并辅助这些活动的进行。

软件工具通常也称为计算机辅助软件工程（Computer Aided Software Engineering，CASE）工具，支持特定的软件工程方法。大量软件工具的使用，极大地提高了软件开发、维护和管理的效率。在软件工程活动中，软件工程师和管理人员按照软件工程的方法和原则，借助于软件工具开发、维护、管理软件产品。这些活动都有相应的工具来支持。

（1）开发过程工具包括需求分析设计工具、编程工具、测试工具。按照所采用的分析、设计方法，其又分为结构化分析设计工具、面向数据分析设计工具和面向对象分析设计工具等。

（2）维护过程工具包括文档分析工具、逆向工程（Reverse Engineering）工具、再工程（Re-Engineering）工具。

（3）管理过程工具包括项目管理工具、版本控制工具、配置管理工具、软件评价工具。

2.3.1 需求分析设计工具

需求分析设计工具提供面向软件方法学的建模功能，如面向对象方法、结构化方法、Jackson 方法等。有的工具支持某种软件方法，有的工具同时支持多种软件方法。常见的需求分析设计工具有 Microsoft Visio、IBM Rational Rose、MagicDraw、Together、ArgoUML、ClearCase、RequisitePro 等。这些工具都支持绘制面向软件方法的各种分析设计图，如各种面向对象的 UML 图、各种结构化分析设计图、数据库设计 ER 图等。有的软件工具能够支持图形化用户界面设计，如 GUI Design Studio 是 Microsoft Windows 图形化用户界面设计的软件工具。

现在很多需求分析设计工具已经能够免费获取并使用。

2.3.2 编程工具

编程工具为软件开发人员提供编辑程序、编译程序、调试程序的平台。因此编程工具与所采用的编程语言相关，不同的编程语言使用不同的编程工具。本书介绍一些比较常用的 Java、C/C++、Python 编程软件。

1. Java

常用的支持 Java 语言编程软件有以下几款。

（1）IDEAIDEA 是一款专业的编写 Java 语言程序的编程软件。

（2）Eclipse 是一款诞生比较早的支持 Java 自由集成开发的编程软件，它的特点是免费且开源，支持跨平台。其插件丰富，开发人员安装相关插件后，也可以进行支持 C/C++、Python 语言的开发，非常便捷。

（3）MyEclipse 是在 Eclipse 基础上加入自己的插件开发而成的功能强大的企业级集成开发环境，主要用于 Java、Java EE 及移动应用的开发。在新版本中，MyEclipse 配合 CodeMix

使用也十分广泛，尤其是对各种开源产品和主流开发框架的支持相当不错。MyEclipse 还支持 PHP、Python、Vue、Angular、React 等语言，以及 Java Servlet、AJAX、JSP、JSF、Struts、Spring、Hibernate、JB3、DBC 数据库链接工具和框架开发等。可以说，MyEclipse 是几乎囊括了所有主流开源产品的专属 Eclipse 开发工具。

2. C/C++

C/C++语言作为最有代表性的传统编程语言，其编程软件很多，有 Microsoft Visual C++、Microsoft Visual Studio、DEV C++、Code:: Blocks、Borland C++、WatCom C++、Borland C++ Builder、GNU DJGPP C++、LCCWin32 C Compiler3、High C、Turbo C、GCC、C-Free 和 Win-TC、My TC 等。

如 Visual Studio 是一款在 Windows 平台下非常专业的 C/C++编程软件。它包括了整个软件生命周期所需要的大部分工具，如 UML 工具、代码管控工具、集成开发环境（IDE）工具等。其功能强大，具有语法提示、智能补全、语法检查等常见功能。除此之外，它还支持代码重构、代码分析、单元测试等高级功能，因此开发调试效率更高，也更适合大型项目的管理和维护。

3. Python

常用的支持 Python 语言的编程软件有以下几款。

（1）Visual Studio Code（简称 VS Code）是一款由微软公司自主设计且研发的轻量级代码编辑器，它的特点在于免费、开源、跨平台。其实严格来讲，其不算是具有 Python 程序编写、执行的能力，但是由于 VS Code 支持的插件众多，在安装 Python 插件后，它也是一个不错的 Python 编程软件。而且，其自动补全、代码高亮、语法提示等功能深得开发者喜爱，为 Python 的学习和使用提供了很大的便利。

（2）Sublime 是一款轻量级代码编辑器。它轻便灵活，可跨平台使用，自动补全、代码高亮、语法提示等功能也很不错。

（3）PyCharm 是一款专业的 Python 编程软件，它非常流行，有社区免费版可供下载。相较于其他两款代码编辑器来说，PyCharm 支持的功能更加高级，例如代码重构、代码分析、单元测试等，因此，也使得 Python 开发的效率更高，更适合大型 Python 项目的开发与管理。

还有一些其他常用的编程工具。例如，WebStorm 是 JetBrains 公司旗下的一款 JavaScript 开发工具，以其强大且智能的功能广受开发人员的赞誉。

PhpStorm 是一个专业轻量级且便捷的 PHP IDE，旨在提高用户开发效率。它可深刻理解用户的编码，提供智能的代码补全、快速导航及即时错误检查等强大的功能。

Notepad++能够支持 27 种编程语言，如 C、C++、Java、C#、XML、HTML、PHP、JavaScript 等，是程序员必备的文本编辑器。

2.3.3　管理过程工具

管理过程工具包括软件项目管理工具、软件版本控制工具、软件配置管理工具、软件项目评价工具。

1. 软件项目管理工具

软件项目管理工具是为了使工程项目能够按照预定的成本、进度、质量顺利完成，而对人员（People）、产品（Product）、过程（Process）和项目（Project）进行分析和管理的一类软件。软件项目管理工具包括甘特图、WBS、日历、时间线、状态表、HOQ 和思维导图制作工具。

国外软件项目管理工具有：微软公司的 Project，随着互联网时代的到来，这种单功能的软件已经很难满足企业的需要；Project Server 是微软公司为了解决协同问题对 Project 做的升级，但功能依然局限在任务管理方面；Primavera 公司的工程项目管理软件 Px 系列、Artemis 公司的 Artemis Viewer、NIKU 公司的 Open WorkBench、Welcom 公司的 OpenPlan、SAP 公司的 Project Systems Module 等软件，这些软件适合大型、复杂工程项目的管理工作；Sciforma 公司的 ProjectScheduler、Primavera 公司的 Sure Trak、Microsoft 公司的 Project、IMSI 公司的 TurboProject 等则是适合小、中型工程项目管理的软件。

国内软件项目管理工具有：新中大（1993 年）、普华科技（1992 年）、同望科技（2003 年）、广联达（1998 年）、广安科技（2001 年）、邦永科技 PM2（2002 年）、建文软件（2003 年）、三峡工程管理系统 TGPMS、易建（2001 年）等的工程项目管理软件。

2. 软件版本控制工具

软件版本控制工具提供完备的版本管理功能，用于存储、追踪目录（文件夹）和文件的修改历史。它是软件开发者的必备工具，是软件公司的基础工具。软件版本控制工具的最高目标是支持软件公司的配置管理活动，追踪多个版本的开发和维护活动，及时发布软件。

常见的软件版本控制工具有以下几款。

（1）VSS

VSS（Visual Source Safe）是美国微软公司的产品，常用的版本为 VSS 6.0。VSS 是配置管理方面很好的一种入门级工具（目前微软不再对 VSS 提供技术支持）。

（2）CVS

CVS（Concurrent Version System）是开发源代码的配置管理工具，其源代码和安装文件都可以免费下载。CVS 是源于 UNIX 的版本控制工具，开发者对于 CVS 的安装和使用最好基于对 UNIX 系统有所了解，这样才能更容易掌握。

（3）StarTeam

StarTeam 是 Borland 公司的配置管理工具，其属于高端工具，在易用性、功能和安全性等方面的表现都很不错。除了具备 VSS、CVS 所具有的功能外，StarTeam 还提供对基于数据库的变更管理功能，这一点在相应工具中独树一帜。

（4）ClearCase

ClearCase 是 Rational 公司的产品，是目前使用较多的配置管理工具。Rational 公司已被 IBM 公司收购。

（5）SVN

SVN（Subversion），即版本控制系统。SVN 与 CVS 一样，是一款跨平台的软件，支持大多数常见的操作系统。作为一款开源的版本控制系统，SVN 管理着随时间改变的数据。

（6）Git

Git 是一款开源的分布式版本控制系统，用以有效、高速地处理从很小到非常大的项目版本管理。尽管最初 Git 的开发是为了辅助 Linux 内核开发的过程，但是很多其他自由软件项目中也已经使用了 Git。

3．软件配置管理工具

软件配置管理工具，是指支持完成配置项标识、版本控制、变化控制、审计和状态统计等任务的工具。

软件配置管理工具可以分为以下 3 个级别。

（1）版本控制工具：它是入门级的工具，例如 CVS、VSS、Git 等。

（2）项目级配置管理工具：适合管理小、中型的项目，在版本管理的基础上增加变更控制、状态统计的功能，例如 ClearCase、PVCS 等。

（3）企业级配置管理工具：它在实现传统意义的配置管理的基础上，又具有比较强的过程管理功能。

4．软件项目评价工具

软件项目评价工具对已完成的软件项目进行评价，展示已完成软件项目的详细情况和评价结果，给项目经理一些管理方面的启迪，使他们能够通过汲取已被评价的软件项目经验和教训来提高自身的项目管理水平，以期在未来的软件项目管理中减少问题的出现，实现高质量的软件项目开发。

 知识拓展　　　　云开发平台

据业界预测，随着云技术的快速发展，到 2025 年，80%的企业应用将运行在云中，100%

的应用软件的开发、测试、部署、运维都在云中进行。研发工具正向着轻量化、服务化、云化、容量化、社交化、智能化的方向发展。DevOps（Development 和 Operations 的组合词，是一组过程、方法与系统的统称）成为继敏捷、精益之后被企业广泛接受的新型研发模式，软件服务化、云化对 DevOps 提出了更加强烈的诉求。软件交付正在从包交付向着工程化交付转变。随着容器技术的广泛应用，软件交付将逐步标准化。未来交付给客户的可能是很多的容器（Container）或者 Decker File。客户只要在自己的云平台上加载即可运行，不需要安装、部署和配置。

华为软件开发云（DevCloud）是业界知名的云开发平台。它是华为云上的一级服务板块，是一站式云端 DevOps 平台，覆盖软件开发全生命周期，支持微服务开发、移动应用开发、IoT 开发等主流研发场景。在华为软件开发云上，开发团队能够基于云服务的模式按需使用，在云端进行项目管理、配置管理、代码检查、编译、构建、测试、部署、发布等。

要点

- 软件作为一种逻辑实体，会经历从无到有、从诞生到退役（即报废）这样一个过程，这一过程称为软件生命周期。
- 软件工程包括过程、方法和工具 3 个要素。
- 软件过程是整个软件生命周期中一系列有序的软件生命活动的流程，基本的软件活动包括需求、分析、设计、实现、维护、软件质量保证和项目管理。
- 软件方法是使用定义好的过程、方法和工具，在技术上和管理上来组织软件生产的一系列活动。
- 软件方法主要有面向对象的开发方法、面向过程的结构化开发方法、面向数据结构的 Jackson 方法和敏捷方法等。
- 软件工具用来辅助软件开发、运行、维护、管理和支持等活动，也称为计算机辅助软件工程工具。
- 软件工具分为开发过程工具、维护过程工具和管理过程工具。

习题

选择题

1. 一个软件从概念的探究到最终退役所经历的一系列步骤，称为它的＿＿＿＿＿。
   A．生命周期　　　B．范型　　　　　C．方法　　　　　D．业务

2．以下哪个关于软件生命周期的说法是正确的？＿＿＿＿＿

    A．不是所有的软件都有软件生命周期

    B．每一个软件系统都有其生命周期

    C．软件生命周期是指软件产品提供服务的时间周期

    D．软件生命周期是规格说明、设计、实现与测试的循环过程

3．以下哪项工作可以作为软件过程中的一个单独的阶段？＿＿＿＿＿

    A．测试阶段   B．项目管理阶段

    C．维护阶段   D．文档阶段

4．以下哪个关于软件开发的说法不正确？＿＿＿＿＿

    A．软件开发不应该是一些个体的神秘劳动，而应该是一个由各种人员组成的团队开展的工程

    B．软件测试不只针对代码

    C．如果所有软件开发人员都足够专业，就可以不需要项目管理了

    D．软件开发应该是团队的协同工作

5．需求文档中的错误，在以下哪个阶段修正错误的代价最小？＿＿＿＿＿

    A．需求阶段   B．分析阶段

    C．设计阶段   D．实现阶段

6．以下哪个说法是正确的？＿＿＿＿＿

    A．就像一个人要经历从出生到死亡的生命旅程一样，一个软件也要经历它的生命周期

    B．软件企业从做软件开发赚到的钱肯定比做软件维护赚到的钱多

    C．软件开发比软件维护更重要

    D．如果交付后软件还需要维护，就说明开发工作做得不够好

7．以下哪个说法是错误的？＿＿＿＿＿

    A．软件方法对最终软件产品的质量没有影响

    B．C语言是结构化方法的一种具体编程语言

    C．Java语言是面向对象方法的一种具体编程语言

    D．当前面向对象方法是主流技术

8．以下哪个不是软件工具？＿＿＿＿＿

    A．浏览器   B．编程工具

    C．软件项目管理工具   D．软件版本控制工具

思考与讨论

1．你以前学习过、现在正在学习哪些专业课，这些专业课所对应的知识和技术在软件工程中起到什么作用？

2．你学习并使用过哪些软件工具？你知道这些工具在软件工程中起什么作用吗？

3．你能列举出哪些软件工具？你知道这些工具在软件工程中起什么作用吗？

4．你学习过哪些编程语言？这些编程语言分别是结构化编程语言，还是面向对象编程语言，还是哪种软件方法的编程语言？这些编程语言分别有哪些特性？

5．请结合具体案例讨论软件过程、方法和工具对软件质量的影响。

6．请举出一些通用软件产品的例子和定制化软件产品的例子。这两类软件的区别是什么，开发这两类软件产品的过程可能有什么不同？

3

第 3 章　需求

学习目标：

- 深刻理解什么是真正的软件需求
- 深刻理解软件需求的必要性和重要性
- 深刻理解软件需求的层次
- 了解获取软件需求所包含的主要活动
- 掌握几种收集、确定软件需求的方法
- 掌握利用快速原型来准确地获取需求
- 了解和理解功能性需求与非功能性需求
- 能够在实际案例中运用一些获取需求的方法来获取真实的、真正的需求

3.1　什么是需求

　　需求是目标软件系统的根、和源。正确且恰当的需求是目标软件系统成功的必要的、首要的、基本的条件，需求对目标软件系统的成功起着至关重要的作用。

什么是需求&
需求的层次

　　任何一项工作开始之前都应该先明确其目标和任务，否则工作没有针对性，无从开展。软件开发也一样。需求是软件过程的第一个阶段，就是要确定目标软件系统将具有哪些功能、将为用户提供哪些服务、以及约束条件或要求等。对目标软件系统应提供的服务及其所受的约束或要求的描述，就是软件需求（Software Requirements）的内容。需求反映客户需要目标软件系统帮助其解决的问题及其相关约束或要求。拟解决的问题，例如解决某高校每学期全校师生所有课程的编排课表问题，解决人力资源管理中的工资管理、电子商务中的订单管理、电子邮箱中的邮件管理、生产企业工作中的复杂生产任务排程问题等。相关的约束或条件，例如要求能够支持 10000 个用户同时访问、能够兼容于所有安卓手机等。

如1.3节中所述，软件项目失败的主要原因之一就是不正确、不完整、不明确的需求。同时，项目成功的首要因素则是正确的、完整的、明确的需求。无论采用何种软件过程模型、无论采用何种软件方法、无论应用哪些软件工具，都要以正确的、完整的、明确的需求为基础。需求对软件开发和最终应用的成功起着至关重要的作用。

一些人持有一个错误的观点，认为需求的目的就是要确定客户到底想要什么，也就是说客户想要的就是需求。这个观点之所以是错误的，是因为缺少软件和计算机方面的专业知识，客户对于一些问题的真正原因所在及其解决之道很可能有错误的理解和分析，进而导致客户可能对其所期盼的软件系统到底应该提供哪些功能和服务没有正确的理解和构想。所以客户想要的不一定就是真正的需求。

例如，曾经有这样一个案例：某仓储公司发现最近仓库里的实际货物数量比账目上应有的货物数量少，该公司领导认为这是因为他们现有的仓储管理比较落后，需要引进先进的仓储管理信息系统。请来的专业软件开发团队并没有不做分析地接受客户的想法，而是进行了负责任的深入调研。经过全面的调研，最后发现该仓储公司遇到的问题，是因为内部员工监守自盗而导致的，当前真正迫切需要的不是一套先进的仓储管理信息系统，而是一套先进的监控系统，以避免发生内部员工监守自盗的情况。

再如，某集团正在使用的网上办公系统的性能很差，总是需要较长的响应时间。该集团认为该系统不能满足他们的工作需要，因此想着重新开发一套网上办公系统。但实际情况是经过专业团队对这个问题的深入探究和分析，发现真正的问题所在是糟糕的数据库设计。因此，更现实、更实用、更经济的解决之道是对数据库设计进行优化，改进数据库与应用系统之间的接口，提高数据库数据读取和写入的性能。

在日常生活中，这类事情也时有发生。例如，你在太阳下打了一场篮球比赛之后，恨不得喝上3大瓶冰水，再洗个凉水澡才痛快。然而，所有的医生、所有有经验的人都会强烈反对你这样做，因为剧烈运动后马上喝凉水，会严重伤害人体的内脏，给身体带来极大的伤害。正确的做法是喝温水。剧烈运动后不能洗凉水澡，否则会强烈刺激燥热的体表，严重的可能产生休克，甚至威胁到生命。正确的做法是休息一段时间，等身体恢复下来之后洗温水澡。可见，有时你想要的并不是你真正需要的或不一定适合你。

由此可见，需求绝不是确定客户想要什么，而是确定客户真正需要什么。大家一定要注意"想要"和"需要"完全是不同的两个词，含义迥异。

客户想要什么，是基于其知识背景和经验对于自身问题的分析或猜测。但实际情况是，大多数客户的IT知识较少或很少，他们只是就其遇到的问题进行了自认为合理的理解、分析和推测，很多时候甚至可能就是感觉、就是猜测。如果开发方不分析实际情况、想当然地认为客户想要什么就是需求，那么就可能会把整个开发引入错误的方向，最终给客户方、用户方和开发方造成不同程度的损失。因此做需求远远不是询问客户想要什么那么简单。

需求既是接下来的系统分析、设计和实现工作的基础，也是设计测试方案的重要依据，所以如果需求是错的，这一系列工作也必将与真正的目标软件系统渐行渐远。基于错误的需求做了相应的开发和测试，结果恰好最终获得了一个真正解决用户问题的目标软件系统——这是不可能的。

还有一种错误的观点，认为开发方可以先"替"用户挖掘需求、确定需求，先开发出成品，再找客户。这个观点放在纸面上，大多数人都会觉得这是一个低级的问题。然而，这种错误的想法在现实中一再上演、一再被证明是错误的，无一例外都付出了惨痛的代价。

因为软件市场的竞争非常激烈，为了争取市场、为了推出新颖的软件产品，很多软件企业、软件产品经理每天都在努力地"构想"甚至是猜想用户可能需要什么功能、假想用户可能喜欢什么软件，然后就依据假想出来的需求，开始了软件产品的开发。然而现实的情况是，这样的软件产品痛点和需求并非源自实际的用户群体，这种先有功能后找用户的方式是不可能成功的。现实中，我们没有看到的、失败的软件产品远比我们见到的、成功的软件产品多得多。因此，需求一定要源于客户和用户。

3.2　需求的层次

需求做到什么程度算是合格、乃至于可以称得上好呢？事实上不同开发团队、针对不同项目，做需求的能力可能是不同的，水平可能是有差异的，做出来的需求的质量当然不同，最终导致目标软件系统的应用效果和市场效益相差很大。

需求的水平从低到高，大致可以分为以下 3 个层次。

1．被动型

被动型的开发方对目标软件系统的业务领域较少涉足或在该领域的经验很少，故缺少领域知识，对目标软件系统完全没有基本思路，提不出可借鉴的方案，因此需求阶段的工作完全被客户方所引导或控制，最后形成的需求文档也完全反映客户方的思路与意图，而客户的思路可能有误导性，甚至是错的，或者客户所提出的目标软件系统的业务范畴和开发难度可能远超于工期与预算。这种情况下，从一开始，开发方就被客户方牵着鼻子走，整个项目开发过程中开发方都处于被动状态，目标软件系统成功的可能性极小。可以说，属于这种被动型的软件开发团队在该业务领域是不成熟的、不合格的、没有竞争力的团队，其成功乃至于生存的可能性很小。

2．主动型

与被动型的开发方相反，主动型的开发方在目标软件系统的业务领域有较多的涉足、在该领域有成功案例，故有较丰富的领域知识，有明确的思路，能够提出合理的、高于客户认知的方案，因此需求阶段的工作由开发方所引导或控制，最后形成的需求文档也反映开发方的思路与意图，目标软件系统的业务范畴和开发难度在工期与预算范围内。这种项目中，从一开始客户方就被开发方引领着走，整个项目开发过程中开发方都处于主动，目标软件系统成功的可能性非常大。可以说，属于这种主动型的软件团队在该业务领域是成熟的、合格的、有较强竞争力的团队，其成功的可能性很大。能够存活的软件团队至少在一个或几个业务领域达到主动型的水平。

3. 引领型

引领型的软件开发团队能够在没有确定的客户的情况下，先于其他软件开发团队，敏锐地察觉到或预见到，并挖掘出社会中潜在的需求，能够准确地定位相应的软件产品，并能够通过大胆假设小心求证的方式，有先见之明地、准确地确定目标软件产品的需求，从而进行相应的分析设计与开发。该软件产品一经推向市场，即大受欢迎、迅速占领市场、引领潮流，使得该软件团队能够在较短的时间内获得快速发展，乃至于成为行业内该领域软件产品与软件技术的"领头羊"。成功的例子有目共睹，如微软公司的 Windows 和 Office 等软件产品引领了图形化操作系统和办公自动化的潮流、百度引领了互联网搜索引擎的潮流、腾讯的 QQ 和微信引领了互联网时代网络社交聊天的潮流、阿里巴巴的淘宝引领了网上购物的潮流、支付宝引领了线上支付的潮流等。毫无疑问，引领型是需求的最高境界，其软件产品和软件团队极易成功，成为业内翘楚。国内外知名的高端软件企业无一例外，都引领着某个，甚至某几个领域，从而获得迅速成长。

因此可见，需求的任务是明确用户真正需要什么，真正满足用户需求的软件才会成功；否则，如果所确定的需要并不是用户所真正需要的，或者分析、设计与实现不针对、不满足需求，那么这样的软件不可能真正解决用户的问题、更不会被用户所认可和接受，该软件项目或软件产品注定失败。

3.3　如何做需求

获取正确的、恰当的需求需要客户方和开发方的共同努力与协作。对于需求工作，开发方应该成立一个专门负责需求的小组团队，并设置一位有丰富的项目经验、领域知识、项目管理经验、善于与人打交道的人来担任组长。需求小组对开发方负责，直接与客户方就需求问题进行全方位的工作。

如何做需求

事实上，做需求绝不是一件抽象的、浪漫的事情，需要通过实实在在地做工作来获得和确定需求。客户向开发方的需求小组介绍其遇到的问题和目的，需求小组对客户进行启发和引导，对大量的、纷繁的信息进行梳理，从中提取需求，与客户多次、反复地讨论和确认后，最终明确目标软件系统的需求，并形成正式的、规范的**需求文档**（Requirements Document）。需求文档经客户方和开发方（即甲乙双方）签字后，与合同一起形成具有法律效力的文件。所以各方都要以极其严肃、认真的态度来对待和开展软件需求这项工作。

具体来说，需求阶段的工作分为以下 4 个步骤。

（1）准备工作。

（2）需求调研。

（3）完成需求文档。

（4）需求确认。

3.3.1 准备工作

做需求的第一步是做好相应的准备工作，具体包括以下 3 项准备工作：

（1）确定此次需求调研的任务，包括讨论的主题、范围和内容。

（2）确定此次需求调研拟采用的方法。

（3）确定何时、何地、开发方和用户方的哪些相关业务人员参加此次需求调研。

1. 确定调研任务

首先要确定调研的任务，即拟讨论的主题、业务范围和内容。无论是对于开发方需求小组，还是对于用户方来说，需求的获取都是一项耗时间、耗人力、耗成本的大工程，甚至可能会影响到用户方的日常工作，因此需要事先做好合理的、统筹的调研计划，以便双方都事先做好相应的安排和准备。

每次调研之前，需求小组应该提前若干天与用户方明确拟调研的主题、业务范围和内容。针对调研任务，需求小组应该提前准备好拟调研和讨论的问题清单；这些问题应该是具体的、有针对性的，以便会谈时这些问题能够一一得到有针对性的研讨并逐一获取用户明确的回答或解释。

要引起足够重视的是，需求小组向客户所提出的问题需要需求小组提前下功夫设计好。一方面是因为用户很忙，需求小组所提的问题要较易于客户回答，要尽量节省客户时间；另一方面是因为需求小组要尽可能地在最短的时间内获取最多的信息、更多确切的回答，而不是得到一些泛泛的、模棱两可的、有歧义的、前后不一致的回答。因此问题本身的质量会直接影响需求的获取和收集，进而影响需求的确定和需求文档的形成。

需求小组向用户提问题应该遵循以下几项原则。

（1）问题不宜过大

过大的问题，需要用户回答的内容就会比较多，会使用户感觉压力很大。过大的问题所涉及的内容比较多，用户回答时就很可能会有遗漏，或者回答出现前后不一致的情况。这样，需求小组也很难获得满意的回答。

解决的办法就是把过大的问题分成若干小一些的问题。

（2）问题要尽量易于用户回答，而且答案是明确的

叙述式的问题是不容易回答的，客户给出的回答很可能是含糊的、不明确的，而且容易顾此失彼、有遗漏。问题的设计应该尽量易于用户回答，而且答案一定是明确的，最好让用户从几种备选的选项中做出选择，或者让用户可以进行判断。当然，这样的问题需要精心的设计。这样就要求需求小组事前做细致工作，更要求需求小组在该领域有足够的领域知识和项目经验，才能够提出领域内的关键问题，且能够就这些关键问题向

客户提供几种可能的选择方案来进行选择或判断。只有这样做,需求小组才能够在需求工作中做到主动。

例如,某目标软件系统是某高校教学管理信息系统,那么需求小组应该在深入调研之前,基于自身已有的在高校教学管理领域的知识和项目经验,勾勒出目标软件系统的业务框架和大致的业务模型,乃至一些细节。然后每次需求调研之前都要事先告知用户方下次调研的主题内容,告知用户方需要提供哪些数据和相关资料,以便用户方会谈前能够做好相应的准备,以使会谈能够顺利地达到预定目标。如果下次会谈的主题是学生成绩管理,则需求小组应事先拟定出学生成绩管理的相关问题,并尽可能地把问题设置成易于回答的、简单的判断或选择。

2. 确定调研方法

针对调研任务,需求小组应事先确定好拟采用的调研方法,以便需求小组和用户方都做好相应的准备。

常用的需求调研方法有会谈、表格分析、问卷调查、录像、情境分析、快速原型(Rapid Prototype)、与专家会谈、分析现有的类似产品、从行业标准/规章制度和政策法规中提取、从互联网上查找资料等。

(1)会谈

需求小组与客户/用户会谈,这是最基本的需求调研手段,几乎适用于所有目标软件系统。

在有明确客户和用户的情况下,开发方的需求小组当然要与该群体进行面对面的会谈,以便获得最直接、最明确的需求。对于没有明确的或特定的客户和用户的目标软件系统,例如大多数软件产品,需求小组就要与潜在的客户和用户群体进行会谈,以挖掘潜在的需求。

(2)表格分析

表格是指用户当前工作中使用的纸介质表格和电子表格(如 Excel 表格)等。这些表格是用户日常工作中所使用的,非常客观、真实、准确地反映了当前的业务流程和业务数据,信息量非常大。表格是需求调研中重要的、不可忽略、不可遗漏的信息来源。

例如,对于某高校教学管理来说,该高校教师填报的纸质课程成绩报表能反映出大量的关于教师端成绩管理的业务情况;同样,学生拿到的成绩单,也能反映出大量的学生端成绩查询的业务情况。这些成绩报表和成绩单中的字段提供了该业务大量的细节,对将来的界面设计和数据库设计非常有参考价值。

再如,对于企业的生产管理,生产管理部门相关人员通过填写一系列的纸质生产计划表来生成相应的年、季度、月、周、日生产计划;这些生产计划表就非常直观地反映出生产计划的分类和相应的各种数据等。这些表格是最直接的业务需求材料。

(3)问卷调查

关于问卷调查,很多行业都使用过。我们在生活中时有所见,甚至参与过。这种方法同样适用于软件需求。对于用户群体比较大的情况，这种方法尤其有优势。

用户对问卷问题的回答就反映了该个体对各问题的理解和需求；通过对众多反馈问卷的统计和分析，可以归纳、分析出用户群体的需求。因此，需求小组要对问卷进行精心设计，问卷中的问题要与目标软件系统的业务需求紧密相关。当然，为了使用户愿意且能够认真、准确地作答，这一类问卷中的问题应该尽量易于回答，要以选择题和判断题为主；同时也要在问卷中留出空间，以便用户能够提供其对目标软件系统更多的需求、期盼和设想的描述。

例如，某目标软件系统是高校校园学习&生活互助平台，用户群体是广大在校生；难以想象对这么多的潜在用户逐一进行需求调研，需求小组可以采用调查问卷的方式来收集和归纳出广大在校生对该目标软件系统的需求。

（4）录像

有些目标软件系统的业务发生的工作环境特殊、危险，需求小组的人员无法在现场进行观察和调研，或者其业务流程时间周期较长，需求小组的人员无法长时间持续地在现场等各种原因，导致现场调研是不可能的，那么就可以采用录像的方法对现场的工作情况进行记录。通常需要录制足够长的一段时间，尽量能够包含各种业务情况。过后需求小组可以与客户方共同观看录像，对业务流程、生产工艺、生产流程等进行梳理和讨论，以此来确定相关的业务需求。

（5）情境分析

情境分析尤其适用于没有或很少有与目标软件系统相类似的现存软件产品，而客户和用户又没有或缺乏对目标软件系统的想象，故需要需求小组对其进行引导，引导其构想如果在目标软件系统已经开发完毕可以使用的情况下，利用该软件系统进行工作将是怎样的情境和工作方式。

例如，我们想象一下当初开发第一个图书馆管理信息系统、第一个超市收银系统、第一个高校教学管理信息系统时的需求调研，客户方从来没有见过类似的软件系统，开发方必须利用情境分析来引导用户对未来的信息化工作方式进行想象，进而引导和挖掘客户和用户的需求。

（6）快速原型

软件是抽象的，因此研讨一个尚不存在的、抽象的软件系统更是难上加难。同时，因为软件是抽象的，是人类自然语言很难描述的，而且需求小组和客户方的领域知识不同，换句话讲客户方对信息技术知之甚少、没有或很少使用过软件系统，那么双方对目标软件系统的想象和理解肯定是不同的、是有差异的。"不在同一个频道上"，所以很难确定双方对一些问题的理解和期望值是否真正一致。这样经常导致用户对最终软件系统不满意，甚至导致整个项目的失败。

其他很多行业都采用原型的方式来向人们展示未来的产品，例如汽车生产厂商利用汽车模型展示他们的未来产品、家居装修设计师利用家居模型向客户展示装修设计方案、地产开发商利用沙盘向人们展示未来园区开发建设的规划等。虽然软件是抽象的，不可能像这些行业这样用纸板、沙盘等做一个原型，但是可以采用软件的方法，利用可快速搭建界面的编程语言和工具来快速搭建起一个可见的、可简单交互的、涵盖目标软件系统中主要业务功能的快速原型，以供用户进行接触和体会，从而使用户对目标软件系统获得具体的、明确的感受和感悟，进而受到启发，以利于需求的挖掘和确认。

借助快速原型，需求小组与用户能够展开清晰、明确、精准的讨论，最终有利于获取明确的、全面的、包括界面操作和业务数据等诸多细节的需求。

快速原型是一种非常有效的准确获取需求的手段。3.7 节将详细讲解快速原型。

（7）与专家会谈

对于面对有些关键业务和疑难业务，可能需求小组和客户方都没有好的思路和解决方案，或者不能互相说服。这种情况下，向领域专家请教是最好的办法。专家是领域权威，有着丰富的领域知识、案例经验和项目经验，对关键问题、疑难问题能够给出合理、有说服力的方案，这样能够让需求小组和客户方少走很多弯路、避免可能的重大损失。不成熟的、不明智的，乃至于不正确的解决方案很可能造成开发阶段的不断返工；更可怕的是这样的软件系统在应用阶段会给客户方和用户带来经济效益和社会效益方面重大的损失；这也必然导致不得不在维护阶段对软件系统做重大改动，这对于开发方和客户方都是个难题。

（8）分析现有的类似产品

相当一些情况下，目标软件系统可能不是该领域的第一款软件产品，那么就意味着存在类似的软件产品或软件系统，需求小组参考这些类似的软件产品是明智的，因为这样显然可以使需求小组和客户方清楚地认识到现有类似软件产品的优势与劣势，从而对目标软件系统的需求起到很大的借鉴作用。

（9）从行业标准、规章制度和政策法规中提取

有些领域的一些业务规则并不由客户方或用户来决定，而是由国家或地方的行业管理部门规定的，体现在该领域的行业标准、规章制度和政策法规中。典型的领域包括财务、税务、保险、证券等行业。目标软件系统必须遵守国家法令，因此需要从现行的相关行业标准、规章制度和政策法规中提取出业务需求。

（10）从互联网上查找资料

我们永远不要忘记包罗万象的互联网上有着丰富的信息与资源，充分利用、善用互联网来获取所需要的信息是现今工作和学习中的一项必备的、重要的技能。

3. 确定时间、地点和人物

需求小组除了每次需求调研提前若干天告知客户方下次会谈的主题内容，还应该提前与客户和用户约好会谈的时间、地点以及双方将参加的人员。这是为了使客户方有足够的时间来为之做好准备，如准备相应的素材、文档和资料等，尤其是要确保相关人员届时能

够参加需求调研活动。这一步非常有必要，绝不可忽略因为如果不事先预约好，很容易出现开发方想会晤的客户方相应人员届时由于各种原因而无法参加的情况，如出差或有其他工作安排等，进而给需求调研工作带来麻烦。

例如，如果拟调研的任务是某图书馆管理信息系统中的书库管理，那么需求小组要提前与图书馆约定以确保书库有关负责人和工作人员参加这次调研，这样图书馆方就能够提前做好相应的安排，以保证书库的相关人员能够参加调研活动。

目前，很多工作交流也都采用线上方式、视频会议。这也是非常方便、非常经济的一种方式，使所有参与人员都能够不受空间的限制、在任何地方参与此项工作，同时也节省了大量的交通费用、差旅费用及时间成本。

3.3.2　需求调研

需求调研即指需求获取（Requirements Capturing 或 Requirements Elicitation），它是对客户的需求进行捕捉、引出、挖掘、记录和整理的过程。

目标软件系统的规模、复杂度等不同，所需的需求调研时间会有所不同。需求调研所需时间短则数日、数周、数月，长则数年。每次需求调研做完后，都一定要做到对需求调研的记录，这一点非常重要，不可或缺。如果没有形成需求调研记录，仅凭人的记忆，显然是会遗忘的，是不可靠的、不可想象的。有了需求调研记录，就不必依赖于某些个体了。而且这些记录将作为下一步形成需求文档时的重要原始材料。换句话来说，最终形成的需求文档中的所有内容都应该是可追溯的、有据可依的，不能是凭空产生、杜撰的。而如果没有需求调研记录，需求文档显然无据可依。

需求调研记录的内容应该包括调研题目、采用的调研方法、需求小组人员、用户方的参与人员、调研的时间和地点、调研的内容详细描述等，如表 3.1 所示。

表 3.1　需求调研记录表

需求调研记录表	
调研主题	
调研方法	
开发方调研人员	
被调研人员	
调研时间	
调研地点	
调研内容记录	

相应地，需求调研记录表的例子如表 3.2 所示。

表 3.2　需求调研记录表的例子

需求调研记录表	
调研主题	某高校教学管理信息系统——学生成绩管理
调研方法	会谈、表格分析
开发方调研人员	需求小组组长张三、工程师李四
被调研人员	教务处成绩管理科科长王五、科员赵六
调研时间	****年**月**日上午 10:00 至 12:00
调研地点	教务处会议室
调研内容记录	问 1：…… 答 1：…… 问 2：…… 答 2：…… ……

3.3.3　完成需求文档

1. 需求文档

在需求调研工作完成大部分时，需求小组即可开始需求文档的撰写工作，因为需求文档的撰写是一项工作量很大的工作，需要相当多的时间，所以可以在需求调研尚未完全结束时开始着手，并不断把新获取的调研素材融入需求文档中。

需求文档绝不是需求记录的简单整合和罗列，而是要通过对需求调研所获得的庞大信息进行仔细地梳理、分析、推敲、研判、扩充和提升，形成业务逻辑合理、能够解决客户和用户的问题、业务范围和业务量适合于预计的工期和预算的需求文档。需求文档无论是内容还是格式，都应该是正规的、正式的。需求文档的主要内容应该包括：项目名称、文档名、版本号、撰写人、撰写时间、检查人、检查时间、批准人、批准时间、修改记录、项目的简单描述、（未来的）用户群体、术语表、功能性需求和非功能性需求等信息。

需求文档模板如表 3.3 所示（需求模板可能有很多种，但里面的基本内容都大致相同。表 3.3 所示的模板样例仅作教学参考）。

表 3.3　需求文档模板

（a）

文档名					
文档编号		版本号		总页数	
文档撰写人		文档撰写时间			
文档检查人		文档检查时间			
开发方批准人		客户方批准人			
开发方批准时间		客户方批准时间			

（b）

修改记录

修改序号	修改日期	版本	修改人	修改内容

（c）

项目名	
项目简介	对项目的简介，包括项目背景、客户与用户、项目的目的与意义等
用户介绍	目标系统将面对的用户
词汇表	对文档中出现的术语与缩略语的解释
功能性需求	对业务功能、业务逻辑的描述
非功能性需求	诸如对软硬件运行环境、性能、健壮性、安全性、系统架构、用户界面等的要求

  项目名称即目标软件系统，如东北大学本科教学管理信息系统、某某钢厂生产管理信息系统、某某慕课平台管理信息系统、某某港口智能料场管控系统等。

  文档名即为"某某系统/项目需求文档"。例如，东北大学本科教学管理信息系统需求文档、某某钢厂生产管理信息系统需求文档、某某慕课平台管理信息系统需求文档、某某港口智能料场管控系统需求文档等。

  任何文档都将因为需求变化、纠正错误、不断完善等原因不可避免地经历多个版本升级，每升级一次，版本号就改变一次。例如，版本 V1.0、V1.2、V2.0 等。

  撰写人指所有参与需求文档撰写工作的人员；撰写时间是指文档撰写的开始时间和完成时间。检查人是指参与检查文档的所有人员；检查时间是指检查文档的开始时间和结束时间。

  批准人是指对该文档认可和批准的有关负责人，特别注意的是这里包括甲乙双方即开发方负责人和客户方负责人，而且他们要在该需求文档上签字，以表示认可和批准。一旦双方负责人签字，该需求文档就可以成为合同的一部分，具有法律效力。

  修改记录是指每一次文档修改的记录，包括修改时间、修改人和修改内容。

  项目的简单描述。需求文档中要对该项目即该目标软件系统做简介，概括性地描述该目标系统的立项背景、目的和基本功能、客户方和用户群体等。例如，东北大学本科教学管理信息系统的项目简介可能是以下这样。

  目标软件系统，即东北大学本科教学管理信息系统，将是针对东北大学本科教学工作的实际需求，为东北大学的广大师生及教学管理人员提供的基于 Web 浏览器的本科教学管理信息系统，其主要包括课程管理、考试管理、成绩管理、学籍管理、教学改革管理等业务功能，用来全面提高东北大学本科教学管理的工作效率和水平，使教学数据更准确、更完备，使广大师生获得更高效、更便捷、更丰富的教学服务。

用户群体就是指目标软件系统将面向的用户群体。例如，东北大学本科教学管理信息系统的用户群体包括：东北大学的全体在读本科生、东北大学全体在职教师及东北大学全体在职教学管理人员和教辅人员。

术语表中则要列出在本文档中出现的所有术语（Terms）与缩略语，并给出解释，以使读者能够真正读懂该文档。术语和缩略语都与领域高度相关，其在相应的领域中有其特有的含义。"隔行如隔山"，对于领域外的人来说，这些专业术语和缩略语是很费解的。例如，挂账、平账、销账等都是财务管理中的术语，应该给出解释；选课、修课、挂科、重修等都是高校教学管理中的术语；开户、销户、存款、取款、转账等都是银行管理中的术语。再如，"导员"是高校校园中学生对辅导员老师的缩略称呼，对不了解高校校园工作与生活的人来说，需要对"导员"这个缩略语提供相应的全称和解释。

软件需求分为功能性需求和非功能性需求两大类，将分别在 3.4 节和 3.5 节进行讲解。

2. 需求文档的撰写原则

需求文档的撰写原则，简单来说有以下几条。

（1）正确性

需求文档的正确性是首当其冲的、最重要的一条。如果需求文档中有错误，这些错误必然带到后续的开发工作中，并且被不断放大；而且错误的需求文档会导致基于需求所做的测试方案也是错的。这些都将导致最终软件系统开发和应用的失败。

（2）清晰性

需求文档不是散文，更不是小说，不需要优美的抒情或夸张的文笔。需求文档是说明文，只需用平实直白的语言清晰无误地描述出目标软件系统的需求即可。

（3）无二义性

需求文档对业务需求的描述要清晰、准确，不能使用含含糊糊、模棱两可的、带有二义性的词汇和语言。如反应速度"很快""存储容量足够大""用户友好"这样的需求描述是不确切的，有二义性的。

（4）一致性

关于同一项业务需求，如果在需求文档中多处出现，对其业务流程、业务逻辑、与其他业务的衔接和接口等方面的描述一定要保持相互的一致性，不能前后矛盾。

（5）完整性

需求文档要完整地反映客户的需求，不能有遗漏和缺失。

（6）不要画蛇添足

需求文档应反映用户的必要需求，不能画蛇添足，恰好满足客户的需求即可。非必要的、用户并未提出的需求对客户和用户来说是锦上添花，但客户并不会为多出来的需求多支付开发费，但是开发方要为这些非必要的需求而承担责任。

（7）可实现的

需求要在当前的技术水平下是可实现的，超出当前技术水平的需求根本无法实现。而无论是否能够实现，一旦放在需求文档中且双方签字，则具有法律效力。如果开发方最终无法提供该功能，则意味着开发方没有履行合同，它要为此承担相应的法律责任。

（8）可验证的

需求文档中提出的需求要可验证，就是说当前的软件技术水平要能够测试和评估。无法测试和评估的需求就等于无法验证，那么这条需求就等于没有意义，而且很可能会引起客户方与开发方产生分歧，乃至纠纷。

（9）弄清楚要做什么，而不是怎么做

需求文档要写清楚目标软件系统到底要做什么，而不是如何去开发和实现该系统，就是说不要把需求文档做成设计文档。

3.3.4 需求确认

需求确认是指开发方和客户方双方对需求的确认，以双方在需求文档上签字、盖章为标志。只有双方均在需求文档上签字、盖章，才标志着需求的真正确定。

双方确认的需求文档可以、应该作为开发方和客户方之间合同的一部分。

3.4 功能性需求

功能性需求（Functional Requirements）是指对目标软件系统应该提供的业务功能或服务、系统如何对输入做出反应，以及系统在特定条件下业务行为的描述。功能性需求针对领域的业务功能、业务规则和业务流程，与业务领域高度相关。

功能性需求&
非功能性需求

例如，高校教学管理信息系统中教师查询课表就是一项功能性需求，对其可能的功能需求描述如下：

教师用户登录后，能够查询自己当前学期所承担课程的课表，课表信息以二维表的形式来呈现，具体信息包括课程名称、上课班级、上课周次、上课节次、上课教室等。教师也能够查询自己以往学期的课表。

对功能性需求的描述要前后一致，要完备和足够详细。

前后一致是指在整个需求文档中，需求描述不能有前后矛盾的地方。例如，需求文档中有的地方说用户退出系统后，系统不为该用户保留购物篮；而有的地方却说用户退出系统后，系统为该用户保留购物篮。这样就出现了对该项业务需求的描述不一致的问题，这是不可以的。同一项业务需求在需求文档中的描述一定要前后一致，不能有多种、自相矛盾的业务描述。

完备和详细就是说客户所需的所有功能和服务都要描述出来，要描述清晰、到位且不能有遗漏，要做到所有人读后都会有相同的理解。

例如，需求文档中关于教师查询课表，如果对课表信息的呈现形式（如表格等形式）没有做明确说明，那么开发方很可能采用最简单的方法，即课表信息只以简单的文字描述形式来呈现。在项目验收时双方会就此产生极大的分歧：客户方认为这种课表文字呈现方式可读性非常差，完全不是他们所期望的（他们期望的可能是表格的形式）；而开发方却认为这完全满足需求文档中关于此功能的需求。

在需求文档中要明确指明教师查看课表只能查看自己的课表。如果不指明，最终开发出来的软件系统可能是：任何一名教师都能够查看到全校所有教师的课表。这当然是不合理的，不是客户所期望的。

再如，某企业生产管理信息系统中的查询生产计划功能，关于查询条件，如果需求文档中没有描述或只是含糊地说"能够按照条件查询"，那么最终开发出来的软件系统很可能只能按照产品名称来查询。而这对于用户来说是远远不够的。所以一定要在需求文档中说清楚对生产计划的查询条件有：能够按照产品名称、产品编号、生产部门、生产起止时间来查询。这样双方就不会产生任何分歧了。

网上商店系统可能的功能性需求有：登录、退出、浏览商品、操作购物篮、下订单、支付等。网上订机票系统可能的功能性需求有：登录、退出、查询航班、查询剩余机票、订票、支付等。当然，这些功能需求在需求文档中都要有详细的、完备的且一致的描述。

例如，网上商店系统中，关于操作购物篮的需求描述如下。

- 顾客登录后，即可获得一个空的、可供使用的购物篮；
- 允许顾客向购物篮中添加商品；
- 允许顾客对购物篮中的每一种商品定义数量；
- 允许顾客从购物篮中移除商品；
- 允许顾客清空购物篮；
- 允许顾客选择运输方式：陆运或空运；
- 任何时刻，顾客界面上都向顾客显示购物篮中货单的详细信息，并且随着购物篮中的商品种类或数量的变化而实时刷新，具体信息包括商品总价、商品总质量、运输方式、运费（根据商品总质量和运输方式来计算）、合计总价（即商品总价+运费）；
- 如果顾客退出，购物篮随之销毁，不为顾客保留；顾客下次登录时，将获得一个空的购物篮。

3.5　非功能性需求

非功能性需求是指目标软件系统除功能需求以外，为满足用户业务需求还必须具有的特性，包括系统的性能、可靠性、鲁棒性即健壮性、安全性、实用性、可维护性、可扩充性、容量、界面、接口、和所需要的软硬件环境等。

例如，某网上商店系统的性能要求是：要求系统能满足 10000 个人同时访问，且平均反应时间不能超过 30 秒；其可靠性要求是：要求系统能够每周 7 天 24 小时连续运行，年均非计划宕机时间不能多于 8 小时；要求如果系统出现故障时，能够在 30 分钟之内切换到备用机。

要特别注意的是：非功能性需求，要避免使用带有个人主观感受和判断的词汇，如用户友好的界面、快速的反应、方便的操作、足够大的存储空间等。因为这样的描述会不可避免地造成客户方和开发方对此的不同理解和分歧，导致无法进行验收测试，乃至于客户对最终产品不接受。例如，有人可能认为 40 秒的反应是快速的，但有人可能会认为这很慢，不能接受。再如，有人认为很友好的界面，可能有人认为很难看、很难操作、很难适应和习惯等等。所以非功能性需求一定要使用具体的、明确的数据来描述。

有些非功能性需求，如性能、安全性、健壮性、可靠性，通常会从总体上规范或约束系统的特性，可能比个别的功能性需求更加关键。有的情况下，如果以下非功能性需求不能满足的话，可能造成这个系统无法使用。例如，某网上商店系统要求能够满足 10000 个用户同时访问，且平均反应时间不能超过 30 秒；如果这个性能需求不能满足的话，将造成整个系统的瘫痪，甚至崩溃，造成大量的用户对该网上商店不满意而放弃它。再如，如果一个实时控制系统无法达到性能需求，则其控制功能可能根本无法发挥作用。如果某系统的安全性达不到需求，则可能很容易被攻击，造成数据丢失、系统瘫痪等。再如某系统的健壮性不够，一旦用户输入非法的数据，系统就崩溃，那么用户体验可想而知。可见，有些关键的、重要的非功能性需求，能够从根本上决定一个软件系统是否能被客户和用户所接受。

常用的定义非功能性需求的量度，如表 3.4 所示。

表 3.4　常用的定义非功能性需求的量度

属性	度量	样例
速度	◇ 请求响应时间 ◇ 屏幕刷新时间 ◇ 事务处理的速度 ◇ ……	◇ 要求平均响应时间不超过 30 秒。 ◇ 要求平均屏幕刷新时间不超过 30 秒。 ◇ 要求事务处理的平均速度达到至少**个/秒。 ◇ ……
规模	◇ 容纳用户数量，且通常与响应时间共同定义 ◇ 数据库的容量要求 ◇ 可执行文件的大小 ◇ ……	◇ 要求能够支持 10000 个用户同时访问，且响应时间不超过 30 秒。 ◇ 要求数据库的容量不小于 4GB。 ◇ 某嵌入式系统，要求可执行文件的大小不超过 *MB，甚至 *KB 等。 ◇ ……

属性	度量	样例
健壮性	✧ 系统对运行环境的要求 ✧ 失败后重启时间 ✧ 失败中数据崩溃的概率 ✧ 有效输入而获得错误输出的可能性的百分比 ✧ 无效输入而获得可接受的输出的可能性的百分比 ✧ ……	✧ 如对服务器、终端计算机、移动设备的机型、操作系统、型号、存储容量、内存等配置的要求。 ✧ 要求系统失败后重启的时间不超过 5 分钟。 ✧ 要求失败中数据崩溃的概率不超过 1%。 ✧ 要求有效输入而获得错误输出的可能性的百分比不超过 1%。 ✧ 要求无效输入而获得可接受的输出的可能性的百分比超过 95%。 ✧ ……
可靠性	✧ 故障频率的度量，即指出现故障的平均间隔时间 ✧ 严重程度的度量 ✧ ……	✧ 要求出现系统出现故障的平均间隔时间不少于 3 个月。 ✧ 要求系统出现故障后修复所需的时长不超过 6 小时。 ✧ ……
实用性	✧ 成本 ✧ 学习和培训时间 ✧ 用户指南、提示 ✧ ……	✧ 要求采用免费数据库或免费 Web 服务器等。 ✧ 要求学习并掌握新系统的时间不超过 2 天。 ✧ 要求提供完备的用户手册、操作指南，用户在使用系统过程中系统能够及时给予提示等。 ✧ ……

识别一个软件系统的功能性需求是相对容易的，但是确定恰如其分的非功能性需求就需要较高的专业水平和经验了。技术层面的非功能性需求将主要由整个系统的体系结构来实现和满足。

3.6　快速原型

快速原型

3.6.1　基本概念

前面 3.3.1 节中提到快速原型（Rapid Prototype）是一种非常有效的获取准确需求的方法。快速原型的使命就是让用户看到、交互到、体会到目标软件系统中将提供的核心的、主要的业务功能，以启发客户和用户对这些业务功能进行具体的、有的放矢的、有针对性的思考，进而挖掘和确定客户与用户对目标软件系统真实的想法和需求。

快速原型应该包括目标软件系统主要功能的用户界面。例如，高校教学管理信息系统的快速原型应该包括学生课表查询、学生成绩查询、成绩单打印、学生选课、录入成绩、教师课表查询、培养方案管理、课程管理等主要业务功能，界面上应该包括各业务功能所需要的数据字段，如学号、学生姓名、课程编号、课程名称、成绩、上课时间、上课教室等，以及包括必要的界面跳转、简单的页面布局和界面风格等。但是复杂的算法和性能、健壮性、可靠性等非功能性需求不包括在内。

另外，顾名思义，快速原型一定要快速搭建起来，需求小组应利用能够快速搭建软件界面的编程语言和工具来快速搭建原型。而且，快速原型也要能够快速修改，越快越好，因为客户和用户针对快速原型不断反馈各种意见，需求小组相应地要能够快速改进原型，以便双方继续讨论。这样的工作可能需要数轮，直至双方确认需求已经明确地反映在快速原型中，这个版本的快速原型就可以作为目标软件系统需求的主要构成部分。

快速原型界面上的数据和信息是"写死"（Hard Coded）在代码中的，原型并不会对业务逻辑和业务数据进行处理和计算等，因此快速原型不具备任何实质性的功能，而且界面布局也看起来不是很专业、很美观。这些都应该忽略，因为快速原型远远不是一个经过审慎的分析设计、开发和测试的成熟的且可用的软件系统，它只是一个"用纸糊的"原型，其使命只是使目标软件系统抽象的业务功能具体化和可视化。

至于编程实现阶段是否将基于快速原型的代码继续开发，则由开发团队视具体情况而定。如果快速原型所使用的编程语言与项目正式的开发语言相一致或相兼容，而且快速原型的质量较高、代码较规范、开发团队认为快速原型可以二次开发、能够节省一些开发工作，则快速原型还有利用价值，不应该丢弃。如果快速原型所使用的编程语言与项目正式的开发语言不一致或不兼容，或者快速原型因为匆匆忙忙搭建起来，对未经仔细设计和实现、生成的代码进行二次开发和维护的成本很大，这种情况下，从头设计、编程实现该软件系统比将快速原型转变为产品级软件的成本要小得多，更划算。

3.6.2　快速原型案例

例如，你打算为你所在学院的学生管理办公室开发一套学生工作管理信息系统，其中关于新学期学生返校注册的管理，你可以利用 HTML 快速开发相应的快速原型，快速搭建一些在浏览器中可见的用户界面，而且能够实现这些界面之间的跳转。

借助该快速原型，与用户（即辅导员老师）进行需求调研和确认的情景可能会是以下这样。

在你与辅导员老师探讨之前，你先在自己的笔记本电脑上开发了一个新学期返校注册原型，即一个注册界面，如图 3.1 所示。

然后你拿着你的笔记本电脑去与辅导员老师进行交流。辅导员老师看了这个返校注册原型后，指出了其中的问题：如果仅仅通过录入正确的学号和姓名就能注册成功，那么同学之间就可以互相代替注册，造成学生返校注册工作中的漏洞。

针对辅导员老师提出的问题，你当时就想出了解决办法：学生注册时还要提供正确的手机验证码，才能注册成功，以确保是本人在进行返校注册。基于你想出的这个办法，你与辅导员老师谈话时，就可以快速地修改 HTML 代码，并获得如图 3.2 所示的注册界面。

辅导员老师看到了改进后的学生返校注册界面，稍加思考后，就确认了此项业务功能。随即，辅导员老师又提出他想随时掌握学生返校的情况。

图 3.1　学生返校注册界面　　　　　图 3.2　改进的学生返校注册界面

对于辅导员老师提出的这项需求，你迅速判断出辅导员老师需要的是对学生返校注册信息的查询功能。你可以跟辅导员老师说："我明白了您的意思，您稍等，我马上就做出原型，您看看这是不是您想要的。"你用 1～2 分钟时间用 HTML 语言迅速搭建起一个学生返校信息查询界面，如图 3.3 所示。

学生返校信息查询

学号	姓名	专业	班级	宿舍	寝室号	返校日期时间
20210123	张三	软件工程	软2101	三舍	东301	2022.02.26 09:30:00
20210124	李四	软件工程	软2101	三舍	东301	2022.02.26 11:30:00
20210125	王五	软件工程	软2101	三舍	东301	2022.02.26 12:50:00
20210126	赵六	软件工程	软2101	三舍	东301	2022.02.26 16:10:00
20210127	张三三	软件工程	软2101	三舍	东301	2022.02.26 09:30:00
20210128	李四四	软件工程	软2101	三舍	东301	2022.02.26 11:30:00
20210129	王五五	软件工程	软2101	三舍	东301	2022.02.26 12:50:00
20210130	赵六六	软件工程	软2101	三舍	东301	2022.02.26 16:10:00
20210131	张大三	软件工程	软2101	三舍	东301	2022.02.26 09:30:00
20210132	李大四	软件工程	软2101	三舍	东301	2022.02.26 11:30:00
20210133	王大五	软件工程	软2101	三舍	东301	2022.02.26 12:50:00
20210134	赵大六	软件工程	软2101	三舍	东301	2022.02.26 16:10:00

图 3.3　学生返校信息查询界面

你向辅导员老师解释：现在看到的是快速原型，界面上的数据都是"写死"的、假的，以后系统开发完毕，界面上的数据将是从数据库中获得的真实、实时数据。关于这一点，辅导员老师当然是非常理解的。辅导员老师看了看你快速搭建的学生返校信息查询界面，略加思考后，又说："每名辅导员老师负责 10 多个班级、几百名学生，这么多学生的返校信息全部列出来，太多，可读性太差，寻找某班或某一类学生的信息很不方便。"针对辅导员老师提出的这个问题，你马上意识到对于这项业务功能，辅导员老师还需要查询条件；你旋即在该原型中加上查询条件，如图 3.4 所示。

辅导员老师看到图 3.4 所示的改进后的学生返校信息查询界面后，略加思考，就确认了此项业务。然后，辅导员老师又说他会到学生宿舍走访，核实学生返校情况，但是他不可能带着电脑去宿舍走访。你马上意识到辅导员老师还需要学生返校信息打印功能。于是你在查询界面中增加了打印功能。当然，此时你并不能真正实现此功能，所以你现在借助界面中弹出一个打印提示窗口，来标识快速原型中的打印功能，在接下来的分析、设计和实现中将考虑此功能。增加了打印功能的原型如图 3.5 所示。

图 3.4　改进的学生返校信息查询界面

学生返校信息查询

查询条件

学号		姓名	
班级		返校日期时间	

清空　　　　　　　　查询

学号	姓名	专业	班级	宿舍	寝室号	返校日期时间
20210123	张三	软件工程	软2101	三舍	东301	2022.02.26 09:30:00
20210124	李四	软件工程	软2101	三舍	东301	2022.02.26 11:30:00
20210125	王五	软件工程	软2101	三舍	东301	2022.02.26 12:50:00
20210126	赵六	软件工程	软2101	三舍	东301	2022.02.26 16:10:00
20210127	张三三	软件工程	软2101	三舍	东301	2022.02.26 09:30:00
20210128	李四四	软件工程	软2101	三舍	东301	2022.02.26 11:30:00
20210129	王五五	软件工程	软2101	三舍	东301	2022.02.26 12:50:00
20210130	赵六六	软件工程	软2101	三舍	东301	2022.02.26 16:10:00
20210131	张大三	软件工程	软2101	三舍	东301	2022.02.26 09:30:00
20210132	李大四	软件工程	软2101	三舍	东301	2022.02.26 11:30:00
20210133	王大五	软件工程	软2101	三舍	东301	2022.02.26 12:50:00
20210134	赵大六	软件工程	软2101	三舍	东301	2022.02.26 16:10:00

图 3.5　学生返校信息打印界面

　　当然你应该告知辅导员老师：这个学生返校注册系统将只能在校园网中进行访问，以杜绝学生在家、在校外注册。这一条显然将成为该系统的一条非功能性需求。

　　通过以上工作，你快速地确定了较为明确和详细的需求，收获颇丰。同时辅导员老师也对你们开发团队非常满意和信任，对目标软件系统充满了信心和期待。

　　可以看出，利用快速原型，确实能够在很短的时间内，非常高效地获取非常明确的业务功能需求乃至于非功能性需求，且能够具体到每一个数据项，这些详细信息对接下来的分析、设计和实现工作非常重要。

软件工程原理与方法（微课版）

可以想象，基于这样明确的需求而设计和开发出的软件系统将能够真正地解决用户工作中的实际问题，最终的软件系统将能够很好地满足用户的需求，该软件系统最终成功的可能性非常大。

3.7 需求面临的挑战

需求是软件项目周期中最重要的阶段，同时，需求也是软件过程中最难做的工作，因为需求面临着诸多挑战和困难。

首先，开发方人员与客户方人员的专业领域背景相去甚远，通常客户方人员在计算机和软件方面的知识与领悟能力很有限，故双方在探讨一个尚不存在的、抽象的软件系统时能够有相同的或相当的理解与构想是非常难的。更让人无奈的是，很可能双方已经谈了好一阵，都以为对方理解了自己的思路，结果一直到开发方写完需求文档，甚至目标软件系统开发完毕，客户方才发现开发方的想法与自己的想法是有差距的。

另外，即使双方的专业知识背景比较接近，但是因为语言表达方式的不同，也很可能造成对方的误解。这种情况在我们平时的生活中时有发生。

即使双方专业背景问题克服了、误解避免了，但客户还是会很难完整、准确、一致、无遗漏地描述清楚需求。因为需求本身是非常复杂的，客户很可能对目标软件系统缺乏正确的理解与构想，因此期望客户的描述是完整的、正确的、恰当的、恰好的，是不太现实的。这时就需要开发方能够引导客户方对需求有正确的理解和构想，以便需求能够得到客户方真正的理解、认可和接受。

计算机及软件技术的发展，极大地提高了劳动效率，信息化技术的应用必然使得用户方需要的工作人员比手工工作时期少得多，这当然就意味着很大一部分人员就要转岗，甚至失去工作。因此，需求小组所面对的有可能是一些对目标软件系统有抵触、惧怕，甚至憎恶情绪的人员，这些人员有可能向开发方提供误导式的，甚至错误的需求信息，试图使目标软件系统向着错误的方向发展，这使得需求工作的挑战性更大。

需求工作对开发方的另一个挑战是协商。前面反复强调过不是客户想要的就都一定是需求，因为客户能够提供的资金和开发周期是有限的，那么需求的工作量和难度必须在这个预算和工期范围内、必须在当前的技术可能性范围内，因此如果客户方的需求过高、过多，需求小组就要与客户方协商、谈判，要降低客户的期望值，要说服客户接受比他想要的少的需求。

还有，在许多客户组织中，拥有需求小组想要的明确的、关键信息的人，即需求小组应该与之深入交谈的对象，往往就是客户组织中的关键人物，如总经理、总工程师、部门负责人等，但是他们非常忙碌，这就需要双方，尤其是需求小组要富有创造性地积极营造交流、探讨的机会，保证需求工作的顺利开展。

另外，做需求一定要本着灵活性和客观性的原则，需求小组要不带任何成见地参加每次需求调研和需求文档的撰写。双方都要以一种客观的态度和公平的方式对待需求调研和需求确认，不能对目标软件系统的需求做假设或假想，因为这是不成熟和危险的。

还有就是前面提到过的客户的需求总在变，这一点已经是不争的事实，是需求工作长久以来一直在面对的挑战。如何应对不断变化的需求，是软件人一直在努力探索的课题。

 要点

- 需求对目标软件系统的成功起着至关重要的作用。
- 需求要确定客户真正需要什么，而不是要确定客户想要什么。
- 需求的水平从低到高，可分为 3 个水平层次：被动型、主动型和引领型。
- 需求阶段的工作分为 4 个步骤：做准备、需求获取与记录、形成需求文档、需求确认。
- 需求分为功能性需要和非功能性需求。
- 需求阶段的成果是需求文档。需求文档应该得到开发方和客户方双方的确认。
- 快速原型是一种非常有效的快速获取准确需求的方法。需求小组利用能够快速搭建软件界面的编程语言和工具来快速搭建快速原型。
- 需求是软件过程中最难做的工作，需求工作面临着诸多挑战。

习题

选择题

1. 以下关于软件需求的哪个说法是错误的？＿＿＿＿＿

    A．需求经常变化给开发团队造成很大的麻烦，这种现象很普遍

    B．用户总是非常欢迎目标软件系统

    C．有时，客户并不知道他们真正需要什么

    D．一些高水平的软件团队能够预见到潜在的用户需求，因此他们能够引领市场

2. 以下关于软件需求的哪个说法是错误的？＿＿＿＿＿

    A．需求对目标软件系统的成功起着至关重要的作用

    B．收集需求有多种方法

    C．需求就是要确定客户想要什么

    D．需求就是要确定客户真正需要什么

3. 快速原型＿＿＿＿＿。

    A．对于大型开发团队是最好的方法

    B．是当客户很难描述清楚需求时的一种很好的方法

    C．是当客户能够描述清楚需求时的一种很好的方法

D．有时并不需要很快搭建起来

4．需求不是目标软件系统的_____。

A．源　　　　　　B．根　　　　　　C．基础　　　　　　D．设计方案

思考与讨论

1．你认为你们学校的教学管理信息系统可能有哪些功能性需求和非功能性需求，请列出几条。

2．你认为淘宝购物系统可能有哪些功能性需求和非功能性需求，请列出几条。

3．你认为百度搜索系统可能有哪些非功能性需求，请列出几条。

4．新浪网为全球用户 24 小时提供全面、及时的中文资讯，内容覆盖国内外新闻事件、体坛赛事、娱乐时尚、产业资讯、实用信息等。你认为新浪网应该有哪些非功能性需求，请列出几条。

5．以下是对某目标软件系统非功能性需求的描述，请问是否正确或恰当？如果不正确或不恰当，如何改进。

（1）要求系统运行速度足够快。

（2）要求系统的存储容量足够大，能够存储大量的数据。

（3）要求系统能够容纳很多用户同时访问，且系统的反应足够快。

（4）用户界面要对老年人用户友好、易用。

（5）要求系统很可靠。

（6）要求系统很健壮。

6．假设你与几位同学想为你们所在的学生宿舍开发一个宿舍管理信息系统，你们打算如何做需求调研。

7．假设你与几位同学要为你们学院或系里主管学生工作的学生办公室、团委开发一个学生工作管理信息系统，你们打算如何做需求调研。

8．假设你与几位同学要为你们所在学校的同学们开发一个基于 Web 的学习和生活互助平台，你们打算如何做需求调研。

案例分析

1．案例一

赵经理负责某证券机构交易分析系统的开发，他和他的团队入驻客户处进行开发已经有一年了。客户方总是不断提出新的需求，尤其是客户方负责交易的经理，经常向赵经理讲述他的新想法，而且要求开发团队不断优化系统的功能。赵经理要求项目结题，但是客户方认为已经完成的系统不满足他们的需求，他们要求开发团队继续改进系统，并延期验收测试。

赵经理查看了项目合同，合同中没有对需求的详细描述。恰好这时国家颁布了新的证券管理条例，那么显然已经完成的系统就得做一些改动来适应新的证券管理条例，这当然意味着更多的时间与工作量，但这好像是合同范围内的责任与义务。

现在项目的期限已经快到了，但项目的结题看起来遥遥无期。请问赵经理及其开发团队在哪些方面的工作做得有问题，而造成了现在的局面；如何解决这些问题，以便早日结项。

2．案例二

韩经理是一家信息技术公司软件开发部门的项目经理。6 个月前，他被安排负责某集团公司财务管理信息系统的开发工作。韩经理曾经负责过几个财务管理信息系统开发项目，并且已经开发出了一个较成熟的财务管理软件产品。所以韩经理认为，本项目单位只需做一些客户化的开发，即可宣告成功，于是韩经理很自信地带领开发团队入驻客户处进行开发。因为韩经理和他的团队在该业务领域很有经验，因此他们只用了 3 个月就完成了开发工作，等待验收测试。

可是客户单位财务部于经理认为，这么复杂的一个财务系统不可能只用 3 个月就开发完成了。他说："我们单位从来没有经历过这么快的开发"，并拒绝在验收单上签字。他要求韩经理团队与财务部的员工一起仔细、严格地对照需求来测试该软件系统。测试结果表明该软件系统能够正确运行，但不能部署，因为业务流程已经变了。就这样又一个月过去了。

但是于经理还是认为该软件系统没有考虑该集团领导的需求。既然部署整个系统有难度，于经理就要求先从总部开始部署，再逐一部署下面的分公司。

韩经理同意了，并开始部署。但是两个月过去了，部署还是不成功，因为缺少所必需的服务器。该集团的信息中心没有相应的服务器，也不可能购买服务器，因为没有这笔预算。财务部的员工说："既然该系统都不能在总部部署，那就更别说扩展到分公司了。"韩经理为此非常沮丧，这个项目看起来没完没了，更别说盈利了。

请问韩经理及其开发团队在哪些方面的工作做得有问题，而造成现在的局面；如何解决这些问题，以便早日结项。

3．案例三

某家网络管理服务器供应商内部包括产品部、研发部、项目管理部、市场部等部门。

某日，研发部取得了某项技术突破，兴奋地找到产品部，说："我们的技术非常好，会有非常好的前景；如果你利用我们的技术开发出网络管理产品，我们就一起合作、发大财。"产品部认为这是一个好主意，所以去找项目管理部要求为他们构想的这个网络管理产品立项，并给予资金支持。项目管理部同意了，产品经费拨给了产品部。

产品部把产品开发外包给了另一家软件公司（称其为 D），因为核心技术是研发部开发的，所以 D 和产品部到研发部调研需求，但因为研发部的这项技术并不成熟，本来期望半年完成的产品开发，三方费了很大劲、折腾了一年才做完。D 把开发出来的软件产品交付给产品部，产品部向 D 支付了开发费。

然后，产品部去找市场部，请市场部推广该产品。市场部找到了关系较好的客户 C，但是 C 对市场部说："你们的产品不是我们所需要的，只有你们的产品真好、真有用，我们才会购买。"

市场部立即对产品部说："我们很努力地推广该产品，但是客户对产品不满意；你们抓紧改进产品吧，否则我们不可能赚到钱的。"

产品部很生气："我们这么努力、这么辛苦地干了一年，花了那么多钱，客户却不要，太没有道理了、太不公平了。"

此时，项目管理部也来找产品部："你们的项目延期了半年，也花光了所有经费，这个项目必须马上终止。"

产品部的经理为此非常苦恼。

请分析这个案例失败的原因，是否还有补救措施。

实践

1. 同学们自愿组成一个 3～5 人规模的实践小组，这个实践小组将随着课程内容的学习，运用所学到的技术和方法，逐步完成一个软件项目的需求、分析和设计工作。每组推选出一位组长，负责组内工作的推进和协调。

2. 实践小组全体成员共同选择一个小组项目：可以从以下参考项目中选择一个作为小组项目，也可以在老师的指导下自选一个目标软件系统。对小组项目的基本要求是同学们身边的项目，以便能够方便进行需求调研。

参考项目：

- 为你们所在的学生宿舍开发一个宿舍管理信息系统。
- 为你们学院或系里主管学生工作的学生办公室、团委开发一个学生工作管理信息系统。
- 为你们所在学校的同学们开发一个基于 Web 的学生学习和生活互助平台。
- 为你们所在学校的同学们开发一个基于 Web 的二手商品交易平台。
- 超市管理信息系统。
- 宾馆管理信息系统。
- 饭店管理信息系统。

3. 实践小组全体成员通力合作，共同完成小组项目的需求工作，具体包括为需求调研做准备、做需求调研、完成正式的需求文档。

注意：最终完成的需求文档应该是对小组全部成员所做的需求文档的合理整合，而不是简单的拼凑，这就要求小组全体同学进行通力合作、充分讨论、仔细梳理文档，需要组长和骨干成员的积极协调与管理。

第4章　面向对象思想与范型

学习目标：

- 深刻理解软件模块的概念
- 深刻理解软件模块的内聚
- 深刻理解软件模块的耦合
- 深刻理解数据封装与信息隐藏
- 深刻理解类之间的关系，并能够准确判断实际案例中类之间的关系
- 深刻理解多态与动态绑定
- 深刻理解面向对象范型

模块&内聚

确定需求后，接下来要做的工作是分析、设计与实现，这些工作需要运用软件开发的方法和技术来完成。在软件的发展历程中，诞生了很多方法和技术。总体来讲，这些技术主要分为两种范型（Paradigm）：传统范型（Classical Paradigm）即结构化范型（Structured Paradigm）、和面向对象范型（Object-Oriented Paradigm），其具体方法分别称为结构化方法（Structured Methodology）和面向对象方法（Object-Oriented Methodology）。其相应地分别标志传统软件工程（Classical Software Engineering）和面向对象软件工程（Object-Oriented Software Engineering）。

结构化方法和面向对象方法是计算机软件设计中最常用的两种方法。20 世纪 80 年代及以前，结构化方法独领风骚，为软件行业的发展做出了巨大贡献。结构化方法是一种典型的传统软件开发方法。它采用了系统、科学的思想方法，从层次的角度，自顶向下地分析和设计系统。结构化方法包括结构化分析（Structured Analysis）、结构化设计（Structured Design）和结构化程序设计（Structured Programming）3 个部分的内容。

结构化方法学里最常用的概念是系统流程图、数据流程图、模块等。系统流程图是描绘软件系统的传统工具，它的基本思想是用图形符号以黑盒子形式描绘组成系统各部件（程序、文件、数据库和人工过程等）。系统流程图表达的是数据在系统各部件之间流动的情况，而不是对数据进行加工处理的控制过程。数据流图描绘信息流和数据在系统中流动和处理的情况。模块是组成结构化软件的基本单位，能够完成一项相对独立的功能。

20 世纪 80 年代末诞生了面向对象方法，并在 20 世纪 90 年代迅速风靡全球，广泛应用于计算机软件领域。到今日的 21 世纪 20 年代，面向对象方法早已成为主流开发技术；相应地，面向对象软件工程也早已取代传统软件工程，成为软件工程领域的主流。

面向对象开发方法是继结构化开发方法之后的一次技术革命，是软件工程发展的一个重要里程碑。面向对象方法是以面向对象思想为指导进行系统开发的一类方法的总称。这类方法以对象为中心，以类和继承为构造机制来抽象现实世界，并构建相应的软件系统。它在大型软件项目需求的易变性、系统的扩展性、易于维护和代码的可重用性等方面具有明显优势。

面向对象方法学里最常涉及的基本概念有对象、类、数据封装、信息隐藏、继承、消息和方法等。对象（Object）是具有属性（Attribute）即数据和行为方式即方法（Method）的集合体。属性是对象的静态特征，而方法是对象的动态特性。类是具有相同或类似属性和方法的对象的抽象。一个类向上可以有超类，向下可以有子类，形成一种层次结构。继承是自动地共享类和对象中的数据与方法的机制。数据封装和信息隐藏机制，使得外界只能看到对象对外界提供的边界上的接口，对象内部对外界是隐藏的，这样能够将对象的使用者和对象的设计者分开，使用者不必知道行为实现的细节，只需使用设计者提供的消息来访问对象。消息是对象与对象之间进行通信的工具，发送消息的对象称为发送者，接收消息的对象称为接收者。发送者通过消息告诉接收者做什么，而接收者如何做则与发送者无关。具体地讲，由对象中的方法来响应其他对象发送过来的消息，在该方法内部采用某种方式来实现其功能。

本书的内容侧重主流的面向对象软件工程，重点包括面向对象分析和面向对象设计。毫无疑问，面向对象分析和面向对象设计必须建立在对面向对象思想有较深理解的基础上，因此讲解面向对象分析与设计之前，本章将先着重讲解面向对象的基本思想与范型。

4.1 模块

计算机硬件系统是由寄存器、算术逻辑单元、移位器等模块组合而成的。如图 4.1 所示，每一个模块内部交互程度很强，各自都有明确的功能，例如算术逻辑单元对数据进行各种算术运算和逻辑运算，即对数据进行加工处理，寄存器存储程序、数据和各种信号、命令等信息，并在需要时提供这些信息。同时，这些模块之间也存在着必要的联系，以使这些模块能够作为一个整体来工作；这些模块之间的交互也保持着尽可能的少，以保证它们之间的依赖和耦合最少。

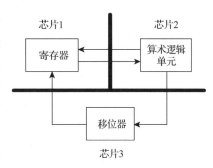

图 4.1 计算机内部模块

事实证明，没有比这更好的设计了：整个计算机硬件系统的设计既保证了其整体性，同时也保证了每个模块的相对独立性。例如，如果内存出问题了，可以拔下该内存条、换上一个新的内存条，实现了即插即用，这充分地体现了计算机硬件系统的设计原则——模块内部的交互程度最高、且模块之间的交互程度最低。

尽管软件是抽象的，但软件系统也应该、也可以与计算机硬件系统一样，由一些模块组合而成，这些软件模块作为一个整体而运行，而且做到模块内部的交互程度最高、模块之间的交互程度最低。

被广泛接受的对软件"模块"的定义是这样的：模块（Module）是一个由聚合标识符所标识的、由边界元素界定范围的、词汇上邻接的程序语句序列。词汇上邻接的程序语句序列指一个多条相邻接的程序语句所构成的集合。边界元素界定一个模块的开始和结束，例如 Pascal 语言中的"begin""end"、C/C++以及 Java 语言中的"{""}"都是边界元素，它们标识一个函数、过程或类的范围。结构化软件系统中的函数和过程、面向对象软件系统的类和对象就是模块，编程语言中的关键字 function、class 就是聚合标识符，标识该模块是一个函数或一个类。

模块内部的交互程度称为内聚（Cohesion），模块之间的交互程度称为耦合（Coupling）。

4.2 内聚

软件模块的内聚（Cohesion）分为 7 个分类或级别，内聚性由低到高分别是偶然性内聚、逻辑性内聚、时间性内聚、过程性内聚、通信性内聚、功能性内聚和信息性内聚。

4.2.1 偶然性内聚

如果一个模块执行多个完全不相关的操作，则该模块具有偶然性内聚（Coincidental Cohesion）。

例如，如图 4.2 所示，模块 A、B、C 分别调用模块 M。可以看出，模块 M 执行了多个互不相干的操作。

READ FILE F

MOVE A TO B

MOVE M TO N

READ FILE G

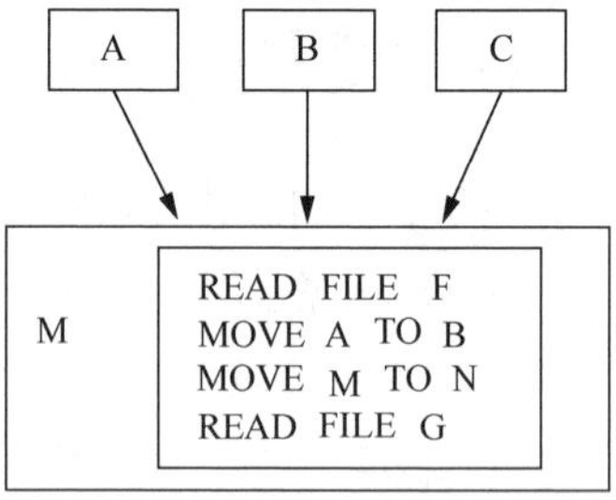

可见，模块 M 并没有一个核心的功能，而是多个互不相干操作的简单拼凑，做杂事。只是因为程序员凑巧发现模块 A、B、C 都执行了一段相同的代码，就把这些代码提出来成为一个模块 M。

图 4.2　计算机内部模块

偶然性内聚有两个严重的缺点：一是这样的模块极难被读懂、难以理解它到底要做什么，进而导致该模块难调试、难修改、难维护、难升级；二是这样的模块根本不可能被其他软件产品重用，因为不可能其他软件产品"恰好"需要这样一个做同样杂事的模块。

软件的可重用性是设计开发软件时要追求的目标之一，是衡量软件质量的一个重要指标。因为开发和维护软件是有难度的、很耗时的，成本是巨大的，因此提倡重用经过实践考验的、可靠的模块。重用模块就意味着重用了该模块的设计、编程、测试、调试和维护，这样能够节省大量的时间和成本，而且该模块已经经过了实际应用的考验，已经证明了该模块中没有错误，可以放心重用该模块。

如果花费了大量的代价开发出来的模块不能重用，就意味着当初开发和维护所付出的代价只得到了一次回报，那么这个回报率太低了，太不划算了。所以当初设计和开发这种不可能重用的偶然性内聚模块就是错误的。因此，设计和开发人员应避免偶然性内聚模块。

改进具有偶然性内聚模块的办法是将其分解成多个模块，使每个模块分别只执行一个操作。

4.2.2　逻辑性内聚

当一个模块进行一系列相关的操作，每个操作由调用模块来选择时，该模块就具有逻辑性内聚（Logical Cohesion）。

图 4.3（a）中，模块 A、B、C 分别调用模块 E、F、G；模块 E、F、G 在逻辑上有相似之处，因此该程序员决定将模块 E、F、G 合并成一个模块 EFG；模块 EFG 的内部逻辑就将如图 4.3（b）所示。模块 E、F、G 的相同之处就是模块 EFG 中的"共享的代码"，它们的不同之处就是 A1、B1、C1，也就是说如果调用模块是 A，则执行 A1，如果调用模块是 B 则执行 B1，如果调用模块是 C 则执行 C1。可见模块 EFG 内部的执行逻辑不是由其自身决定，而是由调用模块 A、B、C 通过接口传过来的一些控制参数来决定。

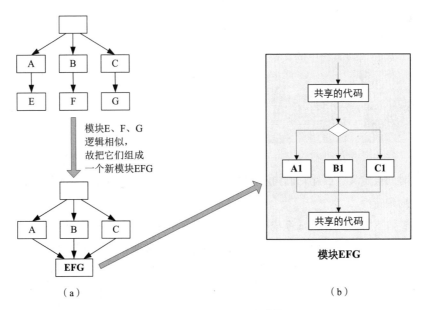

（a）　　　　　　　　　　　　　（b）

图 4.3　把模块 E、F、G 组成模块 EFG

模块 EFG 内部必将是类似以下的代码。

```
if ( flag=='a' )
    { A1( ); }
else if ( flag=='b' )
    { B1( ); }
else
    { C1( ); }
```

再如，某异常处理函数的代码如下，这函数也是一个典型的逻辑性内聚模块。

```
function ErrorHandling ( errorNo ) {
    if ( errorNo==0 ) { printf ( "Error: AAAAAAA" ) ; }
    else if ( errorNo==1 ) { printf ( "Error: BBBBBBB" ) ; }
    else if ( errorNo==2 ) { printf ( "Error: CCCCCCC" ) ; }
    else { printf ( "Error: DDDDDDD" ) ; }
}
```

逻辑性内聚的模块有以下 3 个问题：①接口传递的数据和变量复杂，难以理解；②增加了其与调用模块之间的耦合度，逻辑性内聚模块必然导致调用模块与被调用模块之间的控制耦合，这将在 4.3.3 小节中详细讲解；③完成多个操作的代码互相交织在一起，导致严重的调试问题和维护问题。具有逻辑性内聚的模块很难重用。

逻辑性内聚模块是很多初学编程的人员常犯的一种错误。表面看起来这种模块很"好看"、减少了模块的数量，实际上它难读、难懂、难调试、难重用。设计和开发人员应避免逻辑性内聚。

4.2.3　时间性内聚

如果一个模块执行多个操作，这些操作出现在同一个模块中的理由只是因为它们都要在同一个时间发生，则该模块具有时间性内聚（Temporal Cohesion）。典型的时间性内聚模块有初始化模块、终止模块、异常处理模块等。

例如，某 C 语言系统中的某初始化模块：

```
int i, j, k;
int count, sum;
long distance, speed;
double pi, area, perimeter;
int score[20];
```

显然，这些操作都是在定义一些变量，而且这些操作之间互不相干，但这些变量需要在同一个时间被定义，因此它们同时出现在这个初始化模块中。那么这个初始化模块就具有时间性内聚特性。

再如，如下所示，某 Java 系统中的某异常处理模块处理多件相互无关的事情，只是因为这些事情需要在出现某种异常时同时处理，故这个异常处理模块具有时间性内聚。

```
try {
    ......
} catch (***Exception e) { // 捕获某种类型的异常
    file_employee.close( ); //关闭文件 file_employee
```

```
        file_salary.close( ); //关闭文件 file_salary
        System.out.println("***********."); //打印提示信息
        return ***; //返回某返回值
    }
    ......
```

时间性内聚模块也是难读的，不太可能在另一个产品中被重用。设计和开发人员对时间性内聚要慎用。

4.2.4 过程性内聚

如果一个模块执行一系列与要遵循的步骤、顺序相关的操作，也就是说这些操作必须按指定的过程执行，则该模块具有过程性内聚（Procedural Cohesion）。

例如，图 4.4 所示就是一个过程性内聚模块。

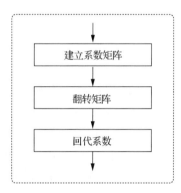

图 4.4　一个过程性内聚模块

过程性内聚模块比时间性内聚模块好些，因为模块内的那些操作是过程关联的。但是这样的模块被其他产品重用的可能性也不太大。

4.2.5 通信性内聚

如果一个模块执行一系列与产品要遵循的步骤、顺序有关的操作，而且这些操作都在同一个数据结构上进行，或者各操作使用相同的输入数据、产生相同的输出数据，则该模块具有通信性内聚（Communicational Cohesion）。

例如，图 4.5 所示的某模块生成工资报表、计算总工资成本、计算平均工资，这些操作都使用相同的输入数据"工资记录集合"，因此它具有通信性内聚特性。

通信性内聚模块要做多件事情，这些事情之间的关联较弱，仅仅是相同的输入数据或相同的输出数据。其他系统恰好需要这样一个基于相同的输入或相同的输出且做同样这几件事情模块的可能性很小，因此它的可重用性还是很小。解决的办法是将其分成多个模块，每个模块只执行一个操作。

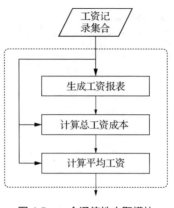

图 4.5　一个通信性内聚模块

4.2.6　功能性内聚

如果一个模块只执行一个操作或只达到单一目的，则该模块具有功能性内聚（Functional Cohesion）。例如，模块"计算圆面积""计算圆周长""计算平均分""打印成绩单""生成工资报表""计算利息"等。

功能性内聚模块进行维护更容易。首先因为功能性内聚能够隔离错误，例如，如果发现利息计算得不对，那么计算利息模块 calculateInterest( ) 肯定有错误；再如，成绩单打印出错，那么打印成绩单模块 printTranscript( ) 肯定有问题。这些模块出错误，并不会影响到其他如查询账户余额、存款、查询课表等模块的功能，因此可以隔离该错误模块，修改此模块。由于功能性内聚模块只进行一个操作，因此这类模块通常比具有前面几种内聚的模块更易读、易懂和易维护。而且，该模块内部的改动对其他模块的影响很小或没有，例如对生成工资报表模块 generateSalaryReport( ) 内部的改动并不会影响到计算平均工资模块 calculateAverageSalary( )，对提交成绩模块 submitScore( ) 的改动不会影响到查询成绩单模块 queryTranscript( )。

功能性内聚模块也使软件系统易扩充和升级。例如，如果银行计算利率的算法有变化，那么只要开发一个新的、采用新利率算法的模块 calculateInterest_new( ) 来替代旧的模块 calculateInterest( )，或者直接修改旧的模块 calculateInterest( ) 内部的代码，这样并不会影响到软件系统中的其他模块和系统的整体运行，使得软件系统的可维护性、可扩充性非常强。

通常，具有功能性内聚的模块可以重用，而且机会非常大，因为其功能单一。一个经过设计和测试且文档齐备的功能性内聚模块对于软件团队来说是很有价值的。无论是从经济层面，还是从技术层面考虑，都应该尽可能地重用设计良好的功能性内聚模块。C 语言中的标准库函数，例如 sin( )、abs( )、sqrt( ) 等函数，就是典型的、设计良好的功能性内聚模块。

4.2.7　信息性内聚

如果一个模块进行多个操作，每个操作都有自己的入口点，每个操作的代码相对独立，且所有操作都基于相同的数据结构来完成，则该模块具有信息性内聚（Informational Cohesion）。

例如，图 4.6 所示的该模块中有借书、还书、续借、预约 4 个操作，这 4 个操作相互独立，每个操作都有自己独立的代码及入口点和出口点，且它们都基于共用的数据结构图书属性进行操作。可见，信息性内聚是高内聚。

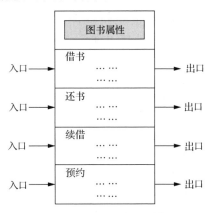

图 4.6 一个信息性内聚模块

前面介绍的几种内聚模块也是做多件事情，但是这些模块中的多个操作是相互纠缠的、有相同的入口点和出口点，而信息性内聚模块中的各操作是相互独立的、互不相干的、有各自的入口点和出口点。因此，信息性内聚与前面几种内聚是有本质区别的。

显然，信息性内聚模块可以用来实现一种抽象的数据类型，获得实现抽象数据类型的所有优点。我们发现类中包含数据类型及在该数据类型上所进行的操作具有信息性内聚的特征，因此一个类就是一个具有信息性内聚的模块，就是一种抽象数据类型（Abstract Data Type）。

综上，低内聚模块普遍存在着执行多个操作、难读、难懂、难调试、难维护、难重用的问题，而信息性内聚和功能性内聚这样的高内聚模块成功地避免了低内聚模块的问题。功能性内聚是结构化技术能做到的最好，信息性内聚是面向对象技术能做到的最好。但无论是采用结构化技术，还是面向对象技术，高内聚都是软件设计和实现所要追求的目标。

4.3 耦合

软件模块之间的耦合分为 5 种或 5 个级别，按照从强到弱为内容耦合、公共耦合、控制耦合、印记耦合和数据耦合。模块之间的强耦合，就意味着模块互相之间的高度依赖性和复杂的接口，导致模块自身的独立性差、内聚程度低。

耦合

4.3.1 内容耦合

如果两个模块中的一个直接访问了另一个模块的内容，则它们之间就是内容耦合（Content Coupling）。模块由语句和数据构成。访问另一个模块的内容是指访问另一个模块中的语句或数据。以下是内容耦合的例子。

例如：在结构化系统中，把指向变量的指针作为参数传递，则调用模块将不仅能够获得该变量的值，还能够直接访问该指针所指向的存储单元。也就是说，它可以直接重写该存储单元的数值。这表面看起来很方便，却蕴藏着巨大的隐患。

再例如：如下代码中，一个 Order 对象可以直接访问、修改一个 Product 对象中的属性 unitPrice。也就是说，一个 Order 对象直接访问了另一个 Product 对象中的数据，那么这两个对象之间就构成了内容耦合。

```
public class Product {
    public float unitPrice;
    ……
}
public class Order {
    private Product myProduct;
    ……
    public void discount ( float discountedPrice ) {
        myProduct.unitPrice = discountedPrice;
            //当前对象直接访问并赋值另一个对象 myProduct 的属性数据 unitPrice
    }
    ……
}
```

正确的做法是将上面的代码做如下改进：首先，将类 Product 中数据 unitPrice 的访问控制设置为 private；然后，将类 Product 提供方法 setUnitPrice (float discountPrice)，外界可以借助于该方法完成对 Product 对象中的数据 unitPrice 值的改写。

```
public class Product {
    private float unitPrice;
    public void setUnitPrice ( float discountPrice ) {
        unitPrice = discountPrice;
    }
}
public class Order {
    private Product myProduct;
    ……
    public void discount ( float discountPrice ) {
        myProduct.setUnitPrice (discountprice);
    }
    ……
}
```

内容耦合非常不好，因为它会造成很多问题和发生危险。

（1）一个模块访问另一个模块的内容必然造成两个模块的耦合度高，互相的交织和渗透较多，从而导致这两个模块的可读性、可理解性、可维护性差。

（2）模块之间的高耦合度必然导致模块的独立性差、可重用性差。

（3）模块中的内容可被直接访问，给计算机犯罪分子以可乘之机，他们能够篡改或损坏系统中的重要数据，如客户的银行账户余额、利息的计算、税额的计算、学生的成绩等，其后果不堪设想。

4.3.2 公共耦合

如果两个模块都可以存取相同的全局数据，则它们之间具有公共耦合（Common Coupling）。

如图 4.7 所示，某 C 语言开发的系统中模块 A 和模块 B 都直接访问、读写某些全局变量，则模块 A 和模块 B 之间具有公共耦合特性。

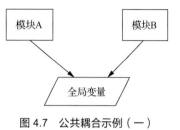

图 4.7　公共耦合示例（一）

再如，在 Java 或 C++等面向对象语言中利用存取控制定义符 public 来定义公共数据，其类似于全局变量。

然而，这些看似平常的程序，却极大地增加了系统的复杂度，隐藏着问题和危险。

（1）具有公共耦合的模块可读性很差。共用的这些全局变量可能被用来进行计算或作为选择结构、循环结构的判断条件，而这些共用数据又在其他模块中被存取，甚至被修改。由于这些共用数据在很多模块中进行各种可能的操作、影响着这些模块的逻辑流程，因此，这些模块的可读性都极差，也就是说得几乎先读懂整个系统，才能弄懂其中的各个模块。

例如，以下代码中，globalFlag 是一个全局变量，而 f1( )、f2( )或其他任何模块都可能修改 globalFlag 的值，因此在什么情况下该循环终止的逻辑是非常复杂的，必将非常难读懂、难调试、难控制。

```
do {
    ......
    f1( );
    ......
    f2( );
    ......
} while ( globalFlag<0 || globalFlag>100 )
```

想象一下，如图 4.8 所示，某系统中有多个模块，它们之间基于多个全局变量构成了公共耦合，其复杂度难以描述，可读性之低可想而知。

（2）公共耦合的模块很难维护。因为所有可读性差的模块本身就必然导致其可维护性差。另外，公共耦合造成这些模块互相的依赖性较强，牵一发而动全身，对其中任何一个模块的维护和改动都极可能对其他模块造成影响。很多程序员可能都遇到

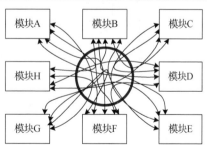

图 4.8　公共耦合示例（二）

过这种情况：本来当前系统只有 3 个错误，而改动某处后，错误一下子变成了 30 个、300 个，这通常就是由于公共耦合而导致的。

（3）公共耦合的模块很难重用。因为这样的模块需要全局变量，那么，如果重用该模块，就意味着必须向其提供需要的所有全局变量，而这些全局变量可能并不是新系统所需

要的。因此，公共耦合模块的可重用性很差。

（4）存在公共耦合的软件系统潜在危险很大。尤其在结构化系统中，公共数据对于所有模块来说都是可以访问的，而且系统对这些公共数据的存取是没有任何控制和保护的技术手段。这样就使得一些意欲不轨的人很容易访问并篡改这些公共数据，从而造成系统不能正常工作，甚至系统瘫痪。

因此，我们可以得出结论：尽量避免使用公共耦合。然而，在结构化系统中，有时很多模块都需要使用一些相同的数据或是一些相同的参数，如圆周率 π 等，这时就不可避免地需要使用全局变量；这种情况下，我们要慎用这些全局变量，尽量避免利用全局变量来作为一些模块的控制变量，以避免出现全局变量控制系统的逻辑和程序流程的现象。在面向对象系统中，则要在逻辑上可能的情况下，把这些共用数据设置为 final 以避免对这些数据的修改，或者利用 set*( ) 和 get*( ) 方法来保护和控制这些数据的存取。

4.3.3　控制耦合

如果两个模块中的一个模块向另一个模块传递控制元素，则它们之间具有控制耦合（Control Coupling），即一个模块明确地控制另一个模块内部的流程。

如图 4.9 所示，模块 EFG 的接口中有一个参数 flag，这个 flag 将控制该模块 EFG 的逻辑和流程；如果 flag 是 "a"，则执行 A1；如果 flag 是 "b"，则执行 B1；否则，执行 C1。flag 是由调用模块 A、B、C 传递过来的，因此模块 EFG 的执行逻辑由调用模块 A、B、C 控制。不可避免地，控制耦合会导致被调用模块 EFG 的逻辑性内聚。反之，逻辑性内聚的模块必然导致与其调用模块之间的控制耦合。

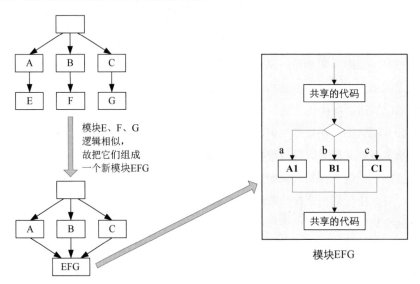

图 4.9　控制耦合示例

设计和开发软件模块时，应该尽量避免控制耦合。

4.3.4 印记耦合

一些编程语言支持模块之间传递复杂的数据结构，如数据集合、记录集等。如果被调用模块只利用到传递的数据结构中的一部分数据，则这两个模块之间具有印记耦合（Stamp Coupling）。

例如，下面代码就是一个印记耦合模块。该模块中只用到了学生记录集中的一部分数据"学生姓名"。

```
printStudentNameList ( ResultSet rsStudent ) {
    ArrayList alStudent = new ArrayList( );
    while ( rsStudent.next ( ) ) {
        String StudentName = rsStudent.getString("StudentName");
        alStudent.add(StudentName);
    }
}
```

显然，印记耦合传递的数据多于所需要的数据，这样会导致调用与被调用模块之间的接口复杂，难读、难懂、难维护。如果欲重用该模块，那么就得向该模块提供同样复杂的数据结构，这样会给重用造成很大的麻烦。同时，这些多余的数据将加大危险性。对于系统运行环境资源有限的情况，更要注意避免出现空间资源被不必要地占用的情况。

设计和开发软件时，应该尽量避免印记耦合。

4.3.5 数据耦合

如果两个模块之间传递的参数，无论是简单数据类型，还是复杂的数据结构，在被调用模块中都被全部利用，则这两个模块之间具有数据耦合（Data Coupling）。

数据耦合是低耦合，是最理想的情况。它克服了前面 4 种耦合的不足，既不会造成模块之间过多的依赖性、接口的复杂性，也不会造成过多数据的传递。这种模块易读、易懂、易维护、易重用。

从以上对各种耦合的讲解可以看出，理想的低耦合，如数据耦合，模块之间的接口简单，所传递的参数数据在调研模块中全部被使用，模块有较强的独立性，而且易读、易懂、易维护、易重用。低耦合能够促进模块的高内聚；反之，高耦合则会增加模块之间的依赖程度，导致模块的低内聚。因此，低耦合应该是设计与实现软件系统时所要追求的。

然而，也不能片面地理解为耦合度低至零才最好，因为如果模块之间完全没有耦合，也就意味着这些模块互相之间没有任何关联，这些模块就是一盘散沙，不能互相协作、不能构建成一个完整的目标软件系统。因此，现实的做法是追求适当的低耦合。

内聚与耦合是不可割离的两个概念，它们息息相关，相辅相成。耦合必然对内聚产生影响，同样，内聚也对耦合产生必然的影响：高内聚必然使低依赖性、低耦合成为可能，而低内聚必然导致高依赖性、高耦合。因此，内聚和耦合就像跷跷板的两头，一定是一高一低，二者同高或同低的情况是绝不可能出现的。

总之，软件系统的设计原则应该是高内聚且低耦合。

跟其他行业一样，做软件也要有工匠精神，要精益求精。只有这样，才能保证我们做出来的软件具有良好的质量，经得起考验，才能够为广大用户及全社会提供优质、可靠的软件。

4.4 数据封装

数据封装&信息隐藏

假设目标软件系统是图书馆管理信息系统，考虑其中的借书、还书、续借和预约业务。按照业务需求，图书馆中任何一本可供外借的图书都可以被借阅者借、还、续借和预约。图书馆管理信息系统中的这部分业务功能可以用多种方式来设计和实现。

关于图书一种可能的结构化设计如图 4.10 所示，模块 m_A 中的函数 borrow_book( )负责借书，模块 m_B 中的函数 return_book( )负责还书，模块 m_C 中的函数 renew_book( )负责续借图书，模块 m_D 中的函数 reserve_book( )负责预约图书。模块 m_ABCDE 应用这4 个函数。

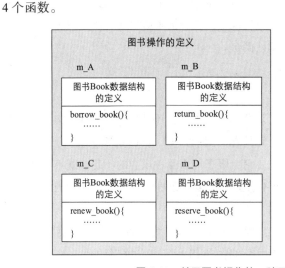
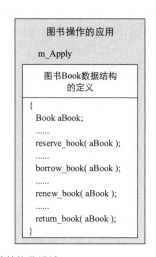

图 4.10　关于图书操作的一种可能的结构化设计

如图 4.10 设计中的几个模块具有低内聚性，因为对图书的操作分布在多个模块中，尽管这几个模块都基于同样的数据结构进行操作。如果需要修改图书的数据结构，那么必须修改模块 m_A、m_B、m_C 和 m_D，而且也必须修改模块 m_Apply。一个数据结构需要在多处定义，这使得定义这些模块很麻烦，也使得对该数据结构的维护负担非常重，因为一点点变化都意味着至少 5 处的改动。

图 4.10 中多个模块处理相同的相关数据，即图书的属性数据，这就意味着图书操作中的数据必须是开放的。这样显然非常不安全，需要改进。

再来看看图 4.11 的设计。图 4.11 左边的模块 m_Encapsulation 具有信息性内聚，因为它包含的多个操作 borrow_book( )、return_book( )、renew_book( )、reserve_book( )都是基于同一数据结构即图书的数据结构,而且每个操作都有自己的入口点、出口点和独立的代码。也就是说,图 4.11 中的模块 m-Encapsulation 包含数据结构及基于该数据结构执行的操作,实现了数据封装。

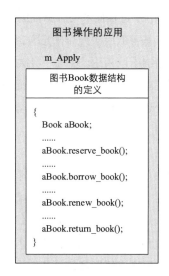

图 4.11 使用数据封装的图书操作设计

信息性内聚使数据封装(Data Encapsulation)成为可能,信息性内聚模块能够使数据及其操作组成一个相对独立的整体。利用面向对象语言中类的机制,就可以实现信息性内聚模块。

使用数据封装设计软件产品的优势体现在开发和维护两方面。

(1)数据封装与开发

数据封装是抽象(abstraction)的一个例子。

图 4.11 所示的设计方案,定义了一个数据结构即图书的数据结构,及其 4 个相关的操作(借书、还书、续借、预约),使得开发者能在更高层次即图书的抽象上构思这个问题,而不是在记录或数组这样的低层次上构思。

抽象后的基本概念仍然需要逐步求精。第一步,产品的设计基于高层次概念,例如图书的数据结构和对图书的操作。在这一阶段,如何实现是不重要的。一旦得到完整的高层次设计,第二步就是根据数据结构以及在数据结构上执行的操作来设计低层次的组件;在低层次中,主要考虑的则是行为的实现。当然,一个更大型的产品将有许多抽象层次。

图 4.11 中有数据抽象(Data Abstraction)和过程抽象(Procedure Abstraction)两种类型的抽象。数据封装,也就是数据结构及在该数据结构上执行的操作,就是数据抽象的一个例子;而方法本身就是过程抽象的一个例子。简言之,抽象是通过抑制不必要的细节、同时强调必要的细节来达到逐步求精的一种方法。

可以将封装定义为把现实世界实体的所有方面集中在一个对该实体进行建模的单元中，称其为概念独立。

数据抽象允许设计者在数据结构及在其上进行操作的层次上来考虑问题，随后才考虑如何实现数据结构和操作。

对设计来说，过程抽象与数据抽象一样意义重大。设计者能基于高层次操作构思产品，高层次的操作基于低层次操作来定义，直至达到最低层次。在最低层次，操作按照编程语言预定义的结构予以表达。在每一层次，设计者只考虑按照适合该层次的操作来表示产品。设计者可以忽略下面的层次，因为下面的层次将在下一次抽象得到处理，即在下一个求精步骤中得到处理。设计者也可以忽略上面的层次，因为从设计角度来说，上面的层次与当前层次并不相关。

（2）数据封装与维护

从维护的角度考虑数据封装，一个基本问题是确定产品的哪些方面可能需要修改，以此来设计产品，使将来修改产品的影响最小化。例如，如果一个软件产品包括图书的数据结构，那么未来版本将很可能兼容它们，实现借、还、续借、预约等操作的特定方式可能会改变，但这种改变仅限于该方法的内部。

以下代码是图书馆管理信息系统中图书类 Book 的 Java 实现。

```java
public class Book{
    String bookNo;              //图书编号
    String bookName;            //书名
    String author;             //作者
    String press;              //出版社
    String pressYearMonth;     //出版时间
    String ISBN;               //国际标准图书编号
    float unitPrice;           //单价
    String bookStatus;         //图书状态
    ......
    void borrow_book ( ) {     //借该图书对象
        bookStatus = "已借出";
        ......                 //生成一条借书记录
        ......                 //删除一条预约记录，如果有
    }
    void return_book ( ) {     //还该图书对象
        bookStatus = "在架可借";
        ......                 //生成一条还书记录
    }
    void renew_book ( ) {      //续借该图书对象
        bookStatus = "在架可借";
        ......                 //生成一条续借记录
    }
```

```
        void reserve_book ( ) {          //预约该图书对象
            bookStatus = "已预约";
            ......                        //生成一条预约记录
        }
    }
```

以下代码是图书馆管理信息系统中图书类 Book 中的方法的 Java 应用。假设类 Operation 将利用图书类 Book 中的方法,虽然前者不知道后者的方法是如何实现的,但仍然能够向类 Book 中的方法 borrow_book ( )、return_book ( )、renew_book ( )和 reserve_book ( )发送消息,前者所需要的仅仅是后者方法的接口信息。

类 Operation 的 Java 实现,代码如下。

```
public class Operation{
    public void oper ( ){
        ......
        Book aBook;
        ......
        aBook = ...... ;              //获取将被操作的图书对象
        aBook.borrow_book ( );        //借该图书对象
        ......
        aBook = ...... ;              //获取将被操作的图书对象
        aBook.return_book ( );        //还该图书对象
        ......
        aBook = ...... ;              //获取将被操作的图书对象
        aBook.renew_book ( );         //续借该图书对象
        ......
        aBook = ...... ;              //获取将被操作的图书对象
        aBook.reserve_book ( );       //预约该图书对象
        ......
    }
}
```

假设图书类 Book 的数据结构需要变化,那么基于该数据结构的几个方法 borrow_book ( )、return_book ( )、renew_book ( )和 reserve_book ( )的内部实现可能需要调整,但是图书类 Book 与外界的接口没有变化,也就是说,调用类 Book 中的方法 borrow_book ( )、return_book ( )、renew_book ( )和 reserve_book ( )的方式没有改变。因此,只有 Book 这一个类需要改动,其他相关模块并不需要做出调整。由此可见,数据封装对程序易维护性、易修改性的提高非常有益。

4.5 信息隐藏

回顾一下前面 4.4 节中图书类 Book 的 Java 代码,具体代码如下。

```
public class Book{
    String bookNo;              //图书编号
```

```
     String bookName;           //书名
     ......
     String bookStatus;         //图书状态

     ......
     void borrow_book ( ) {     //借该图书对象
         bookStatus = "已借出";
         ......               //生成一条借书记录
         ......               //删除一条预约记录，如果有
     }
     void return_book ( ) {     //还该图书对象
         bookStatus = "在架可借";
         ......               //生成一条还书记录
     }
     void renew_book ( ) {      //续借该图书对象
         bookStatus = "在架可借";
         ......               //生成一条续借记录
     }
     void reserve_book ( ) {    //预约该图书对象
         bookStatus = "已预约";
         ......               //生成一条预约记录
     }
}
```

上面的代码中，图书类 Book 的属性的访问控制都是 default，这意味着与该类同在一个包 package 中的其他类及它的子类都可以直接访问这些属性，可以直接读取和更改这些属性的值。例如可以有这样的语句：

```
aBook. BookStatus = "已预约";
```

这显然已经构成了内容耦合，非常不安全，极容易受到计算机犯罪分子的破坏。

我们希望模块的实现细节（包括属性和方法的实现细节）能够隐藏起来、对外界不可见，这样其他模块除了可以访问该模块对外界所提供的接口之外，没有机会触碰到模块的内部，从而能够避免内容耦合。这就是信息隐藏（Information Hiding）。

面向对象语言提供了实现信息隐藏的机制，类内部的属性及方法的访问控制可以有 4 种定义，其私有性从低到高为 public、protected、default、private。如果希望某属性对外界彻底不可见，则对该属性定义为 private；如果希望某方法的接口对外界也彻底不可见，则对该方法的访问控制也可以定义为 private；如果希望某属性或某方法的接口对外界有某种程度的可见性，则可根据具体的需要对该属性或方法的接口定义为 default 或 protected；如果需要某属性或方法对于所有外部对象都是可见的，那么该属性或方法的访问控制可定义为 public。

图书类 Book 这个例子中，如果将类 Book 中的数据即属性彻底隐藏起来，代码如下。

```
private String bookNo;          //图书编号
private String bookName;        //书名
```

```
......
    private String bookStatus;            //图书状态
```

那么外界就不能直接访问这些数据，这样很安全。但外界有时需要获取图书对象中的数据，那么 Book 类可以提供相应的方法来满足这些需求。

例如，如果外界需要获取图书对象的"状态"，则可以通过方法 get_bookStatus ( )来获提"状态"数据。方法 get_bookStatus ( )的代码如下。

```
public String get_bookStatus ( ) {
    return BookStatus;
}
```

相应地，模块 Book 的设计则改进为如图 4.12 所示。

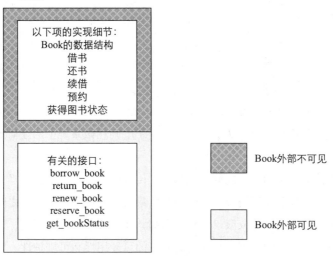

图 4.12　使用数据封装的图书模块设计

这样，改进后的图书类 Book 的代码如下。

```
public class Book{
    private String bookNo;                //图书编号
    private String bookName;              //书名
    private String author;                //作者
    private String press;                 //出版社
    private String pressYearMonth;        //出版时间
    private String ISBN;                  //国际标准图书编号
    private float unitPrice;              //单价
    private String bookStatus;            //图书状态

    ......
    public void borrow_book ( ) {         //借该图书对象
        bookStatus = "已借出";
        ......                            //生成一条借书记录
```

```
    ......                              //删除一条预约记录，如果有
    }
    public void return_book ( ) {        //还该图书对象
        bookStatus = "在架可借";
    ......                              //生成一条还书记录
    }
    public void renew_book ( ) {         //续借该图书对象
        bookStatus = "在架可借";
    ......                              //生成一条续借记录
    }
    public void reserve_book ( ) {       //预约该图书对象
        bookStatus = "被预约";
    ......                              //生成一条预约记录
    }
    public String get_bookStatus ( ) {  //获取该图书对象的状态
        return bookStatus;
    }
}
```

类 Book 中的方法 borrow_book( )、return_book( )、renew_book( )、reserve_book( )和 get_bookStatus( )的访问控制类型为 public（公共的），则在该系统中的任何地方都可以调用它们。

由上可见，数据封装和信息隐藏彻底消除了传统结构方法中数据与操作分离所带来的种种问题，非常完美地避免了内容耦合的问题，最大限度地降低了模块之间的耦合度；对模块进行修改所造成的影响将仅限于该模块内部，而对其接口没有影响，即对其他与之有交互的模块不造成任何影响，因此能够提高程序的可复用性和可维护性。同时，数据封装和信息隐藏还可以把模块中的私有数据和公共数据分离开，保护私有数据，减少模块间可能的干扰，达到降低程序复杂性、提高可控性的目的。

设计良好的数据封装和信息隐藏使程序更安全，更易读、易懂、易修改和易维护，且增强了程序的安全性。数据封装和信息隐藏是面向对象机制所特有的优势。

4.6　类之间的关系

类之间的关系

在一个软件系统范畴内或在我们讨论的业务问题范围内，依系统的规模和复杂度的不同，有着或多或少的类，这些类之间或者有直接关系，或者没有直接关系。如果类之间有直接关系，则需要深入分析、明确它们之间具体的关系，进而为设计出具体的系统实现方案提供必要的、良好的基础。

有的资料把类之间的关系称为对象之间的关系。事实上，类是对象的抽象，而对象是类派生出来的实例。例如，"张三""李四"等每一名学生都是一个学生实例即对象，"学生"

则是这些对象抽象出的类。因此，对象之间的关系可以抽象为类之间的关系。

类之间的关系大致可以分为三大类：继承、聚合和关联。

4.6.1　类之间的继承关系

类是一种支持继承的抽象数据类型。

例如，"人"是一个类，"学生"是一个类，学生是人的一种，那么"人"类是"学生"类的父类（parent），"学生"类可以是"人"类的子类（child），"学生"类与"人"类之间就构成了继承关系（Inherence）。也可以将父类称为超类（super class），将子类称为 sub-class；或者将父类称为基类（base class），将子类称为派生类（derived class）（注意这些称谓是成对的，不能拆开混用）。子类与父类之间的继承关系可以用"是一种（is-a-kind-of）"来描述，即"子类是父类的一种"。

继承关系可以用 UML（统一建模语言）中的类图（class diagram）来表示，用一个空心三角从子类指向父类。图 4.13 表示了"学生"类与"人"类之间的继承关系。

大学生是一个类，中学生是一个类，小学生是一个类，它们都是学生类的子类。它们之间的继承关系如图 4.14 所示。

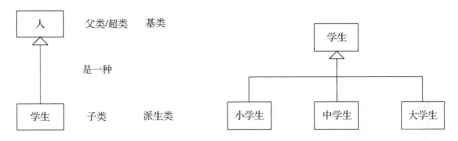

图 4.13　"学生"类与"人"类之间的继承关系　　图 4.14　"学生"类与"大学生""中学生"
"小学生"类之间的继承关系

图 4.13 与图 4.14 相结合就构成了 3 层继承，如图 4.15 所示。

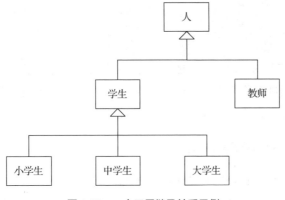

图 4.15　一个三层继承关系示例

继承的好处是子类可以继承父类的属性和方法。如果父类的属性和方法是经过验证的、可靠的，那么子类继承父类的属性和方法就能够节省很多开发和维护工作，而且系统也更加可靠；同时，子类在继承父类的属性与方法的基础上，还可以定义自己的属性与方法。如图 4.16 所示，子类"学生"除了能够继承父类"人"的"身份证号"和"姓名"等属性及"吃饭( )"和"睡觉( )"等方法，还可以拥有自己的属性"学校"和"学号"及方法"修课程( )"和"考试( )"。

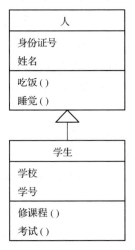

图 4.16　继承属性与方法示例

面向对象语言均支持类的继承关系，例如，Java 语言用关键字 extends 来实现子类对父类的继承关系。用 Java 实现图 4.16 的样例代码如下。

```
public class Human {
    String ID;
    String name;
    void eat ( ) { …… }
    void sleep ( ) { …… }
}
public class Student extends Human {
    String studentNo;
    String school;
    void take_course ( ) { …… }
    void take_exam ( ) { …… }
}
```

既然继承是有好处的，那么是不是继承越多越好呢？理论上对继承的层数没有限制，但继承的层数过多，则容易导致"脆弱的基类问题"，也就是基类的一点改动都将影响很多其他类。因此程序员要适当地利用继承，避免过多的继承。

4.6.2　类之间的聚合关系

个人计算机由主机、显示器、键盘和鼠标聚合而成，则个人计算机是整体类，主机、显示器、键盘和鼠标是部分类，个人计算机与主机、显示器、键盘和鼠标之间就构成了聚合关系（Aggregation）。如图 4.17 所示，用空心菱形指向整体类。部分类与整体类之间的关系可以用"是一部分（is-a-part-of）"来描述，"部分类是整体类的一部分"。而且整体类与部分类之间有数量的对应关系，称为阶元关系（Multiplicity）。例如，一台计算机由一个主机、一个显示器、一个键盘和一个鼠标聚合而成。

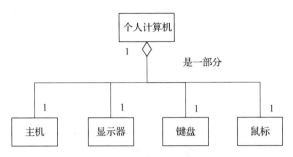

图 4.17　个人计算机的聚合关系

用代码实现聚合关系的途径是把部分类作为整体类的属性。例如，类 PersonalComputer 有类型为 CPU、Monitor、Keyboard 和 Mouse 的几个属性。

```
public class PersonalComputer {
    CPU cpu;
    Monitor monitor;
    Keyboard keyboard;
    Mouse mouse;
}
```

再考虑图形化操作系统中的窗体，它是由标题栏、编辑区域、工具栏、菜单和滚动条聚合而成，它们之间构成了聚合关系。我们发现在图形化操作系统中，如果整体类窗体 Window 对象不存在了，部分类标题栏、编辑区域、工具栏、菜单和滚动条的对象也将随之不存在，即部分类的对象的生命依赖于整体类的对象。这一点不同于其他聚合关系。例如，个人计算机如果被拆分，其各部分如主机、显示器、键盘、鼠标等还都可以独立存在，并不随着个人计算机的消亡而消亡。因此整体类窗体与部分类之间是一种特殊的聚合关系，称为组合关系（Composition）。如图 4.18 所示，在类图中用实心菱形指向整体类。不要忽略其阶元关系，一个窗体由一个标题栏、一个编辑区域、一个工具栏、一个菜单和两个滚动条组合而成。

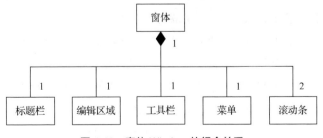

图 4.18　窗体 Window 的组合关系

再如，某电子游戏中的人物由头、躯干、胳膊和腿聚合而成，如图 4.19 所示，而且一旦该电子人物从系统中销毁，则该电子人物的各组成部分头、躯干、胳膊和腿也随之销毁，这也是组合关系。不要忽略其阶元关系，一个电子人物有头和躯干各 1 个，胳膊和腿分别有 2 个。

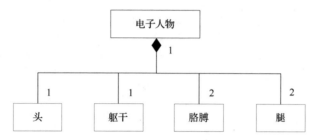

图 4.19　某电子游戏中人物的组合关系

UML 中阶元关系的标识符（Multiplicity Indicators）及含义如表 4.1 所示。

表 4.1　阶元关系的标识符及含义

标识符	含义
0..1	0 或 1
1	只有 1
0..*	0 到多
1..*	1 到多
n	只有 n（$n>1$）
0..n	0 到 n（$n>1$）
1..n	1 到 n（$n>1$）
$n..m$	n 到 m（$n>1$，$m>1$）
$n..*$	n 到多（$n>1$）

4.6.3　类之间的关联关系

如果两个类之间有关系，但既不是继承关系，也不是聚合关系或组合关系，则称这两个类之间具有关联关系（Association）。关联关系在类图中用有向线段从关系发生的主动方指向被动方，并用一个业务相关的动词或动词词组来描述这个关系。顺着关系线段的箭头方向可以组合成一个包含主语（关系主动方）、谓语（即关系描述）和宾语（关系被动方）的句子，如果这个句子所描述的业务逻辑在所讨论的业务领域内是存在的、符合业务逻辑且合理，则这种关系就是正确的，否则就是不正确的。

例如，在高校教学管理信息系统中，学生与课程之间有关系，但既不是继承关系，也不是聚合或组合关系，它们之间是"修"的关系，是关联关系。图 4.20 描述了学生类与课程类之间的关联关系，顺着箭头方向可以组合成这样一个主谓宾的句子："学生-修-课程"，这个关系是客观存在的，符合高校教学业务逻辑，因此图 4.20 是正确的。

图 4.20　学生修课程的关联关系

再如，在网上购物系统中，顾客可以下订单，因此顾客与订单的关系是"下"，业务逻辑是"顾客-下-订单"，如图 4.21 所示。

图 4.21　顾客下订单的关联关系

在图书馆管理信息系统中，借阅者与图书之间的关系可以是借、还、续借、预约，因此要把这些可能的关系都表示到图中，如图 4.22 所示。

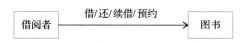

图 4.22　借阅者与图书的关联关系

要特别注意的是，讨论类与类之间的关系，一定是指一个有限的业务范围内。即使是相同的两个类，在不同的业务范围内，它们之间的关系极有可能是不一样的，也就是说，类之间的关系与业务范畴、业务逻辑密切相关。例如，学生与笔记本电脑，如果在学习领域，笔记本电脑是学生的学习工具，则它们之间的关系是"学生使用笔记本电脑"，如图 4.23（a）所示；如果在宿舍管理信息系统中，笔记本电脑是学生的个人物品，则它们之间的关系是"学生拥有笔记本电脑"，如图 4.23（b）所示；如果在商务领域，笔记本电脑是一种商品，则它们之间的关系是"学生购买笔记本电脑"，如图 4.23（c）所示。

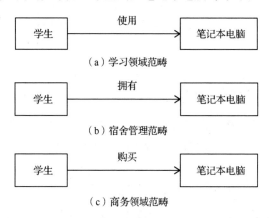

图 4.23　学生与笔记本电脑之间的几种可能关联关系

那么如何用代码实现关联关系呢？答案是通过类中的方法来实现关联关系。例如，如图 4.24 所示，Driver 与 Car 的关联关系为"司机 Driver-驾驶 drives-小汽车 Car"。

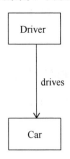

图 4.24　Driver 与 Car 的关联关系

则类 Driver 中有一个方法 drive (Car car)。在该方法中，需要 car 的协作，即需要 Car 类的方法 run( )的协作。以下是实现这个关系的 Java 代码。

```java
public class Driver {
    void drive ( Car car ) {
        ……
        car.run( );
        ……
    }
}
```

不要忘记关联关系中类之间有数量的关系，类图中一定要标识出这种阶元关系。例如，在网上购物系统中，一个顾客可以下多个订单，也可以一个订单也不下，而且顾客下订单没有上限，因此顾客可以下 0..*个订单，那么顾客与订单之间的阶元关系是 1: 0..*，如图 4.25 所示。

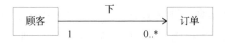

图 4.25　顾客下订单关系中的阶元关系

一定要注意的是，即使一个类的阶元是 1，也要标识出来，以便读者获知该类的阶元是被考虑过的。

4.7　多态与动态绑定

我们知道，在结构化编程语言实现的软件系统中，函数名不可以重名，即在一个系统中绝不允许任何两个函数拥有相同的函数名。

多态与动态绑定

例如，C 语言的标准函数库中，各种数值型数据分别有相应的取绝对值函数，abs( )是取 int 数据的绝对值，labs( )是取长整型数据的绝对值，fabs( )是取浮点型数据的绝对值等。程序员需要记住这些函数名，然后根据所要处理的参数的数据类型，在程序中调用相应的取绝对值函数。这对程序员来说是不方便的。

同样，如果我们用 C 语言这一类结构化语言编程计算图形面积，则要针对圆形、矩形、三角形、椭圆形等不同的图形分别定义相应的面积函数，而且这些函数的名称绝对不能重复；那么对不同图形求面积的函数的命名可能是 area_circle( )、area_rectangle( )、area_triangle( )、area_ellipse( )等，如图 4.26 所示。在需要计算某个图形面积时，程序员则要先判断该图形是哪种图形，然后在程序中调用相应的计算面积函数。

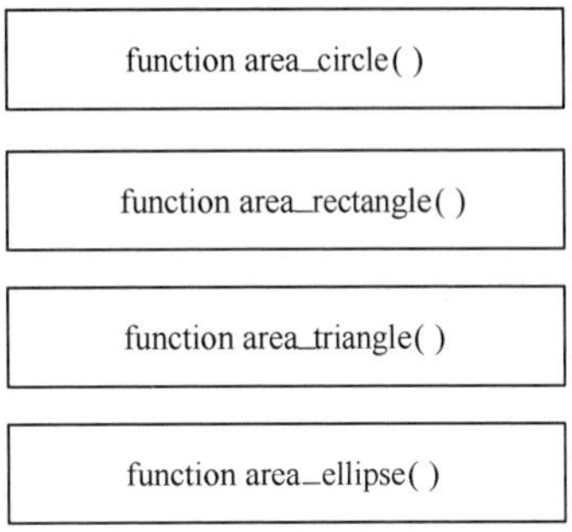

| function area_circle( ) |
| function area_rectangle( ) |
| function area_triangle( ) |
| function area_ellipse( ) |

图 4.26　结构化技术实现几种图形的面积

相应的代码如下。

```
……
switch(figure_type){
    case 'c':
        area = area_circle( );
        break;
    case 'r':
        area = area_rectangle( );
        break;
    case 't':
        area = area_triangle( );
        break;
    case 'e':
        area = area_ellipse( );
        break;
    default:
        ……
}
```

面向对象范型和面向对象语言允许一个系统中有多个方法使用相同的名称，只要这些方法处于不同的类中，或者处于一个类中但参数不同。也就是说，一个方法可以有多个实现版本，这称为多态性（Polymorphism）。例如，取各种数据类型绝对值的方法都可以拥有同一个方法名为 abs( )，计算各种图形面积的方法都可以拥有同一个方法名 area( )，这使得设计与实现这些方法很方便，也使得调用这些方法更方便，程序员无须记忆那么多十分相似的方法名了。

面向对象范型有 3 种机制支持多态，它们是覆盖（Overriding）、重载（Overloading）和接口（Interface）。

4.7.1　利用覆盖实现多态

面向对象机制中的继承使得父类的方法可以被子类的方法覆盖，从而能够形成该方法的多态。

例如，在用 Java 语言开发的软件系统中，涉及计算图形面积问题，可以定义一个类

Figure，该类中定义一个取面积的方法 area( )，但是该方法显然无法实现，因为无法对一个类型不明确的图形定义确切计算面积的实现，所以该方法只能定义为抽象的 abstract。而各种类型的图形是 Figure 类的子类，如圆 Circle、矩形 Rectangle、三角形 Triangle、椭圆 Ellipse 等，这些子类可以对方法 area( )定义明确的实现，这些子类的方法 area( )就覆盖了父类的方法 area( )。这些 area( )方法的层次关系如图 4.27 所示。

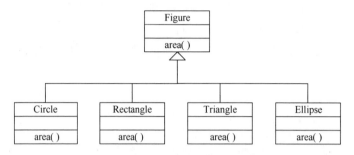

图 4.27　利用覆盖实现多态示例

图 4.27 的 Java 代码实现如下。

```java
public abstract class Figure {
   ......
   abstract double area( );
}
public class Circle extends Figure {
   double radius;
   double area( ) { ...... }
}
public class Rectangle extends Figure {
   double length, width;
   double area( ) { ...... }
}
public class Triangle extends Figure {
   double a, b, c;
   double area( ) { ...... }
}
public class Ellipse extends Figure {
   double a, b;
   double area( ) { ...... }
}
```

应用部分的代码如下。

```java
public class Test {
   ......
   void method_1( ) {
      Figure aFigure;
      ......
      double area = aFigure.area( );
      ......
   }
}
```

应用程序中可直接向类 Figure 的引用 aFigure 发送消息 area( )。系统在运行时，自动判断引用 aFigure 所指向的对象的类型，并根据该对象的类型自动匹配并调用相应的类的方法，如 Circle、Rectangle、Triangle、Ellipse 类的方法 area( )。这个过程是在运行时动态完成的，而不是在编译时静态完成的。这种在运行时相应的方法实现版本的机制称为动态绑定（Dynamic Binding）。

显然，利用面向对象范型中的覆盖机制可以实现多态，进而能够支持动态绑定。另外，利用面向对象范型中的重载机制和接口机制也都可以实现多态，并支持动态绑定。

4.7.2　利用重载实现多态

面向对象语言允许一个类中多个方法拥有相同的名称，只要其参数的个数、顺序或类型不同即可，也就是说一个方法可以有多个版本；在调用该方法时，系统根据参数自动匹配和调用相应的版本，这称为重载（Overloading）。

例如，利用 Java 语言定义类 MyAbs，该类中有多个方法实现取绝对值，这些取绝对值函数的名称都是 abs( )，它们之间的区别是参数不同。其实现代码如下。

```
public class MyAbs {
    ……
    static double abs (double d) { …… }
    static float abs (float f) { …… }
    static int abs (int i) { …… }
    static long abs (long lng) { …… }
    ……
}
```

应用部分的代码可能如下。

```
public class Test {
    public static void main (String args[]) {
        int a = -8;
        double d = -100;
        float f = -90;
        System.out.println (MyAbs.abs(a));
        System.out.println (MyAbs.abs(d));
        System.out.println (MyAbs.abs(f));
    }
}
```

对于程序员来说，只管这样应用 MyAbs.abs( )即可，至于如何匹配取绝对值方法 abs( )的相应版本则由系统去处理。因此，这样极大地降低了程序员的工作难度，而且也规避了可能的人为错误。

4.7.3　利用接口实现多态

对于各种图形计算面积的案例，也可以利用面向对象范型中的接口机制来实现：先定义一个接口 Figure，该接口声明方法 area( )，众多图形类声明实现该接口，那么这些图形类都需要定义其对方法 area( )的实现。这样，方法 area( )也是有了多个实现版本，实现了多态。

例如，利用接口机制实现取图形面积的 Java 代码如下。

```java
public interface Figure {
    double area( );
    double perimeter( );
    ......
}
public class Circle implements Figure {
    double radius;
    public double area( ) { ...... }
    public double perimeter( ) { ...... }
}
public class Rectangle implements Figure {
    double length, width;
    public double area( ) { ...... }
    public double perimeter( ) { ...... }
}
public class Triangle implements Figure {
    double a, b, c;
    public double area( ) { ...... }
    public double perimeter( ) { ...... }
}
public class Ellipse implements Figure {
    double a, b;
    public double area( ) { ...... }
    public double perimeter( ) { ...... }
}
```

应用部分的代码如下。

```java
public class Test{
    ......
    void method_1( ){
        ......
        Figure aFigure;
        ......
        double area = aFigure.area( );
        double perimeter = aFigure. perimeter ( );
        ......
    }
}
```

面向对象范型中的覆盖、重载和接口机制，也都可实现多态，而多态使得动态绑定成为可能。多态和动态绑定使程序员写代码更容易、程序更灵活；但多态和动态绑定在带来这些便利的同时，也会造成一些麻烦。

（1）通常不太可能在编译阶段确定运行时会调用哪个特定的多态方法；相应地，也很难调试，很难找出程序失败的原因。

（2）多态和动态绑定对可维护性具有消极影响。做维护的程序员的首要任务通常是努力理解产品。然而，如果一个特定的方法有多种可能性，那么理解相应的代码将非常费力。在代码的某个特定位置，程序员必须考虑动态调用的所有可能的方法，这是一个有难度、耗时的任务。

4.8　面向对象范型

面向对象范型&
软件工程&UML

1975 年以前，大多数软件组织都不使用专门的技术，每个成员都以其自己的方式工作。随着结构化技术、传统范型的发展，1975～1985年间，这种情况发生了突破性的变化，整个团队及相关成员都遵循传统范型来开发目标软件系统。构成传统范型的技术包括结构化系统分析、设计和实现，这些技术在应用的前期似乎有较好的前景。然而，随着时间的推移，它们被证明在以下两方面存在缺陷。

（1）传统范型无法应付规模逐渐增大的软件产品

传统技术适合处理较小规模的软件系统（代码规模一般为 5000 行）或代码长度为 50000行的中等规模的一般性软件。然而，现在的软件系统远远超出这个规模，一个软件系统包括百万行甚至更多行的代码也是司空见惯的。但传统技术常常无法有效地按比例倍增其功能，无法处理现在的大型软件开发。

（2）传统范型无法满足用户对软件交付后维护的期望

传统的结构化范型有两种方式看待每个软件产品：一种是只考虑数据，包括局部变量和全局变量、参数、动态数据结构和文件，即面向数据；另一种是只考虑在数据上执行的操作，如过程和函数，即面向操作。面向操作的技术主要考虑产品的操作，数据是次要的，只在已经深入分析了产品操作之后才会考虑数据。相反地，面向数据的技术强调产品的数据，只在数据框架内对操作进行检查。

无论是面向数据的技术还是面向操作的技术，它们都有的基本缺点是：将数据和操作分开考虑，偏重于其中某一方。数据和操作是软件不可分割的两个方面，如果数据与任何操作都无关，则该数据毫无用处；同样，与数据无关的操作也毫无意义。因此，片面强调任何一方都有所偏颇，都不利于获得一个设计良好的软件系统，不利于日后的维护。

传统技术要么是面向操作的，要么是面向数据的，而不是面向两者，这一点正是传统范型受限的主要原因。相反，面向对象范型（Object-Oriented Paradigm）则将数据和操作视为同等重要。一个对象就是一个包括数据（即属性）及对这些属性进行操作的统一体。

我们以图书馆借书、还书、续借图书、预约图书业务为例，来讲解面向对象范型如何优越于传统范型。

首先，如果用传统范型来解决这些业务功能，最直接、最自然的思路就是将这 4 个业务功能分别定义成一个函数：borrow_book( )、return_book ( )、renew_book ( )和 reserve_book ( )。借书、还书、续借图书和预约图书这些业务功能的实现逻辑中都涉及图书的状态数据，也就是说，borrow_book( )、return_book ( )、renew_book ( )和 reserve_book ( )这 4 个函数都需要对某图书对象的属性 bookStatus 进行操作，这样这 4 个函数都需要访问相同的数据——图书状态 bookStatus，如图 4.28 所示。这样就要求数据图书状态 bookStatus 对这 4 个函数都是可见的，这就意味着图书状态 bookStatus 是暴露的，会导致严重的内容耦合或公共耦合，是非常危险的。

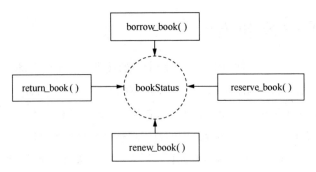

图 4.28   结构化的图书业务实现

在面向对象系统中，每一本图书都是一个对象。每一个对象都有图书状态 bookStatus 等属性，同时还有借书 borrow_book、还书 return_book、续借图书 renew_book 和预约图书 reserve_book 等操作即方法，这些方法能够对图书状态等属性进行访问和处理。

数据封装机制使得一个图书对象能够在一个软件单元中将其数据即属性及对该属性进行的操作结合在一起。如果发生借书业务，则系统中的一个对象向该图书对象发送一条消息 borrow( )即可，因为该本图书的状态 bookStatus 就是该图书对象的一个属性，所以该图书对象的内部方法 borrow( )就能够非常方便、安全和高效地访问该图书对象的状态，从而实现借书功能。如图 4.29 所示，信息隐藏机制使得图书对象的数据及这几个方法的实现细节对外部是不可见的，其他对象即其他模块也完全没有必要知道图书对象内部的实现细节，只需向该图书对象发送借书消息 borrow( )、还书消息 return( )、续借消息 renew( )、预约消息 reserve( )即可分别实现借书、还书、续借图书、预约图书业务功能。

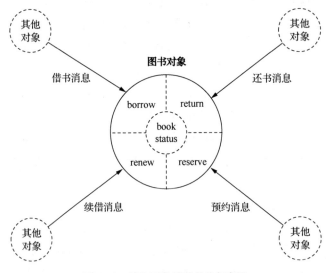

图 4.29   面向对象的图书业务实现

数据封装和信息隐藏使得实现细节局限于对象内部，这样带来了面向对象范型的以下众多优势。

102

（1）面向对象范型使得软件开发变得容易，因为面向对象软件系统很大程度上就是对现实世界的真实对应。例如，网上购物系统中的商品、订单等对象对应现实中的商品实体和订单实体，图书馆管理信息系统中的图书对象对应现实中的书籍，教学管理信息系统中的学生和课程对应现实世界中的学生个体和各门课程。

（2）设计良好的对象是一个相对独立的单元。对象由数据（即属性）和属性上的操作（即方法）共同组成。如果对一个对象的属性进行的所有操作都包含在该对象中，我们就可以把该对象视为一个相对较为独立的实体。

（3）面向对象编程语言支持模块的信息性内聚，从而使封装和信息隐藏成为可能，使得对象不仅是一个概念上独立的实体，同时也是一个物理上独立的实体。这使得面向对象的软件系统能够具有比传统范型的软件系统更高的内聚和更低的耦合及更高的安全性。

（4）在一个设计良好的对象中，信息隐藏确保实现细节对外部是不可见的，外界只能以发送消息的方式与之进行交互来获得其需要的结果，而如何执行操作、如何实现则完全是接收消息的对象自身的职责。这种设计也称为职责驱动设计（Responsibility-Driven Design）或契约式设计（Design by Contract）。因此能够更好地做到错误隔离。

（5）职责驱动设计使得对面向对象软件系统的维护变得容易且快速，因为对对象的实现细节的维护只局部于对象内部，而无须修改软件系统的其他部分，所以能够减少回归错误（Regressive Fault）。回归错误是指修改软件某部分时给明显无关的其他部分带来的错误。

（6）因为对象是独立的实体，更加易于应用到其他的软件系统，因此面向对象范型提高了软件的重用性，从而降低软件开发和维护的时间与成本。

（7）使用传统范型构造的软件系统有时包含一组模块，但在概念上，其实质还是一个单一的单元，这也是传统范型应用于构建大型软件系统不甚成功的原因之一。相反，如果正确使用面向对象范型，得到的软件系统会包括一些较小的、但独立性较高的单元。

面向对象范型降低了软件系统的复杂度，从而简化了软件开发和维护过程。但也要认识到面向对象范型的优势是建立在对其正确使用的基础上。做软件开发要有工匠精神，这体现在软件开发过程中的各个阶段和每个细节上。

4.9　面向对象软件工程

在传统范型的软件生命周期中，在分析（规格说明）阶段和设计阶段之间总有一个很大的转变。毕竟，分析阶段的目的是确定产品做什么，而设计阶段的目的是确定怎么做。这称为传统软件工程。

而在面向对象范型的软件生命周期中，在分析阶段就将对象/类提取出来，在设计阶段对其进行面向对象设计，在实现阶段对其进行面向对象实现。这样，面向对象软件工程中各个阶段工作之间的转变比传统软件工程平缓得多，从而能够减少了开发中引入的错误数量。

面向对象软件工程与传统软件工程的对比如表 4.2 所示。

表 4.2　面向对象软件工程与传统软件工程的对比

传统软件工程	面向对象软件工程
1. 需求	1. 需求
2. 分析	2. 面向对象分析
3. 设计	3. 面向对象设计
4. 实现	4. 面向对象实现
5. 交付后维护	5. 交付后维护
6. 退役	6. 退役

对象

4.10　统一建模语言与工具

20 世纪 80 年代末、90 年代初，快速涌现出了大量的面向对象思想与方法，各组织、各公司都提出了各自的建模技术，呈现出一派百家争鸣的积极景象。其中，知名的有Rumbaugh 等人于 1991 年提出的 Object Modeling Technique、Booch 等人于 1994 年提出的Booch 方法、Jacobson 等人于 1992 年提出的面向对象软件工程。

但是各家的标准不统一也造成了很多麻烦，亟须统一规范。于是业界主要基于上面这3 个流派，对这些建模技术进行了统一，形成了统一建模语言（Unified Modeling Language，UML）。UML 的设计目标是提供一种适用于所有面向对象方法的建模语言。

UML 1.0 版本诞生于 1997 年 1 月，之后陆续于 1997 年 9 月诞生了 UML 1.1，于 1999年 6 月诞生了 UML 1.3，于 2001 年 9 月诞生了 UML 1.4，于 2003 年 3 月诞生了 UML 1.5，于 2005 年诞生了 UML 2.0 版本。UML 发展史如图 4.30 所示。

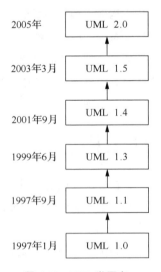

图 4.30　UML 发展史

UML 主要建模技术包括用例图、类图（分为初始类图、详细类图）、交互图（包括顺序图、协作图）、状态图、活动图等。其关系如图 4.31 所示。

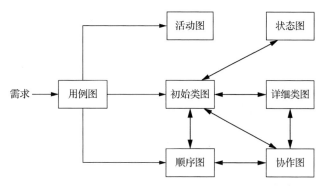

图 4.31　几种 UML 图之间的关系

UML 是用来分析和设计目标软件产品的工具。UML 图作为一种图形表示方式，比单纯的文字表述更便于开发方内部、开发方与客户方之间更快速和准确的沟通。

 要点

- 软件系统应该和计算机硬件系统一样，由一些模块组合而成。
- 模块内聚按照内聚性从低到高，分别是偶然性内聚、逻辑性内聚、时间性内聚、过程性内聚、通信性内聚、功能性内聚和信息性内聚。
- 模块之间的耦合按照从强到弱，分别为内容耦合、公共耦合、控制耦合、印记耦合和数据耦合。
- 良好的软件设计应该做到高内聚、低耦合。
- 信息性内聚使数据封装和信息隐藏成为可能，使得实现细节局限于对象内部，这能够带来面向对象范型的多种优势。
- 面向对象语言提供了数据封装与信息隐藏的实现机制，类内部的属性及方法的访问控制从低到高为 public、protected、default、private。
- 类之间的关系大致可以分为三大类：继承、聚合和关联。
- 面向对象机制中的覆盖、重载和接口都支持多态，而多态使动态绑定成为可能。但多态和动态绑定同时带来便利和麻烦。
- 面向对象范型优越于传统范型，催生了面向对象软件工程。
- UML 是一种适用于所有面向对象方法的建模语言。

习题

选择题

1. 好的软件设计，模块应该是＿＿＿＿＿＿。

　　A. 低内聚、高耦合　　　　　　　　　　B. 低内聚、低耦合

C．高内聚、低耦合　　　　　　　D．高内聚、高耦合

2．以下几种耦合中，哪种耦合的强度最高？＿＿＿＿＿＿

    A．数据耦合　　　B．内容耦合　　　C．印记耦合　　　D．控制耦合

3．以下哪个不是模块？＿＿＿＿＿＿

    A．函数　　　　　B．类　　　　　　C．方法　　　　　D．图

4．关于模块的说法，以下哪个是错的？＿＿＿＿＿＿

    A．好的模块设计对于整个软件系统的质量是非常重要的。

    B．模块设计是软件系统设计的一部分。

    C．模块的内聚性与模块之间的耦合度互不相干。

    D．模块是软件系统的组成部分。

5．如果一个模块中的所有动作都必须在同一个时间段内执行，那么也就是说这个模块具有＿＿＿＿＿＿内聚。

    A．时间性　　　　B．过程性　　　　C．通信性　　　　D．逻辑性

6．模块 perimeter_circle 的代码如下所示，该模块具有＿＿＿＿＿＿内聚。

```
double perimeter_circle ( double radius, double Pi ) {
    return 2*Pi*radius ;
}
```

    A．逻辑性　　　　B．过程性　　　　C．功能性　　　　D．信息性

7．类 Circle 的代码如下所示，类 Circle 具有＿＿＿＿＿＿内聚。

```
class Circle {
    double radius;
    double area ( double Pi ) {
        return Pi*radius*radius ;
    }
    double perimeter ( double Pi ) {
        return 2*Pi*radius ;
    }
}
```

    A．逻辑性　　　　B．过程性　　　　C．功能性　　　　D．信息性

8．如果一个模块能够访问另一个模块的内容，则这两个模块之间就是＿＿＿＿＿＿耦合。

    A．内容　　　　　B．公共　　　　　C．控制　　　　　D．数据

9．在如下代码中，模块 A 和模块 Book 之间具有＿＿＿＿＿＿耦合。

    A．内容　　　　　B．公共　　　　　C．控制　　　　　D．数据

```
public class Book {
    ……
    String status;
    ……
}
public class A {
    Book aBook;
    ……
    public void borrow_book ( ) {
```

```
        ......
        aBook.status = "已借出";
        ......
    }
    ......
}
```

10. 如果一个模块向另一个模块传递参数来控制接收方模块的执行流程，则这两个模块之间是_____耦合。

    A. 控制   B. 印记   C. 数据   D. 逻辑

11. 在如下代码中，模块 A 和模块 perimeter_figure 之间具有_____耦合，模块 perimeter_figure 具有_____内聚。

    A. 内容   B. 公共   C. 控制   D. 数据

    E. 逻辑性   F. 过程性   G. 功能性   H. 信息性

```
double A( ) {
    ......
    double area = perimeter_figure( aFlag );
    ......
}
double perimeter_figure ( int flag ) {
    if ( flag == 0 ) { //圆
        ......
    } else if ( flag == 1 ) { //椭圆
        ......
    } else if ( flag == 2 ) { //矩形
        ......
    } else if ( flag == 3 ) { //三角形
        ......
    } else if ( flag == 4 ) { //平行四边形
        ......
    } else if ( flag == 5 ) { //梯形
        ......
    } else { //其他图形
        ......
    }
}
```

12. 如果一个模块向另一个模块传递一个数据结构作为参数，但在后者中，该数据结构中的数据只有一部分数据被利用到，则这两个模块之间是_____耦合。

    A. 控制   B. 印记   C. 数据   D. 逻辑

13. 如果两个模块都能访问相同的全局变量，那么这两个模块之间构成了_____耦合。

    A. 公共   B. 印记   C. 数据   D. 内容

14. 如果一个模块向另一个模块传递的参数是简单数据类型或者复杂数据类型，但数据类型中的数据在被调用模块中都被用到，那么这两个模块之间是_____耦合。

    A. 公共   B. 印记   C. 数据   D. 内容

15. _____不是面向对象语言 Java 中用来定义访问控制的关键字。

    A．public   B．private   C．final   D．protected

16. 以下哪个说法是错误的？_____

    A．面向对象语言支持数据封装与信息隐藏

    B．类是一种抽象数据类型

    C．抽象数据类型就是类

    D．抽象数据类型既支持数据抽象，也支持过程抽象

17. 以下哪个说法是错误的？_____

    A．数据封装是面向对象范型的一个特性

    B．信息隐藏是面向对象范型的一个特性

    C．类支持继承

    D．在任何情况下，隐藏类中的方法的实现细节都是没有意义的

18. 利用继承的策略是_____利用。

    A．适当地   B．尽可能地   C．小心翼翼地   D．随便地

19. 父类与子类之间的关系称为_____关系。

    A．聚合   B．继承   C．关联   D．组合

20. 整体类与部分类之间的关系称为_____关系。

    A．聚合   B．继承   C．关联   D．耦合

21. 以下哪种类之间的关系不需要阶元关系来描述？_____

    A．聚合   B．继承   C．关联   D．组合

22. 以下哪个说法是正确的？_____

    A．胳膊是电子游戏中人物身体的一部分，因此它是类"人物"的子类

    B．课程"软件工程"是"课程"类的一个子类

    C．如果没有恰当地利用继承，继承就会造成麻烦

    D．结构化技术也支持继承

23. _____关系的两个类必须用强动词或动词词组来描述。

    A．聚合   B．继承   C．关联   D．组合

24. UML 是_____的缩写。

    A．Unified Module Language   B．Unified Modeling Language

    C．Universal Module Leveling   D．United Modeling Language

25. 在一个软件系统中，一个方法有多个实现版本，这种机制称为_____。

    A．多态   B．关联   C．面向对象   D．信息隐藏

26. 以下 Java 中的哪种机制不能用来实现多态？_____

    A．Overloading   B．Overriding   C．Interface   D．Multithreading

27. 运行时动态地、而不是编译时静态地激活正确的"方法"，这种机制称为_____。

    A．面向对象   B．继承   C．数据封装   D．动态绑定

28. 以下哪种图不是 UML 图？_____

    A．用例图   B．类图   C．ER 图   D．顺序图

 思考与讨论

1. 功能性内聚与信息性内聚哪种更好？为什么？

2. 请讨论数据封装是否使编程更麻烦。

3. 请讨论信息隐藏是否使编程更麻烦。

4. 数据封装与信息隐藏是一回事吗？请解释。

5. 继承的优势和缺点分别是什么？请举例说明。

6. 使用多态与动态绑定到底是为软件开发和软件维护带来便利还是麻烦？

7. 你认为面向对象范型和传统范型哪种更好？为什么？

 实践

1. 请用代码对 7 种内聚各实现至少一个例子（编程语言不限）。

2. 请用代码对 5 种耦合各实现至少一个例子（编程语言不限）。

3. 请对类之间的继承关系、聚合关系和关联关系各举出两个例子，并画出相应的类图。

4. 实践小组全体成员共同讨论小组项目应该选择哪种范型，传统范型还是面向对象范型？

5

第 5 章　面向对象分析

面向对象分析概要

需求阶段完成需求文档。需求文档是用自然语言书写的，不同的人对于自然语言描述很可能有不同的理解，容易产生二义性、含糊性、不完整性等问题；而且往往有些事情是人类自然语言很难或根本无法描述和表达的。同时，需求文档是用目标软件产品的领域语言和领域术语来描述和表达的，因此需求文档对于设计师、程序员、测试人员等开发人员来说，有隔行的困难，较难阅读、较难理解。所以，很难直接基于需求文档进行下一步的系统设计工作。需要在需求和系统设计之间搭建起一座"桥梁"，把用领域术语和语言描述的业务需求用软件的术语和语言来描述，这就是规格说明文档（Specification）。分析工作使目标软件产品的需求获得更深刻的理解和分析，使设计和实现能够更容易、更高质量地开展。规格说明文档回答目标软件系统将做什么、将为用户提供什么功能，但并不说明如何实现这些功能。

5.1　分析方法

软件分析方法大体分为结构化分析方法、面向对象分析方法、面向控制分析方法和面向数据分析方法等。限于篇幅，本节将主要从结构化分析方法和面向对象分析方法两方面进行简要的探讨。

1. 结构化分析方法

结构化分析（Structured Analysis，SA）方法是一种单纯的自顶向下逐步求精的功能分解方法。分析员用数据流图（Data Flow Diagram，DFD）表示系统的所有输入/输出，然后反复地对系统求精，每次求精都表示成一个更详细的数据流图，从而建立关于系统的一个数据流图层次。为保存数据流图中的这些信息，使用数据字典来存取相关的定义、结构及目的。

结构化分析方法具有较好的抽象能力，为开发小组找到了一种中间语言，易于软件人员掌握。但它离应用领域尚有一定的距离，难以直接应用领域术语；与软件设计也有一段不小的距离，因而给开发小组的思想交流带来了一定的困难。

2. 面向对象分析方法

面向对象（Object Oriented，OO）方法把分析建立在系统对象及对象间交互的基础之上。面向对象的问题分析模型从 3 个侧面进行描述，即对象模型（对象的静态结构）、动态模型（对象之间的相互作用）和功能模型（数据变换及功能依存关系）。

面向对象分析（Object-Oriented Analysis，OOA）就是运用面向对象方法进行系统分析。面向对象分析是软件过程的一部分、一个阶段，具有一般分析方法所共同具有的内容、目标及策略，但是它强调运用面向对象方法，对问题域和系统责任进行分析与理解，找出描述问题域和系统职责所需要的对象，定义对象的属性、操作及对象之间的关系，目标是建立一个符合问题域、满足用户需求的面向对象模型。

面向对象方法也是从高级到低级、从逻辑到物理（程序编码），逐级细分。每一级抽象都重复对象建模（对象识别）→动态建模（事件识别）→功能建模（操作识别）的过程，直到每一个对象实例在物理上全部实现为止。

面向对象分析对问题域的观察、分析、认识及描述是很直接的。它所采用的概念与问题域中的事物保持了最大程度的一致性，不存在语言上的鸿沟。问题域中有哪些值得考虑的事物，OOA 模型中就有哪些对象，OOA 模型要保留问题域中事物之间关系的原貌。此外，对象、对象的属性与操作的命名都强调与客观事物相一致。

面向对象分析与下一阶段的面向对象设计具有不同的职责。在 OOA 阶段，用面向对象的建模语言对目标软件系统的需求进行建模，并不考虑与系统的具体实现有关的因素（如界面设计、数据库、算法、采用什么编程语言等），从而使 OOA 模型独立于具体的实现。OOD 则是针对系统的具体实现条件，继续运用面向对象的建模语言进行系统设计。

基于上述分析可知，结构化分析方法与面向对象分析方法的区别主要体现在以下两方面。

（1）将系统分解成子系统的方式不同。前者将系统描述成一组交互作用的处理，后者则描述成一组交互作用的对象。

（2）子系统之间交互关系的描述方式不一样。前者功能之间的交互是通过不太精确的数据流来表示的，而后者对象之间通过消息传递交互关系。

因此，面向对象软件分析的结果能更好地刻画现实世界，处理复杂问题，对象比过程更具有稳定性，便于维护与复用。

无论采用哪种分析方法，分析的过程都是深入理解、梳理、明确、表达和验证目标软件产品需求的过程。分析员基于前期获得的需求文档用无二义性的、软件的描述方式及图形符号等表达方法，形成目标软件产品的规格说明文档。规格说明文档明确规定了软件产品必须做什么，以及对软件产品的约束和验收标准。

每个规格说明文档都包含目标产品必须满足的一些约束，包括产品交付时间、交付方式、部署的软/硬件环境要求、产品的运行方式、应用效果等。验收标准是规格说明文档中的另一部分重要内容；从客户和开发者两方面的观点来看，它清晰地给出一系列测试，用它可以向客户表明产品确实满足了需求，而且开发者的工作完成了。

规格说明文档必须正确、完整且详细，因为规格说明文档实际上是开展软件设计时唯一可获得的信息来源。即使客户对需求阶段所有的要求都已经明确了，如果规格说明文档包含一些错误，如不实、不确切、遗漏、矛盾或模糊等，这些错误将不可避免地被带到设计中，设计中的错误也将不可避免地被带到实现中去，最终将获得一个有错误的软件系统。因此，我们需要一种以某种形式描述目标产品的技术，它既要有一定程度的非技术性，能够为客户所理解，又要足够准确，使得在开发结束后交付给客户的产品是没有错误的、满足需求的。

5.2　面向对象分析概要

面向对象分析是对目标软件系统需求的深入、精确的建模，但并不回答如何实现目标软件系统，因此它只针对能够体现和说明业务功能的实体类。实体类的提取包括 3 个迭代和增量式执行的步骤。

（1）用例建模（Use Case Modeling），即功能建模，得到反映目标系统外部与该系统的交互情况的用例图（Use Case Diagram）。（有的软件团队在需求阶段就进行用例建模，这样也是可以的，开发方借助于用例图与客户方确认需求。）

（2）实体类建模（Entity Class Modeling），确定实体类、其属性及它们之间的关系，得到初始类图（Preliminary Class Diagram），也称简单类图。

（3）动态建模（Dynamic Modeling），确定每个实体类的实例的状态、造成状态变化的事件/操作或条件满足，得到状态图（State Diagram）。

5.3　用例建模

用例建模是对软件系统的外部与软件系统之间的交互进行建模，是面向对象分析与设计的起点。用例模型即用例图以用例的形式描述一个软件系统的功能性需求，它包括参与者（Actor）、用例（Use Case）及参与者与用例之间的关系（Relationship）3 个关键要素。

用例建模——
1-2-3

5.3.1 参与者

1. 概念

在进行用例建模时，先要确定与目标软件系统有交互、有关联的系统外部。这些与系统有交互、有关联的系统外部就称为系统的参与者。目标软件系统的使命，就是要为外部现实世界发挥作用，因此它不可避免地与外部即参与者有所交互。这个交互是双向的，参与者可能主动激活并交互系统中的某些业务功能。反之，系统也可能主动向参与者提供某些数据或功能。

显然，从系统外部的视角，容易找出并确定其需要交互的用例，即其所需要的业务功能。这些确定出来的用例即业务功能就是目标软件系统的功能性需求，因此，参与者能够有助于挖掘并确定目标软件系统的功能性需求，从而确定目标软件系统的边界、提供一个更加清晰的目标软件系统的蓝图。而且，因为从一开始就站在参与者的视角来确定目标软件系统的功能性需求，如此能够确保挖掘并确定出来的用例就都是参与者所真正需要的，自然最终设计并开发出来的软件系统将是最终用户所真正需要并期盼的。

参与者是系统外部，因此它不是目标软件系统的一部分，并不需要设计和开发这些参与者。但因为这些参与者与目标软件系统有交互，所以它们是目标软件系统的用例模型的一部分。

目标软件系统可以有多个参与者，每一个参与者就是指一个角色集合，角色是指参与者与软件系统进行交互时所扮演的角色。例如，张三同学、李四同学使用教学管理信息系统查看学生课表、查询成绩、选课等，他们扮演的角色都是"学生"，那么"学生"就是角色集合，"学生"就是参与者；张老师、王老师等老师使用该教学管理信息系统进行录入成绩、查看教师课表等操作，他们扮演的角色是"教师"，那么"教师"就是角色集合，也是参与者。

一个参与者可以主动向系统发出请求，请求系统为其提供某种服务，系统则以某种方式对其做出响应，把相应的结果反馈给该参与者及其他可能的参与者。例如，某学生想查看课表，他激活"查看课表"功能，教学管理信息系统则把课表反馈给该生。

系统也可以主动向参与者发出请求或者反馈数据，参与者对此做出响应。例如，某智能生产管控系统主动把生产操作指令发送给外部设备参与者生产线上的机械臂，该机械臂按照指令执行相应的操作。

一个业务功能的实现也可能需要参与者与系统的多次交互，例如单击按钮、输入数据、勾选备选项等。

2. 表示符号

参与者在用例图中用人形符号（Stickman）来表示，参与者应该有名字即角色名，参与者的名字写在人形符号的下方，如图 5.1 所示。

参与者名

图 5.1　参与者的表示符号

参与者的名字应该是一个领域相关的单数名词，它能准确地反映参与者与目标软件系统进行交互时所扮演的角色。例如，某高校教学管理信息系统的参与者有教师、学生、教学管理人员、系统管理员等，某智能生产管控系统的参与者有传感器、摄像头、机械臂等，某网上商店的参与者有顾客、商家等。

3．参与者的类型

参与者可以是与目标软件系统有交互的任何人、机器设备或与该系统产生交互的其他软件系统。

（1）人

人，即与目标软件系统交互的人员。例如，高校教学管理信息系统中的学生、教师、教学管理人员都是该教学管理信息系统的参与者；网上商店中的顾客、卖家都是该网上商店的参与者，如图 5.2 所示。

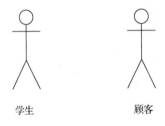

学生　　　　　　　　顾客

图 5.2　人员参与者例子

参与者是人的时候，并不是指具体某一个人，而是指其与系统进行交互时所担当的职责或角色。一个角色可以由多个人来担当，一个人也可以担当多个角色。例如，图书馆管理信息系统的参与者图书馆管理员是由多名图书馆员工来担当的；其中某名员工也可能同时担当图书馆管理员和系统管理员两个角色。

（2）外部设备

外部设备指与目标软件系统相连（包括有线和无线），并向目标软件系统提供数据或其接受目标软件系统的指令而受目标软件系统控制的设备，这样的设备就是目标软件系统的参与者。例如，某高校教学管理信息系统中的成绩单打印设备；与某智能管控系统相关联的传感器、摄像头和机械臂等设备，它们或者向该智能管控系统提供各种数据，如温度、湿度、图像、视频、位置等数据，它们或者接受该智能管控系统发送过来的指令，如向左、向右或向上、向下等指令来进行相应的执行操作，那么它们都是该智能管控系统的参与者，如图 5.3 所示。

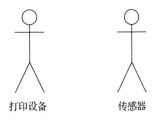

图 5.3 设备参与者例子

（3）外部系统

外部系统指与目标软件系统有关联并有交互、有协作的其他系统。例如，某线上商店系统中并不具有支付功能，而是利用现有的第三方支付系统，那么第三方支付系统相对于该线上商店系统就是一个外部系统，即一个参与者。

再如，某教学管理信息系统中涉及学费收缴业务功能时，与一个外部的收费系统进行交互，由这个外部的收费系统来处理学费缴纳事宜，那么这个收费系统就是该教学管理信息系统的一个参与者。

在用例图中，这种外部系统参与者在名字中标识上 "<<system>>"，以明确表示这是一个外部系统，如图 5.4 所示。

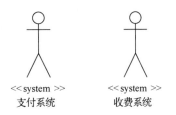

图 5.4 外部系统参与者例子

4. 参与者的识别

识别与确定参与者的最主要依据就是需求文档。需求文档中已经明确了该目标软件系统的用户，这些用户就一定、也必须是该目标软件系统的参与者。同时，分析师也必须对业务情况进行深入分析，挖掘出潜在的、不明显的参与者，如外部设备、其他软件系统等。

再有，也需要考虑到该目标软件系统实施后初始化阶段，系统可能的参与者。大部分软件系统都需要系统管理，通常包括用户管理、角色管理、功能权限管理等功能，一般由系统管理员来进行管理与操作。因此也不能忽略系统运维阶段对系统进行运维管理的系统管理员，这也是一类参与者。

参与者之间可能没有直接的关系，也可能存在一些直接关系，这些内容将在 5.5.5 小节详细讲解。

5.3.2 用例

1．概念

用例（Use Case）是指软件系统在完成某项功能时可能发生的一序列操作。这一序列操作为某个或某些参与者产生特定的结果，也就是为参与者提供了某项功能。软件系统为用例的发生和实现提供了可能，用例可能被某个参与者实例激活，并且可能在用例的完成过程中需要参与者的交互；用例也有可能在系统内由某些条件的满足而激活，并主动向某些参与者推送信息或发送指令。

用例需要有名称，用例名应该是领域相关的强动词或动词词组。各领域都有相应的业务术语。例如，银行管理信息系统中的关键业务术语有"存款（Deposit Funds）""取款（Withdraw Funds）""转账（Transfer Funds）""查询账户余额（Check Balance）"等，它们就是领域相关的强动词或动词词组，因此它们可以作为用例名，但"增加余额""减少余额"就不是领域相关的强动词或动词词组，因此就不能够作为用例名。再如，图书馆管理业务中的关键业务术语有"借书""还书""续借图书""预约图书"等，它们就是非常合适的用例名，而"修改图书的状态""生成一条借书记录"则不是合格的用例名。又如，顾客在网上商店系统中购买商品称为"下订单（Place Order）"，而不是"买东西（Buy Stuff）"，因此相对应的用例名应该为"下订单"。

用例能够体现用户提出的功能性需求，对应一些具体的用户目标。因此，使用用例可以有利于开发方与用户的沟通，从而使用户能够快速、正确地理解目标软件系统的需求。用例从使用系统的角度来表述系统中的功能，也就是站在系统外部参与者的视角来挖掘并确定出系统内部应该提供哪些用例来满足其需求。因此，用例可以帮助开发方和客户方划分系统与外部的界限。

用例能够说明系统做什么，但不能说明如何实现系统。

2．表示符号

在用例图中，用椭圆表示用例，用例名写在椭圆里，如图 5.5 所示。

一些用例的例子，如图 5.6 所示。

图 5.5　用例的表示符号　　　　图 5.6　一些用例的例子

3．识别与确定

用例需要从多个角度、多种渠道来挖掘、识别和确定，如从参与者的角度、情景分析、从系统功能的角度。

（1）从参与者的角度

用例用于描述参与者和系统之间的一系列交互。参与者通常作为交互的发起者，借助软件系统来完成某种任务。参与者是挖掘与确定用例的第一要素。对于所有的参与者，我们都要逐一确定其主要任务是什么：是什么事件或条件引起或激活了参与者与系统的交互，在交互过程中参与者是怎样借助软件系统的服务来完成任务以达到目的的，例如该参与者是否增加或改写什么信息到系统中、从系统中删除什么信息，参与者是否把系统外部的情况通知给系统，参与者是否需要系统内部的变化通知给他等。

以穷举的方式考虑每一个参与者与系统的交互情况，看看每个参与者要求系统为其提供什么功能，以及参与者的每一次交互应该获得系统的什么处理和反馈。以穷举的方式检查用户对系统的功能需求是否能在用例中有所体现。

系统中的一个用例应该至少面向一个参与者或者与其他用例有关系，否则它就没有理由成为一个用例，也就不是该目标软件系统的一部分。

（2）情景分析

一个用例应该完成一个完整的任务，通常应该在一个相对短的时间段内完成。如果一个用例的各部分在间隔一定时间的不同时间段内发生，尤其还是由不同的参与者交互完成的，那么就应该将各部分作为单独的用例来对待。

任何一个用例都必须至少有一个基本流（Basic Flow）。基本流是指该用例成功完成所经历的操作流。例如，图书馆管理信息系统中的用例"借书"，其基本流就是指某借阅者成功借到一个图书对象所经历的一系列操作；再如，银行管理信息系统中的用例"存款"，其基本流就是指某客户成功将一笔某数额的钱款存入其指定的账户中所经历的一系列操作。

除了要考虑基于用例的基本流，还要充分考虑各种可能的可选流（Alternative Flow）。可选流是指一个用例在进行过程中因为某些情况而没有成功完成所经历的其他分支操作流。例如，图书馆管理信息系统中的用例"借书"，如果该图书已经被其他借阅者预约或者该图书不可外借，则当前借阅者无法借该图书，该用例无法成功完成基本流，只能通过另一个可选流而结束。

一个用例可能有多个可选流。

如果不能顺利地确定一个用例的描述，建模人员可使用"角色扮演"方法。该方法要求建模人员深入现场，通过观察业务人员的现场工作，记录具体的工作流程，形成一个用来完成某特定功能的动作/事件序列的情景（Scenario）。在描述一个情景时，还要指出其前驱情景和后继情景，并要考虑可能发生的错误及对错误的处理措施。通过建模人员的角色扮演活动找出多个具体的情景，然后把本质上相同的情景抽象为一个用例，如图 5.7 所示。

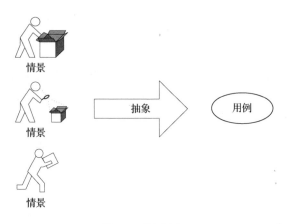

图 5.7　情景抽象

用例的一次执行即形成一个情景，也就是说，一个情景就是一个用例的实例。用例的一次执行所经历的动作序列可能只是用例描述中的一部分。例如，参与者可能没有输入查询条件、没有修改购买商品的默认数量"1"、没有从购物篮中移除所选择的商品等。

（3）从系统功能的角度

有些用例的完成过程是相同的或相似的，如果出现这样的情况，此时需要合并用例或在用例之间建立相应的关系（派生、包含或扩展，将在 5.3.6 小节中详细讲解）。能完成特定功能的一系列事件明确地是一个用例的基本流。一个用例必须有一个基本流，这个基本流是用例的主线，通常会导致其他活动，进而可以识别其他用例。

用例是参与者所参与的一项功能，该项功能应该相对完整、独立，即一个用例应该是某一项功能的完整实现，而不能只是其中的一部分。

确定用例的原则包括以下两个。

① 一个用例不能过大。用例建模不同于传统的分析方法，传统的分析方法是把大的功能逐层分解为多个小的功能，而用例建模并不是把大的用例分解为小的用例，因为用例是不分层的，不能说某用例由若干下一级的较小用例组成。例如不能有类似"管理仓库""管理商店"这样的用例，这些显然过大。

② 一个用例也不能过小。一个用例必须能够完成一个完整的功能，像"单击'提交'按钮""输入密码"等不是用例，因为它们并不能完成某一项功能，而只是完成某一项功能的过程中的一个操作、一个步骤而已。

5.3.3　参与者与用例之间的关系

一个参与者至少要与系统中的一个用例有交互、有关联，否则，它就没有理由作为一个参与者。如果某个/某些参与者与某个/某些用例之间有交互、有关联，即称该/这些参与者与该/这些用例之间存在关系（Relationship），用例的使命就是建模参与者与系统之间的对话。

在用例图中，参与者与用例之间的关系用连接二者的一条无向实线来表示。通常情况下，参与者与用例之间的交互是双向的，即参与者能够主动激活用例，系统也可能主动向参与者推送信息或者要求参与者与用例进行交互。据此，这条连线所表达的含义是双向的；如果两端都画箭头，就干脆不用画箭头了。因此，参与者与用例之间的这条连接线是无向的。

例如网上商店系统，参与者"顾客"下订单的过程中，顾客主动激活用例"下订单"，并向该用例输入各种操作指令和数据，同时该用例也向顾客反馈商品、购物篮和订单的信息。由此可见，参与者"顾客"与用例"下订单"之间的交互是双向的。如图 5.8 所示，用一条无向实线连接参与者"顾客"与用例"下订单"，表示这二者之间有交互、有关联。

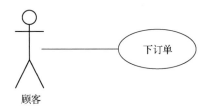

图 5.8　参与者"顾客"与用例"下订单"交互

再如高校图书馆管理信息系统，参与者"借阅者"如果想借某本图书，可以在自助借还书机上主动激活用例"借书"，用例不断向借阅者提示操作，借阅者按照提示进行借书操作。由此可见，参与者"借阅者"与用例"借书"之间的交互是双向的。如图 5.9 所示，用一条无向实线连接参与者"借阅者"与用例"借书"，表示这二者之间有交互、有关联。

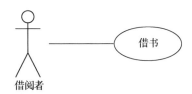

图 5.9　参与者"借阅者"与用例"借书"交互

又如某计算中心设备智能管控系统，其中的用例"采集设备状态"每隔一段时间向参与者"传感器"发送消息，通知它反馈设备状态数据，传感器即向该用例反馈设备状态数据。其用例图如图 5.10 所示。

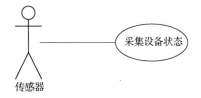

图 5.10　参与者"传感器"与用例"采集设备状态"交互

　　一个参与者可以与多个用例交互，同时，一个用例可以与多个参与者交互。如某高校教学管理信息系统，教师成功登录后，可以提交成绩；学生成功登录后可以查询成绩；教师与学生欲结束与该系统的交互，则需退出。则教师与学生都是参与者，"登录""提交成绩""查询成绩"和"退出"都是用例；教师与学生都与用例"登录""退出"交互，其用例图如图5.11所示。

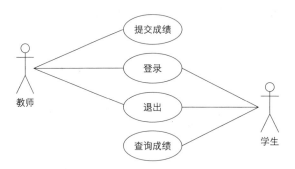

图 5.11　某高校教学管理信息系统部分业务的用例图

5.3.4　用例说明

　　从图5.8～图5.11可以看出，用例图能够非常清晰、非常简明地反映出参与者与用例之间的关系，能够反映出软件系统有哪些功能性需求。但不可否认、不可忽视的是用例图只能描述该目标软件系统有哪些参与者、

用例及其相互之间的关系，却无法体现、无法描述用例内部的执行流程、业务逻辑、数据等细节。而这些细节对于系统分析和设计来说是非常重要、不可或缺的。因此，还应该在用例图的基础上对每个用例都做一个说明，即用例说明（Use Case Specification），来描述各用例内部的执行流程和业务逻辑等细节。用例说明与用例的关系如图5.12所示。

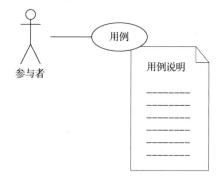

用例建模——
4-5-6

　　用例说明应该包括以下内容。

　　（1）用例名（Use Case Name）：例如，图书馆管理信息系统中的"借书""还书"等。

图 5.12　用例说明与用例的关系

　　（2）用例简述（Brief Description）：指对该用例的简单描述和概括，包括其背景、目的、作用和意义等。

　　（3）参与者（Actor）：列举出参与用例的所有参与者。

　　（4）前置条件（Pre-condition）：指该用例发生所必须具备的条件。例如，某用例的前置条件是与该用例进行交互的参与者已经成功登录。

　　（5）事件流（Flow of Events）：包括基本流与可选流。

① 基本流（Basic Flow）：指该用例正常完成、正常结束的基本事件流，即指参与者与用例之间一步一步的交互，对每一步事件都要进行充分、确切和详细的描述，包括参与者进行什么操作、系统完成什么、反馈什么、涉及哪些实体类等，直至该用例顺利、正常地完成。例如，用例"借书"的基本事件流就是该参与者成功借到一本物理图书。

② 可选流（Alternative Flow）：指该用例非正常完成或非正常终止的事件流。例如，因为该借阅者没有借书的权限或者该本图书不可外借等原因，而造成"借书"用例的非正常终止，这类事件流即为可选事件流。

（6）后置条件（Post-condition）：指该用例发生后所应该产生的结果，如一些数据的生成、删除或状态的转变等。例如，用例"借书"的后置条件：生成一条借书记录、该图书对象的状态变为"已借出"、相应的预约记录被删除（如果有）。

（7）关系（Relationships）：指该用例与其他用例之间可能存在的关系，如派生、包含、扩展（将在 5.3.7 小节详细讲解）。

（8）特殊要求（Special Requirements）：指该用例的完成所需要的特殊要求。例如，在 ATM 系统中，用例"取款"的特殊要求就是 ATM 机中的现金不小于客户拟取款的金额。

对每个用例来说，并不是以上用例说明的每一项都必须有，而是根据实际情况来对相应的项进行说明，其中第 1、2、3、5 项必须有。

以下是某高校图书馆管理信息系统中用例"借书"的用例说明：

◇ 用例名：借书。

◇ 用例简述：借阅者拿着拟借的物理图书，来到自助借还书机前，在借还书机上选择"借书操作"，则该用例被激活；借阅者按照系统提示进行相应的借书操作；用例结束时，借阅者或者成功借到该本图书，或者借书失败。

◇ 参加者：借阅者。

◇ 前置条件：无。

◇ 事件流

 ○ 基本流

  • 1. 借还书机显示器上显示"扫描借书卡"的提示信息，借阅者拿着借书卡在借还书机上进行扫描。

  • 2. 系统验证该借阅者是否合法有效。（如果该借阅者不是在读生、也不是在职教职员工、或者他已借图书的数量已经超过可借数量的上限、或者他还有逾期未归还的图书，那么他就不是合法有效的借阅者、不可以借。否则，该借阅者合法有效。）

  • 3a. 如果该借阅者合法有效，则借还书机显示器提示该借阅者；在借还书机上扫描该本图书的条形码。（每本图书的书脊上贴有一个唯一识别的条形码）

  • 4a. 系统验证该本图书是否可借：如果该图书只供馆内阅读，即不可外借或者已被他人预约，则该借阅者不可以借该本图书；否则，该借阅者可以借该本图书。

- 5a. 如果该本图书可借，则系统中产生一条借书记录，并保存在数据库中。
- 6a. 在系统中，该本图书的状态变为"已借出"。
- 7a. 如果该借阅者有该图书相应的预约记录，则删除该预约记录。
- 8a. 借还书机显示器上提示给该借阅者：借书成功。用例结束，借书成功。

○ 可选流
- 3b. 如果该借阅者不是合法有效的借阅者，则借还书机显示器提示该借阅者：他是无效用户，不能借书。用例结束，借书失败。
- 5b. 如果该本图书不可外借，则借还书机显示器提示该借阅者：该本图书不可外借。用例结束，借书失败。
- 5c. 如果该本图书已被他人预约，则借还书机显示器提示该借阅者：该本图书已被他人预约。用例结束，借书失败。

◇ 后置条件：如果借书成功，则新增的借书记录在系统中永久保存，该图书的状态改变为"已借出"；如果有相应的预约记录，该预约记录被删除。否则，一切都不发生变化。

所以用例建模包括完成用例图和每个用例的用例说明。

5.3.5　参与者之间的关系

一个软件系统可能有多个参与者。这些参与者之间可能没有直接的关系，也可能有直接的关系。可能的关系有：派生关系和代理关系。

1．派生关系

例如，在高校中，大学生要修课程、考试，而大四学生不仅要修课程、考试，还要做毕业设计（简称"毕设"）；但不是所有的大学生都要做毕设，只有大四学生才做毕设。这种业务情况，如果用例图如图 5.13 所示，就有不合理的地方：参与者"大学生"与参与者"大四学生"之间有交集，图中参与者与用例的交互关系有冗余。

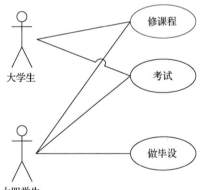

图5.13　改进前的大四学生与大学生用例图

事实上，大四学生与大学生一样，也要修课程、考试，因此是参与者"大学生"派生出的一个子参与者，参与者"大四学生"除了继承父参与者"大学生"与用例"修课程"和"考试"的关系，还可以与其他用例存在其独有的关联，如"做毕设"。据此，改进后的用例图如图 5.14 所示，参与者之间的派生关系（Generalization）用空心三角从子参与者"大四学生"指向父参与者"大学生"。

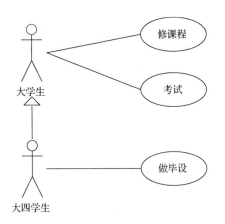

图 5.14　改进后的大四学生与大学生用例图

再如，在网上购物商店系统中，顾客能够浏览商品、下订单，而 VIP 除了能够获得普通顾客的权限外，还能得红包。因此参与者 VIP 是参与者顾客派生出来的子参与者，其用例图如图 5.15 所示。

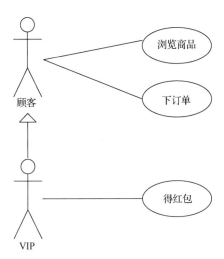

图 5.15　顾客与 VIP 用例图

2．代理关系

在有些业务情况下，虽然的确是参与者 A 与某个或某些用例进行交互，但是参与者 A 与这些用例进行交互是基于参与者 B 的意愿，就是说参与者 A 是受了参与者 B 的代理委托，才与这些用例进行交互的。那么，参与者 A 与参与者 B 之间就构成了代理关系（Agency），参与者 B 是代理请求方，参与者 A 是代理方。

例如，有人绘制的银行管理信息系统中客户用例图，如图 5.16 所示。

我们仔细分析银行客户办理业务的实际情况，发

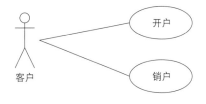

图 5.16　改进前的开户、销户用例图

现实际情况是：银行客户在柜台上要求开户或销户，然后由银行柜台职员来操作开户或销户的具体事宜，因此真正与银行系统中的用例"开户"和"销户"进行交互的参与者是银行柜台职员。但是银行柜台职员不能在没有客户开户或销户的代理请求的情况下就操作用例"开户"或"销户"，他必须在有客户提出开户或销户的代理请求的情况下，才能代理"顾客"与银行系统中的用例"开户"或"销户"进行交互，因此，顾客是代理请求方，银行柜台职员是代理方。

"开户"和"销户"这两个用例的发生必须有客户的请求才能激活，所以顾客也是银行系统的参与者。这样的业务情况，在用例图中用一条从代理请求方指向代理方的有向虚线表示。如图 5.17 所示，参与者之间的代理关系用一条从代理请求方即"客户"指向代理方即"银行柜台职员"的有向虚线表示。

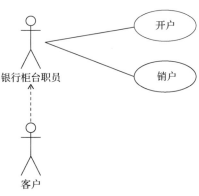

图 5.17　改进后的开户、销户用例图

5.3.6　用例之间的关系

在有些业务情况下，用例之间可能存在关系。可能的关系有：派生关系、包含关系和扩展关系。

1. 派生关系

例如银行管理信息系统，如果客户委托银行柜台职员进行转账，则"转账"是一个用例，如图 5.18 所示。

在深入分析转账这个用例后，发现实际的转账业务分为两种情况：行内转账和行间转账。其中，行内转账发生在该银行管理信息系统内的两个账户之间，因此行内转账在该银行管理信息系统内部就能够得以实现。而行间转账则发生在该银行管理信息系统内的一个账户与其他某银行系统中的某一个账户之间，因此该用例事件流中的一部分事件在该银行系统中

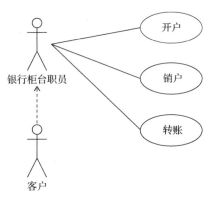

图 5.18　银行客户转账用例图

处理，而另一部分事件则需要跨行业务处理系统（如银联系统）的协助来实现，那么这个与用例"跨行转账"有交互的跨行业务处理系统就是一个参与者。

可见行内转账和行间转账有着各自的，不同的事件流，它们分别是一个用例，但同时它们又都是一种转账，因此它们与用例"转账"之间构成了派生关系（Generalization），用例"转账"是基用例（Base Use Case），用例"行内转账"和"行间转账"是派生用例（Derived Use Case）。这个业务情况的用例图如图 5.19 所示，用例之间的派生关系用空心三角从派生用例"行内转账"和"行间转账"指向基用例"转账"。

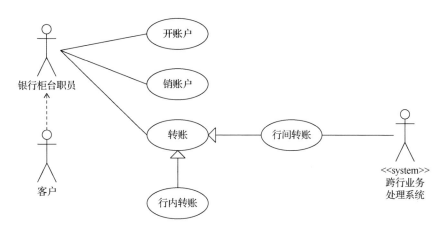

图 5.19　用例之间的派生关系例子

2. 包含关系

有些业务情况下，一个用例的成功包含（Include）另一个用例的成功，那么这两个用例之间就构成了包含关系（Inclusion），前者称为基用例，后者称为包含用例。在用例图中，两个用例之间的包含关系，用一条有向虚线从基用例指向包含用例，并标识"<<include>>"。

例如，在某高校教学管理信息系统中，参与者"学生"在与用例"查询成绩"的交互过程中，将被要求与用例"登录"进行交互；如果学生登录成功、确认了合法身份，则用例"查询成绩"继续；如果登录不成功，则意味着这个参与者不是合法用户，用例"查询成绩"将无法继续，该用例不能成功完成，用例终止；也就是说，用例"查询成绩"的成功需要包含用例"登录"的成功。而另一个用例"浏览通知"则是完全开放的，任何人、任何参与者不需要登录就可以与之进行交互，那么用例"浏览通知"就不需要包含用例"登录"。这也意味着用例"查询成绩"和"浏览通知"都不需要前置条件"已登录"。这个业务情况的用例图如图 5.20 所示。

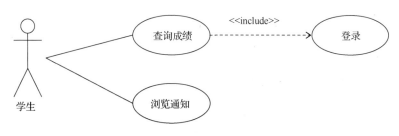

图 5.20　用例之间的包含关系例子

注意，比较图 5.20 所示的用例图与图 5.21 所示的用例图。

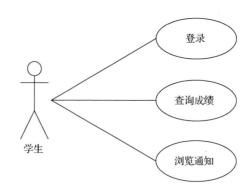

图 5.21　某教学管理信息系统的用例图

二者貌似包括 3 个"相同的"用例，但其实其所表达的业务逻辑是不同的。图 5.21 所示的用例图中没有包含关系，隐含的业务逻辑：用例"登录"不与其他用例直接相关；其他用例的前置条件可能是该学生"已登录"，这一点会在用例说明中有明确的描述。

再如，某软件分析师将一电子邮件系统的用例图画成如图 5.22 所示。

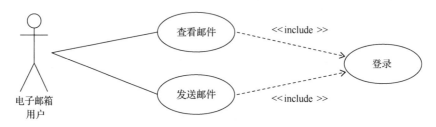

图 5.22　某电子邮件系统的用例图（一）

图 5.22 所示的用例图意味着用户每一次查看邮件或每一次发送邮件都要包含一次用例"登录"的成功。这样当然很不方便，很不现实。事实上，现实中并没有这样的电子邮件系统。

现实中我们使用的电子邮件系统都是如图 5.23 所示的业务情景。电子邮箱用户一旦登录成功，就可以在自己的邮箱中做权限范围内的操作，如查看邮件、发送邮件等，不需要反复登录，也就是说，用例"查看邮件""发送邮件"的前置条件都是该用户"已登录"。

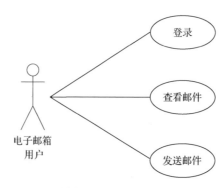

图 5.23　某电子邮件系统的用例图（二）

3. 扩展关系

扩展关系（Extension）中，"扩展用例"必须在"被扩展用例"的某个"扩展点"（Extension Point）上对"被扩展用例"进行扩展（Extend）。"扩展点"是指被扩展用例的某种可能的执行结果。例如，用例"补考"在用例"考试"的结果为"失败"的情况下，对用例"考试"进行扩展，扩展点是考试的一种可能的结果"失败"。

在扩展关系中，用一条有向虚线从扩展用例指向被扩展用例中的某个扩展点，并标识"<<extend>>"，如图 5.24 所示。

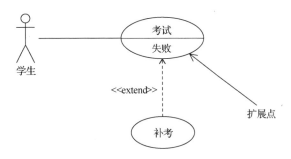

图 5.24　用例之间的扩展关系例子

注：在 UML 1.1 版本的规范说明中，用例之间有使用（Uses）这种关系。在 UML 1.3 以后版本的规范说明中，UML 1.1 版本中的 uses 关系已经取消了。

5.3.7　用例建模的作用

用例模型的可读性、可理解性非常强，几乎所有该目标软件系统的参与人员，包括开发人员和客户，在所有的阶段都需要用到用例模型。

用例建模——7-8

- 无论是项目初期还是开发过程中，开发方都可以利用用例模型与客户方进行沟通、得到客户方的认可，从而确认其是客户所需要的、确认开发工作是在朝着正确的方向前进。
- 系统架构师通过用例模型来识别架构级的关键功能。
- 设计师基于用例模型作为系统设计的基础与愿景。
- 测试人员基于用例模型来设计测试用例。
- 项目经理基于用例模型来制定项目管理计划。
- 文档撰写人员基于用例模型来撰写用户手册。
- 下一个版本的开发人员通过用例模型来理解系统的当前版本。

5.3.8　用例建模案例

1. 高校图书馆管理信息系统

某高校图书馆管理信息系统为全校师生员工提供服务，借阅者即是全校师生员工。借阅者可以在自助借还书机上自助办理借书、还书；而且该系统还向广大借阅者提供 Web 版应用功能，借阅者可以在浏览器上登录该系统、自助办理续借和预约图书（为了教学需要，本节只考虑该系统中的这些功能）。

经开发方与客户方（即该高校）交流、讨论、分析后，确定该系统的这部分业务的参与者是"借阅者"。该参与者与系统可能有的业务操作有：借书、还书、续借图书、预约图书，而且这 4 种业务操作均由借阅者激活，借阅者向系统提供必要的信息，系统内部完成借书、还书、续借图书、预约图书这些业务的处理，因此，借书、还书、续借图书、预约图书是系统内部的 4 个用例。由此，获得如图 5.25 所示的用例图。

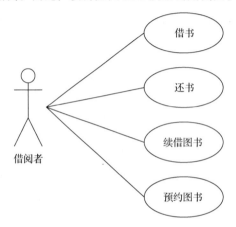

图 5.25　高校图书馆管理信息系统用例图

2．电梯控制系统

本案例是一个电梯控制系统。该系统控制一栋 m 个楼层建筑中的 n 部电梯的移动。具体业务情况如下。

- 每个楼层上有两个按钮，称为楼层按钮，分别表示电梯用户的目标方向：向上和向下；底楼层只有"向上"一个按钮，顶楼层只有"向下"一个按钮。
- 每部电梯内部有 m 个按钮，称为电梯按钮，每个按钮对应一个楼层。
- 当某个楼层按钮或电梯按钮被按下，则该按钮亮；当电梯到达该按钮所代表的楼层，该按钮灭；经过一个计时，电梯门开；再经过一个计时，电梯门关；
- 没有请求时，电梯停留在当前楼层，保持门关。

电梯用户通过与电梯控制系统的交互，向电梯控制系统发出请求，电梯控制系统针对电梯用户的请求为其提供相应的服务；因此电梯用户就是这个电梯控制系统的参与者。

从电梯用户的视角来看，他搭乘电梯从某楼层出发，到达某目标楼层的过程中，需要与电梯控制系统进行两次交互。

（1）电梯用户在某楼层按下楼层按钮，请求电梯来接他。如果目的地在电梯用户当前楼层之上，则电梯用户按"向上"按钮；如果目的地在电梯用户当前楼层之下，则电梯用户按"向下"按钮。

（2）电梯用户进入电梯后，按下代表目标楼层的楼层按钮，请求电梯把他送到目标楼层。例如，如果电梯用户想去 16 楼，他就按下代表 16 楼的按钮。

尽管电梯控制系统内部有着复杂的调度逻辑和算法，但从外部参与者的视角来看，他与电梯控制系统只有这两次交互，且这两次交互都分别有相应的结果产生，这意味着电梯控制系统对外界提供了这两个用例：按电梯按钮和按楼层按钮，因此，电梯控制系统的用例图如图 5.26 所示。

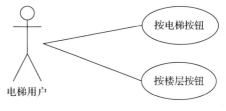

图 5.26　电梯控制系统用例图

3. 某高校教学管理信息系统

本案例为某高校教学管理信息系统，该系统面向全校学生、教师及教学管理人员。经开发方与该高校交流、讨论后，确定了如图 5.27 所示的用例图。

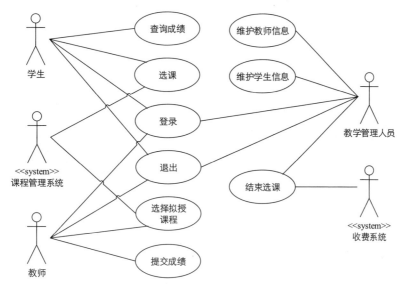

图 5.27　某高校教学管理信息系统用例图

从图 5.27 可见用例图的信息量是很大的，我们从用例图中可以读出很多功能性需求。按照从左至右的顺序阅读图 5.27 所示的用例图，可以获知其反映出的功能性需要有以下几项。

- 该高校教学管理信息系统有 5 个参与者：3 个人员参与者为学生、教师和教学管理人员，2 个外部系统参与者为课程管理系统和收费系统；
- 参与者"学生"与"登录""退出""选课"和"查询成绩"这 4 个用例有关联，表明学生将可以在该系统上进行登录、退出、选课和查询成绩；
- 参与者"教师"与"登录""退出""选择拟授课程""提交成绩"这 4 个用例有关联，表明教师将可以在该系统上进行登录、退出、选择拟授课程和提交成绩；
- 参与者"教学管理人员"与"登录""退出""维护教师信息""维护学生信息""结束选课"这 5 个用例有关联，表明教学管理人员将可以在该系统上进行登录、退出、维护教师信息、维护学生信息和结束选课；

- "选课"和"选择拟授课程"这两个用例均与外部系统参与者"课程管理系统"有关联，意味着本目标软件系统将从外部系统参与者"课程管理系统"获取有关课程的信息，那么本目标软件系统将不需要课程管理功能。

- 用例"结束选课"除了与参与者"教学管理人员"有交互，也与外部系统参与者"收费系统"有关联，这表明用例"结束选课"中包含收学费，且收学费由外部系统参与者"收费系统"来完成，因此外部的"收费系统"是本目标软件系统的参与者。

从这个例子我们可以看出，一个参与者可以与系统中的多个用例有关联、有交互，同时系统中的一个用例也可以面向多个参与者。例如，在高校教学管理信息系统中"学生""教师""教学管理人员"等参与者都与用例"登录""退出"有交互，参与者"学生"除了与用例"登录""退出"有关联，还与"查询成绩单""选课"等用例有交互。

4. 某慕课平台管理信息系统

国内某慕课平台管理信息系统基本业务情况描述如下：（此为教学案例，为了学生学习方便，对业务进行了简化，与实际应用的慕课平台可能有所不同）

国内某慕课平台向广大学员免费提供大量的优质课程资源。课程教师可在该慕课平台管理信息系统上免费注册成为教师用户，注册信息有账号、密码、姓名、所在高校、职称和电子邮箱等；学员可在该系统上免费注册成为学员用户，注册信息有账号、密码、身份证号或学号、就读学校或工作单位、电子邮箱等。已注册的教师登录后可以设置课程，包括课程名称，系统自动生成课程编号；然后教师可以设置该课程新的开课学期，具体信息包括学期开始时间、学期结束时间、课程简介、课程大纲、参考教材等，然后设置课程资源，包括课程教学视频、课程 PPT、单元测试题、作业、论坛论题、结课考试试卷等。教师可以参加论坛讨论，对学员进行辅导和启发。已注册的学员用户登录后可以免费选课、观看课程教学视频、浏览课程 PPT、做单元测试、做作业、参与论坛讨论、参加结课考试，并可查看自己的结课成绩。一个开课学期结束后，教师可以设置下一个开课学期。

对以上的业务描述进行分析，可以推断出：

- 学员和教师显然是该系统的参与者。

- 用例有：注册、登录、退出、选课、观看课程教学视频、浏览课程 PPT、做作业、做单元测试、参加结课考试、查询结课成绩、参与论坛讨论、设置课程、设置开课学期、设置课程资源。

- 学员用户与其中一部分用例有交互：注册、登录、退出、选课、观看课程教学视频、浏览课程 PPT、做作业、做单元测试、参加结课考试、查询结课成绩、参与论坛讨论。

- 教师用户与其中一部分用例有交互：注册、登录、退出、设置课程、设置开课学期、设置课程资源、设置课程教学视频、设置课程 PPT、设置论坛论题、设置作业、设置单元测试题、设置结课考试试卷。

再深入分析，还可以进一步推断出：

- 注册分为两类：教师用户注册和学生用户注册，所以用例"注册"有两个派生用例，即"注册 for 教师"和"注册 for 学员"。
- 课程教学资源分为多种，如课程教学视频、课程 PPT、单元测试题、作业、论坛论题、结课考试试卷等，这些不同种类的课程资源的属性显然是不同的，那么对它们进行设置的业务逻辑和流程也必然不同，因此，对每一种课程资源的设置都是一个用例，那么这些用例都是用例"设置课程教学资源"的派生用例：设置课程教学视频、设置课程 PPT、设置论坛论题、设置作业、设置单元测试题、设置结课考试试卷。

用例图如图 5.28 所示。

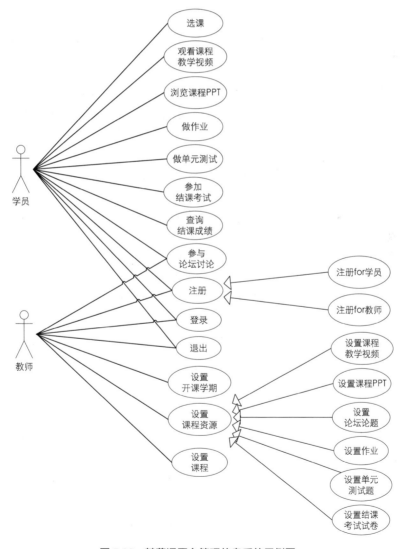

图 5.28　某慕课平台管理信息系统用例图

5.4　类建模

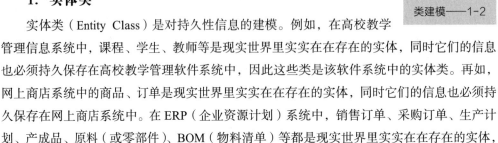

一个面向对象软件系统由实体类、边界类和控制类 3 种类型的类构成。

1．实体类

实体类（Entity Class）是对持久性信息的建模。例如，在高校教学管理信息系统中，课程、学生、教师等是现实世界里实实在在存在的实体，同时它们的信息也必须持久保存在高校教学管理软件系统中，因此这些类是该软件系统中的实体类。再如，网上商店系统中的商品、订单是现实世界里实实在在存在的实体，同时它们的信息也必须持久保存在网上商店系统中。在 ERP（企业资源计划）系统中，销售订单、采购订单、生产计划、产成品、原料（或零部件）、BOM（物料清单）等都是现实世界里实实在在存在的实体，且它们的信息也必须持久保存在系统中，因此这些类也都是该软件系统中的实体类。

2．边界类

目标软件系统有参与者与之进行交互，那么该软件系统必须提供其与参与者进行交互的技术可能，即边界。面向对象软件系统的边界由边界类（Boundary Class）构成。如果参与者是人，则边界就是指用户界面（User Interface）；如果参与者是机器设备或其他系统，则边界即是指系统与外界的接口（Interface）。用户界面由界面类构成，例如登录界面类、查看课表界面类、查看成绩单界面类等；接口由接口类构成，如高校教学管理信息系统与其他系统（如学费收缴系统）之间的接口类、接收传感器传过来的数据的接口类等。

3．控制类

控制类（Control Class）是指对系统框架、系统流程、业务逻辑和复杂的算法进行建模，例如高校教学管理信息系统中的排课控制类、网上购物平台中下订单控制类、智能导航系统中的导航控制类、电梯控制系统中的电梯调度控制类、轧钢厂智能生产管控系统中生产作业调度控制类、某钢铁企业智能料场管理系统中的料流调度控制类等，都是控制类。

面向对象分析阶段进行的类建模（Class Modeling）是对目标软件系统功能性需求的静态建模，它只针对一个软件系统范畴内的实体类及其属性、实体类之间的关系，不考虑与具体实现有关的边界类和控制类。类建模的成果是初始类图（Preliminary Class Diagram），也称简单类图（Simple Class Diagram）。

进行类建模有两种方法：名词抽取和 CRC 卡片。利用名词抽取方法（Noun Extraction）进行类建模将在 5.4.2 小节进行详细讲解。顾名思义，类-职责-协作（Class-Responsibility-Collaboration，CRC）卡片，就是要给每一个类建立这样一个卡片，上面包含该类的职责和与该类有协作关系的类的清单。利用 CRC 卡片方法来识别实体类，要求使用者对应用领域非常熟悉、有相当丰富的经验。因此对于类建模来说，CRC 卡片不算是一种简单易用的方法，但是它是一种对类图进行测试的有效手段。利用 CRC 卡片对初始类图进行测试的内容将在 5.6 节进行详细讲解。

5.4.1 实体类

实体类既在物理上存在于现实世界中，也在逻辑上存在于我们所建立的软件系统中。

我们所处的现实世界本身就是由无数的对象构成的。这些对象有的是实实在在的物理实体，有的是业务实体，有的是组织机构实体等。

此刻你正在阅读的这本书、你正在使用的笔、书桌、笔记本电脑和手机、你此刻所在的教室、你所住的宿舍、你所在学校的校园、你来学校所乘坐的汽车、火车和飞机、你穿戴的各种衣物、你吃的各种食物及机器设备和生产线等，都是实实在在的物理实体。还有，人员和各种动物、植物等有生实体，如张三同学、李四老师、王五教学管理人员、家里养的小猫小狗、校园里的每一棵树、每一株花草等，这些也都是客观存在的物理实体。

你所就读的学校、系、班级及你所加入的学生会、大学生创新创业团队、社会实践小组、话剧社团、篮球俱乐部等，虽然不是物理实体，但它们都是实实在在的组织机构实体。

我们的现实世界中还有一类事物，如订单、机票、课程、课表、成绩单、账户、报账、工资表等，这些的的确确是我们这个现实世界中存在的实体，但又不同于物品、人、动植物等物理实体，它们都是由一些业务逻辑、业务流程而产生的概念性的、逻辑性的业务实体。

无论哪种实体都是一个独立的存在，都是一个对象，因为它们都有自己的属性和行为，它们都在相应的范畴内发挥着自己的职责和作用。

在一些业务范畴内，一些对象有很高的同类性，可以依据其属性和职责而抽象成为类。例如大学生张三、李四、王五等，他们在高校教学管理信息系统这个业务范畴内所具有的属性和作用是相似的，都具有学号、姓名、专业、班级等属性，同时他们也要修课程、查看课表、查看成绩单等。因此这些同学可抽象成一个类"大学生"，大学生张三、李四、王五等就是"大学生"这个类派生出的各个实例即对象，如图 5.29 所示。

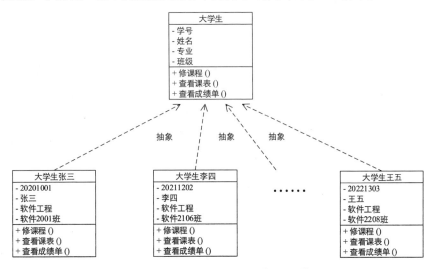

图 5.29　多个学生对象抽象为"大学生"类

再如，某高校开设了众多课程，如高等数学、数值分析、面向对象程序设计、软件工程、数据库、智能优化方法、运筹学、工业大数据分析、大数据技术、图像识别、机械原理、钢铁冶金学、采矿学等。这些课程有很多共性，如都具有课程编号、课程名称、学时、学分、课程性质（必修课/选修课）等属性，这些课程都要被排课算法排入课表中等。因此这些课程可以抽象为一个类"课程"，这些课程都是"课程"这个类派生出的各个实例即对象，如图 5.30 所示。

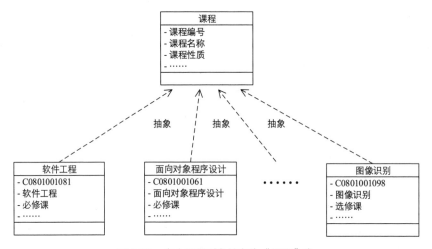

图 5.30　多个课程对象抽象为"课程"类

现实世界中，所有的对象都有着自己的资源即属性，并履行着相应的责任。例如，食堂有厨具、食材、做饭的大师傅，所以食堂能履行为广大师生提供餐食的职责；图书馆有图书，所以我们能够从图书馆借到图书；教室有桌、椅、黑板、多媒体教学设备，所以教室能够供我们从事上课等教学活动。因此，我们这个现实世界能够这样科学、合理、和谐、高效地运转，我们也由此获得了便利的生活、学习、生产的条件。

从某种层面上讲，软件系统就是现实世界在软件世界中的映射。面向对象软件系统中的对象依照业务逻辑，践行着类似于现实世界中对象之间的交互。整个软件系统就是由这些对象基于各自的属性和职责及彼此之间的交互而构成的、能够作为一个整体而运行的系统。面向对象软件系统中包括实体对象、边界对象和控制对象。

软件系统中的对象（Object）是具有明确语义边界的、由一组数据即属性（Attribute），以及在这些属性上的一组操作（Operation），即方法（Method）构成的实体，其属性和方法的实现细节可根据需要进行不同程度的封装和隐藏（见 4.4 节和 4.5 节中讲解的数据封装与信息隐藏）。

在软件程序中，先定义类（Class），然后在运行时根据业务逻辑和业务流程的需要而派生出相应的实例即对象。类是对具有相同属性和操作的一组对象/实例的抽象。在类图中，用矩形表示的类纵向分为 3 个部分，自上而下分别为类名、属性和方法。类中的属性和方法可以根据需要而定义为私有或公有，在类图中分别用"－""＋"来表示私有、公有。

例如，类"图书"的类图如图 5.31 所示。类"图书"的属性有书号、书名、作者、出版社、出版时间、版次，图中属性名前面的"–"表示该属性为私有的，外界不能直接访问该属性。类"图书"的方法有借书、还书、续借、预约，方法名前面的"+"表示该方法对外界的接口为公有的，外界（即其他对象）能够访问这些方法的接口。

如果不考虑一个类的属性和方法，那么相应的部分可以空着。如果目前正在做的分析工作只需考虑类的概念，不需考虑类的内部，那么也可以用一个内部不划分的矩形来表示一个类，矩形中只写类名，如图 5.32 所示。

图书
–书号 –书名 –作者 –出版社 –出版时间 –版次
+ 借书() + 还书() + 续借() + 预约()

图 5.31 类"图书"的类图

图 5.32 几个类的例子

5.4.2 构造初始类图

面向对象分析是对业务逻辑的深入理解、解析，它回答目标软件系统将做什么，而不是怎么做，因此与实现相关的控制类和边界类不在面向对象分析所考虑的范围内，类建模只考虑与业务直接相关的实体类。而且，类建模是对业务情况的静态建模，不考虑实体类中用来体现动态关系的方法，只考虑业务范围内的实体及其属性，因此面向对象分析阶段的类图也称为初始类图或简单类图。

实体类及其对象是业务范畴内的领域概念与实体的对应，是面向对象软件分析、设计与实现都涉及的关键要素。因此，分析阶段对实体类和对象的识别正确与否将直接影响系统后续的开发和软件质量。类是面向对象编程的基本单元，因此类的设计对程序代码产生本质上的影响，具体包括类自身的属性与方法、类之间的关系、类/对象之间消息的传递。这样就要求对类和对象的识别，不仅要符合业务领域中的业务需求和业务逻辑，还要进一步从已有的实体中分析和挖掘出隐藏的、抽象的、演化的类。

类建模的基本步骤包括名词抽取、确定候选类、构造初始类图。

1. 名词抽取

对于面向对象分析阶段的类建模来说，名词抽取就是要从已确定的需求文档和用例模型中识别并确定实体对象，这些对象有助于甄别和抽象出实体类。实体，就其词汇本身而言，一定是名词，而不是其他，例如形容词不可能是一个实体名。如果某动词是实体类，该动词也一定是名词化了的动词，如"考试"。因此，名词抽取，就是指从需求文档和用例模型中抽取出名词。此阶段抽取出来的名词大致可以分为以下几种。

（1）业务领域中的物理实体。是指实实在在的物理实体，如图书、商品、计算机、手

135

机、楼房、汽车、飞机、传感器、机械臂、机器设备等。

（2）业务领域中的概念实体、逻辑实体。其通常指领域名词，如银行账户、订单、课程、课表、成绩单、工资报表、入库单、出库单、采购计划、生产计划等。

（3）业务领域中的动词。有些情况下，业务动词也具有实体的性质。例如，考试本身是一个动词，但在高校教学管理信息系统的考试管理模块中，"考试"本身有属性，如考试科目、考试时间、考试地点、主考教师、考试对象、考试类型（开卷/闭卷）等，而且考试的这些信息需要永久性地保存在系统中，因此"考试"就成为了一个名词化的动词，有成为一个实体类的资格和可能。

（4）用例模型中的参与者。参与者作为系统的外部，在与系统进行交互时，其所扮演的角色的权限在系统中可能需要定义，而且其自身的属性也可能在业务逻辑中发挥作用，因此，参与者也是一类重要的名词，它可能成为潜在的实体类。例如，"学生"是高校教学管理信息系统的参与者，同时学生信息即其属性，如学号、姓名、专业、班级等在系统中是持久保存的，而且学生信息在系统的业务逻辑中发挥作用，如系统内部按照学生的学号来保存和查询成绩、查询课表、打印成绩单等，那么在这种业务情况下，"学生"既是系统的参与者，也是系统中的实体类。

做名词抽取，首先要对目标软件系统做言简意赅的描述，从中抽取名词。本节以国内某慕课平台管理信息系统为案例来讲解如何用名称抽取的方法来构造初始类图。该系统基本业务情况描述如下（该案例的业务需求为教学简化版，与实际慕课平台管理信息系统可能不尽相同。事实上，国内几个主要慕课平台的业务情况也彼此有所不同）。

国内某慕课平台向广大学员免费提供大量的优质课程资源。课程教师可在该慕课平台管理信息系统上免费注册成为教师用户，注册信息有账号、密码、姓名、所在高校、职称和电子邮箱等；学员可在该系统上免费注册成为学员用户，注册信息有账号、密码、身份证号或学号、就读学校或工作单位、电子邮箱等。已注册的教师登录后可以设置课程，包括课程名称，系统自动生成课程编号；然后教师可以设置该课程新的开课学期，具体信息包括学期开始时间、学期结束时间、课程简介、课程大纲、参考教材等，然后设置课程资源，包括课程教学视频、课程PPT、单元测试题、作业、论坛论题、结课考试试卷等。教师可以参加论坛讨论，对学员进行辅导和启发。已注册的学员用户登录后可以免费选课、观看课程教学视频、浏览课程PPT、做单元测试、做作业、参与论坛讨论、参加结课考试，并可查看自己的结课成绩。一个开课学期结束后，教师可以设置下一个开课学期。

其中的名词有国内、慕课、慕课平台、学员、课程、课程资源、教师、慕课平台管理信息系统、用户、慕课平台管理信息系统、注册信息、账号、密码、姓名、所在高校、职称、电子邮箱、身份证号或学号、就读学校或工作单位、课程名称、开课学期、学期开始时间、学期结束时间、课程简介、课程大纲、参考教材、课程资源、课程教学视频、课程PPT、单元测试题、作业、论坛论题、结课考试试卷、结课成绩。

2. 确定候选类

上一节找出的名词有些可能成为候选实体类，有些不可能。现在需要做的是对这些名词逐一筛查、甄别，去掉不能成为候选实体类的名词。

首先，去掉不在业务范畴内的名词。"国内"这个名词在本案例中，是指目标软件系统的运营范围，并不是目标软件系统业务范畴内的名词，因此应该去掉。"慕课平台"和"慕课平台管理信息系统"都是指正在讨论的目标软件系统本身，当然不是目标软件系统内部的实体类；因此这两个名词也应该去掉。

"信息"是泛泛的名词，不能体现具体业务，因此不能成为实体类，应该去掉。"自己"是代词，其本身并不能反映任何业务，在本语境下是指学员，与"学员"这个名词含义上是一样的，所以应该去掉"自己"，而保留更加有实际意义的名词"学员"。

"用户"泛指所有与系统有交互的人员，即"教师""学员"与"用户"。

"教师"和"学员"是该慕课平台系统的参与者，即用户，在本案例中，包括"教师"和"学员"两种用户。教师用户的注册信息有账号、密码、姓名、所在高校、职称和电子邮箱等，学员用户的注册信息有账号、密码、身份证号或学号、就读学校或工作单位、电子邮箱等，而且他们的注册信息在系统中持久性地保存，因此"教师"和"学员"是系统中的实体类。"教师"和"学员"的一些属性，如账号、密码、姓名和电子邮箱等是"用户"的共性，因此，"用户"是系统中的实体类，"教师"和"学员"是"用户"的子类。

"账号、密码、姓名、所在高校、职称、电子邮箱、身份证号或学号、就读学校或工作单位"这几个名词都是教师和学员的属性，在本系统的业务范围内，它们应该作为业务名词保留下来。而"注册信息"只是对这些业务名称的概称，就没有必要保留了。

"慕课""课程""开课学期"是该慕课平台系统的核心业务，慕课平台的使命就是为学员提供可以学习的课程开课学期，所有的业务都是围绕着这一核心而开展的，因此它们应该保留。进一步分析发现，"慕课"与"课程"同指，它们所指的都是慕课平台上所提供的课程，我们保留大家更熟知、更习惯的"课程"。所以，"课程""开课学期"作为核心业务实体保留下来。

课程名称、学期开始时间、学期结束时间、课程简介、课程大纲、参考教材都是对课程开课学期的各种描述，这几个名词应该保留下来。

课程教学视频、单元测试、作业、论坛论题、结课考试试卷都是各种"课程资源"，而课程是由各种"课程资源"构成的，因此，它们都是重要的业务名词，应该保留下来。

结课成绩是学员的与课程相关的重要信息，是重要的业务名词，应该保留下来。

现在剩下的候选类有教师、学员、课程、账号、密码、姓名、所在高校、职称、电子邮箱、身份证号或学号、就读学校或工作单位、课程名称、课程简介、课程大纲、参考教材、开课学期、学期开始时间、学期结束时间、课程资源、课程教学视频、课程 PPT、单元测试、作业、论坛论题、结课考试试卷、结课成绩。

3．构造初始类图

对剩下的名词，即候选类进行审查与分析，即对候选类进行逐一深入分析，找出其属性及其在整个系统、整个业务中所起的作用，来确定其是否最终成为一个实体类、一个属性、或被去掉，以及这些实体类之间的关系，最终构建一个由实体类构成的初始类图。

在慕课平台管理信息系统中，业务主线就是学员选修课程，围绕着这个核心业务，教师要负责设置开课学期和各种课程资源，可见课程是整个慕课平台的业务核心，因此"课程"应该是一个实体类。

开课学期是指课程的教学实践，它由学期开始时间和学期结束时间来描述，因此，"开课学期"具备一个实体类的条件，可以成为一个实体类。

在该慕课平台管理信息系统中，课程与开课学期的概念很相似，仔细分析，我们发现一门课程在慕课平台上的课程编号和课程名称，一旦设置成功，就不必再设置、不再修改了，而每个新开课学期都要设置课程简介、课程大纲、参考教材、学期开始时间和学期结束时间及各种课程资源，可见课程与开课学期不是一回事，但有关联，开课学期继承课程，即课程开课学期是课程的子类。

课程简介、课程大纲、参考教材、学期开始时间和学期结束时间都是一些文字描述，即字符串或日期这类简单数据类型。作为简单类型的数据，它们成为实体类的可能性很小；但是它们显然都是"课程开课学期"的属性。

每个课程开课学期都由大量的课程资源聚合而成，"课程资源"是"课程开课学期"的组成部分，因此"课程资源"是"课程开课学期"类的部分类。有多种课程资源，如课程教学视频、课程 PPT、单元测试、作业、论坛论题、结课测试试卷等，它们也都各自有属性，且它们的数据需要持久性地保存于系统中，因此它们都是实体类，是"课程资源"的子类。这些课程资源的生命依赖于课程开课学期的生命，也就是说，如果课程开课学期不存在了，系统中的这些课程资源在逻辑上将无以依附、将不存在，因此课程开课学期与课程资源之间在逻辑上是组合关系。

深入分析发现，单元测试和结课测试试卷都是由 1 到多个试题聚合而成的，由此挖掘出一个业务实体"试题"，其属性有试题编号、题干、答案。

教师和学员都是该系统的参与者，同时，他们的注册信息都持久性地保存于系统中，而且他们每次登录时，系统都要对他们做身份认证。教师负责在慕课系统中设置课程开课学期和维护课程资源，教师在系统中的开课情况系统都要做持久的保存。学员在慕课系统中，可以观看教学视频和教学 PPT、做作业、做单元测试、参与论坛论题、作答结课考试试卷。学员在系统中的这些学习情况，包括结课成绩等，系统中都有相应的记录。所以主讲教师和学员既是系统的参与者，也是系统内部的实体类。

账号、密码、姓名、电子邮箱显然都是字符串类型的数据，作为单一类型的数据，它们成为实体类的可能性很小，但显然它们是教师或学员的属性。再深入分析发现，教师和学员都是系统用户,他们除了都具有这些相同的属性之外,还有各自的属性,因此,可以提炼出教师和学员的父类"用户",用户的属性有账号、姓名、密码、电子邮箱。子类"教师"还有自己的属性"所在高校"和"职称",子类"学员"还有自己的属性"身份号(身份证号或学号)"和"所在高校或单位"。

据此,基于以上确定的实体类,可以获得该慕课平台管理信息系统的第一个版本的类图,如图 5.33 所示。

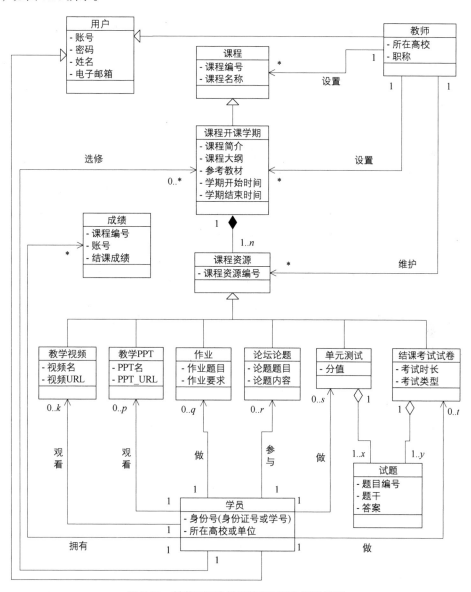

图 5.33 某慕课平台管理信息系统的初始类图

注:因为篇幅有限,该类图中一些类的属性并不全,所以只简略地列出了一部分属性。图中属性名前面的"-"表示该属性是私有的(private)。后续与此相同,不再赘述。

5.4.3 类建模的原则

1. 区别子类与对象

初学者很容易把对象即实例当作子类。例如，很多同学初学时把课程"软件工程""数据结构""数据库""计算机网络"等课程当作"课程"类的子类，如图 5.34 所示。这是不对的，因为各门课程只是课程类派生出的实例，各门课程都有各自的数据，包括课程名、课程编号、课程学时等。

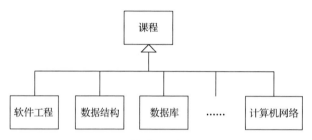

图 5.34　对象作子类的错误类图

"必修课""选修课"等这样的名词可以成为实体类，因为它们不特指某一门课，而是从某一类课程中抽象出来的一类课；如果把"必修课""选修课"考虑为实体类，则它们除了具有"课程"类中的属性之外，还具有各自的特殊属性，因此它们完全可以成为实体类，而且它们与"课程"类之间构成了继承关系，如图 5.35 所示。

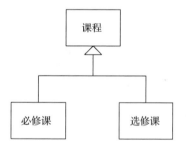

图 5.35　"课程"类图

2. 子类的划分

在一个类图中，某个类的子类的划分规则应该是唯一的，这些子类之间不能有交集。例如，学生、老师、工人等可以同时是"人"的子类，这是以职业为划分子类的规则，这些子类之间没有交集；男人和女人可以是"人"的子类，这是以性别为划分子类的规则，这些二者之间也没有交集。

但如果学生、老师、工人等和男人、女人同时作为"人"的子类出现在类图中，如图 5.36 所示，划分子类的规则不唯一，有时以职业为划分规则，有时以性别为划分规则，这些子类之间就产生了交集，如学生中有男人

图 5.36　子类之间有交集的错误类图

和女人，而男人和女人中都分别有学生、老师、工人等身份的人；这样是不对的。

对图 5.36 的类图进行改进后的类图如图 5.37 所示。

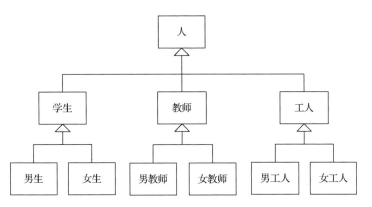

图 5.37　对图 5.36 的改进类图

3．区分组合关系与关联关系

有时，有些情况较难区分聚合关系和关联关系。例如，学生在教室里上课，那么学生与教室是什么关系呢。有的人认为是聚合关系，但事实上教室并不是由学生聚合而成的，学生不是教室固有的组成部分，学生只是使用教室，因此二者的关系是由学生指向教室的"使用"关系，如图 5.38 所示。

图 5.38　学生使用教室类图

教室固有的组成部分有：黑板、书桌、椅子、电灯等，这些是教室的基本构成要素，因此教室与黑板、书桌、椅子、电灯等构成了整体与部分的聚合关系，如图 5.39 所示。

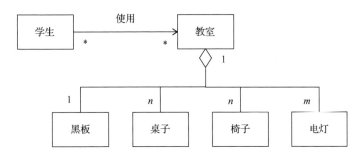

图 5.39　学生使用教室&教室的聚合关系之类图

4．明细问题

在网上商店系统中，订单毫无疑问是实体类，它有订单编号、顾客编号、下单日期、商品编号、单价、数量、订单总价等属性。如果"订单"类及其属性如图 5.40 所示，请分析其是否合理。

图 5.40 "订单"类

当然，分析"订单"类的合理性要从业务情况出发。图 5.40 中"订单"类的属性"商品编号"和"数量"与"订单编号"是一对一的关系，如果业务的确要求一个订单只能购买一种商品，那么图 5.40 中"订单"类的属性设置就是合理的。但如果业务情况是一个订单可以购买多种商品，那么图 5.40 就不合理，因为它无法表达订单与购买的商品种类之间一对多的关系。

经过分析发现，必须使代表商品的商品编号、单价和数量这些属性脱离订单类、独立出来，才能使订单与商品种类之间一对多的关系成为可能。商品编号、单价、商品数量和商品总价等属性足够支撑起另一个类"订单明细"，这样就获得了一个新的类"订单明细"，如图 5.41 所示。

图 5.41 "订单明细"类

订单明细显然是订单的组成部分，没有明细就无以成为订单，因此二者之间是聚合关系，一个订单由至少一个订单明细聚合而成。而且，订单明细的生命依赖于整体类订单，如果订单不存在，则订单明细也不可能存在。因此二者的关系最终确定为组合关系，如图 5.42 所示。

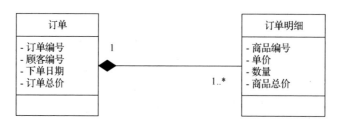

图 5.42 "订单"类与"订单明细"类的组合关系

5. 参与者

参与者是否应该成为实体类？答案是要具体问题具体分析。

例如，电梯控制系统，如果该电梯控制系统是在公共场所使用，就是说除了电梯用户与电梯系统之间有交互之外，系统对用户没有任何要求和业务处理，系统并不对用户进行身份认证，更不需要对用户使用电梯的情况进行记录，也就是电梯用户并不对电梯控制系统内部产生任何持久性的结果，因此，电梯用户不是系统内的实体类。

如果该电梯控制系统是在特殊场所使用，要求电梯的用户使用电梯前做身份认证，或者用户使用电梯情况都要做记录，那么电梯用户就应该是电梯控制系统内的实体类。

6. 分解类

从功能上分析，如果一个类承载了过多的数据或承担了过多、过大的职责，我们可以考虑对它进行分解。例如，高校学生管理信息系统中的"学生"类，它承载的数据非常多，包括学号、姓名、身份证号、照片、籍贯、民族、家庭住址、主要社会关系、教育经历、获奖情况等。其中，主要社会关系的数据指与本人有社会关系的多人的姓名、身份证号、电话、工作单位等，教育经历指包括起止时间、就读学校、学历、证明人等数据的多段教育经历，获奖情况指包括获奖名称、获奖时间、级别、个人、排名等数据的多个奖项，因此，主要社会关系、教育经历、获奖情况应该分别作为一个类，且它们应该是"学生"类的部分类，与"学生"类构成组合关系，如图 5.43 所示。

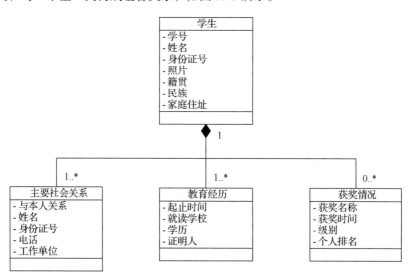

图 5.43　"学生"类与其他类之间的组合关系

5.4.4　类建模案例

1. 电梯控制系统

下面以某电梯控制系统为例来介绍类建模。

类建模——4-案例

本案例为某目标电梯控制系统。该系统具体的业务情况如下。

- 该电梯控制系统将控制一栋 m 个楼层的楼房里的 n 部电梯的移动。
- 每个楼层上有 2 个按钮，称为楼层按钮，分别表示电梯用户的目标方向：向上和向下；最底楼层只有"向上"一个按钮，最顶楼层只有"向下"一个按钮。
- 每部电梯内部有 m 个按钮，称为电梯按钮，每个按钮对应一个楼层。
- 当某个楼层按钮或电梯按钮被按下时，则该按钮亮；当电梯到达该按钮所代表的楼层时，该按钮灭；经过一个计时，电梯门开；再经过一个计时，电梯门关。
- 当没有按钮被按下，即没有请求时，电梯停留在当前楼层，保持门关状态。

对这个案例采用名词抽取的方法进行类建模。

首先，抽取其中的名词：电梯、系统、楼层、楼房、移动、电梯按钮、楼层按钮、按钮、电梯用户、电梯门、请求。

然后，找出候选类：这些名词中，"移动""请求"都是抽象名词，或许它们可能是其他类的属性，但它们自身不是类。"楼层"和"楼房"不在电梯控制系统的范畴之内，因此可以忽略。而"系统"是指电梯控制系统本身，因此它不可能是电梯控制系统内部的实体类。"电梯用户"是电梯控制系统外部的参与者，系统内部并不需要参与者的个人信息，因此"电梯用户"不是目标软件系统内部的实体类。

现在剩下的候选类有：电梯、按钮、楼层按钮、电梯按钮和电梯门。这样我们一共找到 5 个实体类：电梯、按钮、楼层按钮、电梯按钮和电梯门。

每部电梯中有 m 个电梯按钮，分别代表 m 个楼层；每个楼层均有 2 个楼层按钮，各代表"向上"和"向下"，其中底层只有一个"向上"按钮，顶层只有一个"向下"按钮。因此这些按钮应该有按钮编号，以便区分它们。按钮被按下就会亮，按钮所代表的请求被满足则该按钮灭，所以按钮有"亮"和"灭"两种状态，按钮有"亮否"这个属性。显然，楼层按钮和电梯按钮都是按钮，所以楼层按钮和电梯按钮是按钮的两个子类。

电梯控制系统有 n 部电梯，系统对这些电梯进行调度与控制，因此电梯类应该有属性"编号"，以便识别。如果目标楼层在该部电梯当前楼层之上，则该部电梯向上移动；如果目标楼层在该部电梯当前楼层之下，则该部电梯向下移动；如果该部电梯到达目标楼层，则该部电梯停止；如果没有其他的或新的请求，则该部电梯进入闲置状态。同样地，电梯与这些按钮之间也有通信：如果按钮被按下，它就会把这个信息发送给电梯；反之，电梯如果到达了目的地，它就向按钮发送信息告知请求已经完成，则按钮就熄灭。电梯与这些电梯门之间也有通信，这些通信决定电梯门的开和关。

一部电梯分别对应 m 个电梯按钮和 1 个电梯门。另外，每个楼层有两个楼层按钮，但顶楼层和底楼层分别只有 1 个楼层按钮，因此每部电梯对应 $2m-2$ 个楼层按钮。

据此，获得如图 5.44 所示的电梯控制系统第一次迭代的初始类图。

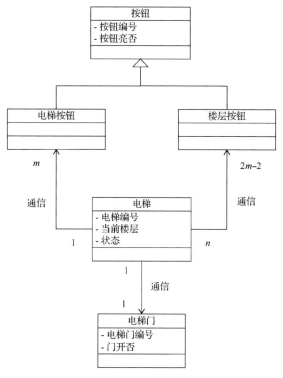

图 5.44　某电梯控制系统第一次迭代的初始类图

再进一步分析，发现图 5.44 有不合理之处：电梯、按钮和电梯门之间并不能直接对话，因为电梯本身只是一个载人载物的容器，它没有能力和智慧来与按钮和电梯门进行通信、决定并指挥这些按钮和电梯门的行动。而且这多部电梯和众多的按钮、电梯门是需要统一调度与控制的，因此，应该有一个实体来承担统一调度与控制这些电梯、按钮和电梯门的这个职责，这个实体就是电梯控制器。业务描述中没有提到电梯控制器，但经过分析，确定电梯控制系统中一定有电梯控制器这样一个实体（它或者是一个电路板，或者是一台计算机）。所以在图 5.44 中，我们应该补充上这个类"电梯控制器"，它的使命就是控制电梯、按钮和电梯门。电梯控制系统第二次迭代的初始类图如图 5.45 所示。

2. 高校图书馆管理信息系统

下面基于 5.3.8 节某高校图书馆管理信息系统用例模型所针对的业务进行类建模。以下是对这部分业务的描述：

某高校图书馆管理信息系统为全校师生员工提供服务，全校师生员工都是借阅者。身份验证合格的借阅者可以在自助借还书机上自助办理借书、还书，而且借阅者也可以在 Web 浏览器上登录图书馆管理信息系统，并可以进行自助续借图书和自助预约图书。借一本书或续借一本书都在系统中生成一条借书记录并永久保存。预约图书则在系统中生成一条预约记录并保存在系统中，如果预约时间超过 48 小时或在 48 小时内被预约者借出，则该预约记录被删除。系统也永久记录借阅者实际还书时间。每名借阅者最多可以持有 15 本在借图书。

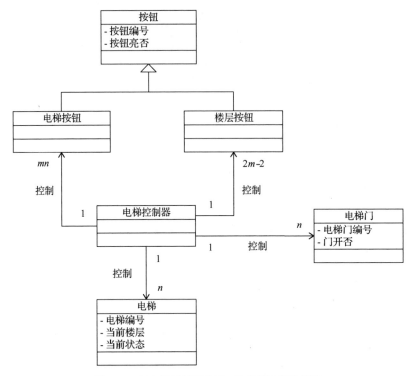

图 5.45　某电梯控制系统第二次迭代的初始类图

首先，抽取其中的名词：高校、图书馆管理信息系统、全校、师生员工、借阅者、自助借还书机、系统、Web 浏览器、图书、书、借书记录、预约记录、48 小时、实际还书时间。

然后，从中找出候选类：

这些名词中，"高校""全校"都是指某高校，是该图书馆管理信息系统的客户单位，显然不是该管理信息系统内部的实体，因此它们不是候选类。

"图书馆管理信息系统""系统"就是指目标软件系统，即该图书馆管理信息系统本身，因此它们不是候选类。

"Web 浏览器"是系统的运行环境，它不在图书馆管理信息系统的范畴之内，因此可以忽略。

"48 小时"是一个具体数值，不可能成为一个类。"实际还书时间"是具体的业务数据，是单一数据类型，不具备成为一个实体类的资格，但它有可能是其他类的属性。

"师生员工"就是图书管理信息系统中的借阅者，是该系统的参与者，如图 5.25 所示。同时借阅者的信息在系统中持久保存，而且一些业务的处理需要对用户进行身份识别与验证等，因此"借阅者"应该是候选类。

自助借还书机在图书馆管理的业务范围内，它就是为图书借阅管理而生的，因此它是候选类。

"图书"是现实中实实在在的物理实体，是图书馆管理信息系统的业务核心。图书馆管理信息系统内永久保存图书馆所有图书的信息，在系统运行时，根据需要，相应的图书会实例化成图书对象。因此"图书"毫无疑问是一个实体类。

"书"与"图书"的概念完全相同，是一回事，因此将它们合二为一，称为"图书"。

"借书记录""预约记录"是与图书借阅管理直接相关的业务实体，它们承载着重要的、丰富的业务数据，因此它们是候选类。

这样我们现在找到的候选类有：借阅者、自助借还书机、图书、借书记录、预约记录。

借阅者能够借、还、续借、预约图书，因此二者之间的关系为"借/还/续借/预约"。本案例中每名借阅者能够借出图书的数量上限是 15，当然借阅者一本书也没借是没问题的，所以借阅者与图书之间的阶元关系是 1 : 0..15。每名借阅者可以有*条借书记录和*条还书记录。

借阅者能够操作自助借还书机，因此二者之间的关系是"操作"。

自助借还书机能够扫码图书，因此二者之间的关系是"扫码"。

据此，获得如图 5.46 所示的高校图书馆管理信息系统第一次迭代的初始类图。

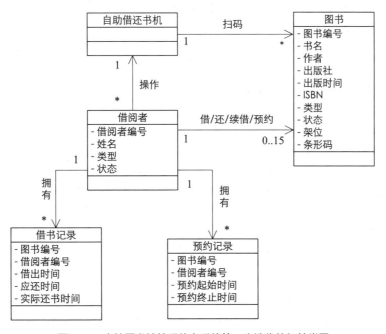

图 5.46　高校图书馆管理信息系统第一次迭代的初始类图

5.5　动态建模

动态建模

现实世界中的任何一个对象都有一个生命历程，任何一个对象都要经历从诞生、发展到消亡这样一个生命周期，如一个人、一只猫、一株植物、一辆车、一栋房子等，都经历诞生、成长、衰老和死亡的生命过程。例如，我们求学过程中曾经所在的班级，从我们入学与同学们一起组成一个班级而诞生，我们毕业后，该班级就不是一个客观存在了。再如，我们网上购物时，下订单后，则产生一条订单，一个逻辑实体，然后该订单将经历已支付、已发货、已到达、已收货、已确认等状态，直至订单结束，则该订单的生命结束。

类图是软件系统的静态模型，它描述了类承载的数据及其责任、确定了类之间的关系。但类图无法对系统的动态行为和状态进行描述，也就是说它无法描述系统中的对象的生成与消亡、对象的状态及其转变、各种事件和条件等。因此，静态模型不能全面描述业务需求。所以在面向对象软件分析过程中，对业务除了要做静态分析，还要做动态分析。

如果系统中的某些对象满足以下条件，则需要对该对象的生命周期进行建模，即需要对这些对象抽象出的类做动态建模（Dynamic Modeling），获得该类的状态图（State Diagram）。

- 该对象的生命历程中经历了至少两种状态。
- 这些状态之间可以单向或双向转变。
- 状态的转变是因为某些事件的发生，或者是因为某些条件的满足而产生的。

状态图是对类图的补充。不是所有的类都需要做状态图，只有该类的对象在整个业务流程中有多种可能的状态且可能从一种状态转变为另一种状态，才有必要做动态建模，获得该类的状态图。

5.5.1 状态图

状态图用于描述一个对象在其生命周期内所有可能的状态，以及引起状态改变的事件或条件。状态图的目的是通过描述某个对象的状态和引起状态转变的事件或条件来描述对象的行为特征。状态图由一系列状态、事件、条件及状态间的转变共同构成，它在检查、调试和描述类的动态行为时非常有用。

1. 状态

在 UML 状态图中，状态（State）是指对象在其生命周期中满足某一条件、进行某种活动、等待某一事件的条件或状况。

状态，通常由该类的一个属性来标识；该属性值的变化意味着状态的转变；反之，状态转变了，属性值也必须随之而变。例如，图书馆管理信息系统中，每一本图书可能的状态有"在架可借""已借出""已预约"，那么"图书"类显然应该有一个属性"状态"，该属性的值可能为在架可借、已借出、已预约。一个对象可能有的状态包括初始状态、中间状态和终止状态。

（1）初始状态

初始状态（Original State）指该对象被创建伊始，标志着一个对象的生成。一个对象、一个状态图中必须且只能有一个初始状态。在 UML 状态图中，初始状态的表示符号为一个实心圆，如图 5.47 所示。

图 5.47　状态图中的起始状态

（2）终止状态

终止状态（Terminal State）是指该对象从某种中间状态进入消亡状态，退出业务流程。在有些业务情况下，有的对象的状态可能只是在几种状态之间循环转变，对象的生命周期并不结束，这样的业务情况下，对象没有终止状态。例如，在图书馆管理信息系统中，每一本图书的状态在"在架可借""已借出""已预约"这几种状态之间相互转变。而在有些业务情况下，标志着对象消亡的状态可能有多种，这意味着对象可能有多个终止状态。因此，一个状态图中可以有 0 到多个终止状态。例如，在高校教学管理信息系统中，学生对象的生命周期可能以"已毕业"或"已肄业"而终结。

在 UML 状态图中，用被圆圈包围的实心圆表示终止状态，如图 5.48 所示。

图 5.48 状态图中的终止状态

（3）中间状态

中间状态（Intermediate State）是指一个对象从诞生的初始状态开始到消亡的终止状态这期间所经历的所有可能的状态。在状态图中用圆角矩形表示某种中间状态，状态名称写在该矩形框中，如图 5.49 所示。

图 5.49 几种中间状态样例

2．事件

事件（Event）在时间和空间上可以定位并具有实际意义；事件的发生可能引发对象的状态从原状态变为目标状态。事件，应该是在需求文档或用例图中可以找到的业务事件，或者是一个对象向另一个对象发送消息。例如，在图书馆管理信息系统中，"预约"事件使该图书的状态由"在架可借"变为等"已预约"，"借书"事件会引发该图书对象的状态由"在架可借"或"已预约"变为"借出"，"还书"事件使该图书的状态由"已借出"变为"在架可借"。事件在 UML 状态图中的表示如图 5.50 所示，用有向线段从原状态指向目标状态，并用事件来描述。

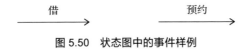

图 5.50 状态图中的事件样例

3．条件

在状态图中，条件（Condition）通常是时间条件或一个布尔表达式，时间条件满足或布尔表达式的值为真，则发生状态的变化。

例如，在图书馆管理信息系统中，"预约时间到"条件的满足使该图书的状态由"已预约"变为"在架可借"。再如，在电梯控制系统中，在电梯门为"开"的状态下，如果"计时时间到"这个条件满足，则电梯门的状态变为"关"；在电梯门为"关"的状态下，如果"计时时间到"这个条件满足，则电梯的状态变为"开"；如果"电梯当前楼层小于目标楼层"这个条件满足，则电梯进入或保持"向上运行"的状态；如果"电梯当前楼层大于目标楼层"这个条件满足，则电梯进入或保持"向下运行"的状态；如果"电梯当前楼层等于目标楼层"这个条件满足，则电梯进入"停止"状态。

在状态图中，用"[ ]"来标识条件，将条件或布尔表达式写到"[ ]"中。时间条件，例如计时时间到，则表达为"[计时时间到]"。布尔表达式，例如[当前楼层>目标楼层]、[已借图书数量<10]等。条件在 UML 状态图中的表示如图 5.51 所示，用有向线段从原状态指向目标状态，并用条件来描述。

图 5.51　状态图中的条件样例

4．状态的转变

在状态图中，代表状态转变的有向线段从原状态指向目标状态，造成状态转变的事件或条件写在该线段的上部或下部。事件和条件可以兼而有之。其表示法如图 5.52 所示。

一个状态转变样例如图 5.53 所示。

图 5.52　状态图中的事件和符号　　　图 5.53　一个状态转变样例

5.5.2　动态建模案例

1．媒体播放器

图形化操作系统中媒体播放器（Media Player）的可能状态有 3 种：停止（Stopped）、播放（Playing）和暂停（Paused）。造成状态转变的事件有：暂停键被按下、停止键被按下和播放键被按下。具体的状态转变是以下这样的。

- 在操作系统中，一旦媒体播放器被启动，则意味着一个媒体播放器的实例被创建，此刻，该媒体播放器是停止，并未播放。也就是说，该播放器的初始状态从"停止"开始。
- 播放器为"停止"的状态下，如果播放键被按下，则该播放器的状态转变为"播放"。
- 播放器为"播放"的状态下，如果停止键被按下，则该播放器的状态转变为"停止"。
- 播放器为"播放"的状态下，如果暂停键被按下，则该播放器的状态转变为"暂停"。
- 播放器为"暂停"的状态下，如果播放键被按下，则该播放器的状态转变为"播放"。
- 播放器为"暂停"的状态下，如果停止键被按下，则该播放器的状态转变为"停止"。
- 播放器的 3 种状态循环转变，没有明确的终止状态；如果该播放器实例被关闭，则该播放器实例将从操作系统中销毁。

根据以上分析，可以获得如图 5.54 所示的播放器状态图。

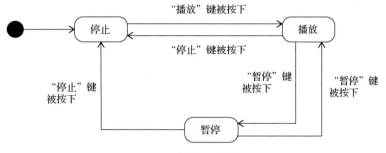

图 5.54　播放器的状态图

2. 图书管理信息系统中的图书

图书管理信息系统中任何一本可外借的图书的可能状态有 3 种：在架可借、已借出和已预约。造成状态转变的事件有：借、还、预约和续借，条件有"预约时间到"。具体的状态转变是以下这样的。

- 在图书管理中，一旦某本图书被确定为可供借阅者借阅，则该图书对象在图书馆管理信息系统中的历程开始。也就是说，该图书进入"在架可借"状态。
- 图书为"在架可借"的状态下，如果某借阅者借了该本图书，则该本图书的状态转变为"已借出"。
- 图书为"已借出"的状态下，如果某借阅者还了该图书，则该图书的状态转变为"在架可借"。
- 图书为"已借出"的状态下，如果某借阅者续借了该图书，则该图书的状态依然为"已借出"。
- 图书为"在架可借"的状态下，如果某借阅者预约了该图书，则该图书的状态转变为"已预约"。
- 图书为"已预约"的状态下，如果某借阅者在规定的时间内借了该图书，则该图书的状态转变为"已借出"。
- 图书为"已预约"的状态下，如果预约时间到或者该借阅者在规定的时间内取消了预约，则该图书的状态转变为"在架可借"。

图书的这 3 种状态循环转变，没有明确的终止状态，除非它被从图书馆管理信息系统中移除，退出服役。根据以上分析，可以获得图 5.55 所示的图书状态图。

3. 网上购物系统中的订单

在网上购物系统中，一旦某一客

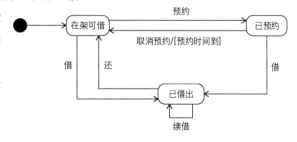

图 5.55　图书馆管理信息系统中图书类的状态图

户下了一个订单，则在系统中产生一个订单对象，该订单可能的状态有：等待付款、已支付、已发货、已签收、交易成功。造成状态转变的事件有：付款、发货、签收、确认收货。造成状态转变的条件有：计时时间到。

具体的状态转变是以下这样的。

- 在网上购物系统中，一旦某一客户下了一个订单，则该订单进入"等待付款"状态。
- 在订单状态为"等待付款"的情况下，如果该客户付款了，则该订单进入"已支付"状态。
- 在订单状态为"已支付"的情况下，如果商家发货，则该订单状态变为"已发货"。
- 在订单状态为"已发货"的情况下，如果该客户签收，则该订单状态变为"已签收"。
- 在订单状态为"已签收"的情况下，如果该客户确认收货或者计时时间到，则该订单的状态转变为"交易成功"。至此，标志着该订单关闭，即进入终止状态。

根据以上分析，可以获得如图 5.56 所示的订单状态图。

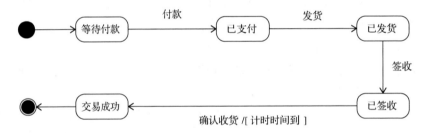

图 5.56　网上商店系统中订单的状态图

4. 电梯控制系统中的电梯

电梯控制系统一旦投入使用、启动，则每一部电梯都是一个电梯对象。电梯对象可能的状态有：闲置、事件循环、门开着、门关着、向上运行、向下运行、停止（在某楼层）。造成状态转变的事件有：有请求（即某个按钮被按下）、没有请求（即所有请求都已被满足且没有新的请求）、向上运行、向下运行。造成状态转变的条件有：计时时间到、当前楼层>目标楼层、当前楼层<目标楼层、当前楼层==目标楼层。

具体的状态转变是以下这样的。

- 电梯控制系统一旦启动，则所有的电梯对象进入"闲置"状态。
- 对于其中任何一个电梯对象，如果接到电梯控制器的指令，则它从"闲置"状态转变为"事件循环"状态。
- 如果电梯的当前楼层等于目标楼层（目标楼层即指被按下的按钮所代表的楼层），则电梯的门开，电梯进入"门开着"状态。

- 如果电梯的当前楼层小于目标楼层（目标楼层即指被按下的按钮所代表的楼层），则电梯进入"向上运行"状态。
- 如果电梯的当前楼层大于目标楼层（目标楼层即指被按下的按钮所代表的楼层），则电梯进入"向下运行"状态。
- 如果电梯正在向上运行且当前楼层小于目标楼层，则电梯保持"向上运行"状态。
- 如果电梯正在向下运行且当前楼层大于目标楼层，则电梯保持"向下运行"状态。
- 电梯处于"向上运行"状态下，如果当前楼层等于目标楼层，则电梯进入"停止"状态。
- 电梯处于"向下运行"状态下，如果当前楼层等于目标楼层，则电梯进入"停止"状态。
- 电梯处于"停止"状态下，如果计时时间到，则电梯的门开，电梯进入"门开着"状态。
- 电梯处于"门开着"状态下，如果计时时间到，则电梯的门关，电梯进入"门关着"状态。
- 电梯处于"门关着"状态下，如果还有更多请求，则电梯进入"事件循环"状态。
- 电梯处于"门关着"状态下，如果没有更多请求，则电梯进入"闲置"状态。

电梯在几种状态之间循环转变，没有终止状态。根据以上分析，可以获得如图 5.57 所示的电梯状态图。

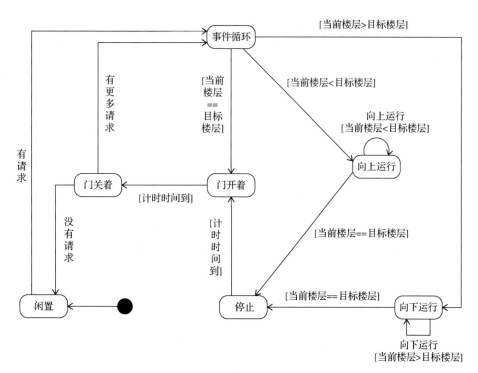

图 5.57　电梯的状态图

我们以一个情景为例来理解图 5.53 所示的电梯状态图。

假设电梯当前状态为闲置在 6 楼，则电梯的当前楼层为 6；一个电梯用户在一楼按下楼层按钮，即有请求从 1 楼发出，请求电梯到 1 楼接他，意味着目标楼层为 1；该请求促使电梯进入事件循环状态；电梯当前楼层为 6 大于目标楼层 1，则电梯进入向下运行状态。在电梯向下运行的过程中，电梯经过 5 楼、4 楼、3 楼、2 楼，都满足"电梯当前楼层>目标楼层"这个条件，则电梯一直处于向下运行状态，直至电梯抵达 1 楼，则条件"电梯当前楼层==目标楼层"满足，电梯停止。经过一个计时，计时时间到，则电梯门进入"门开着"状态，电梯用户步入电梯；再经过一个计时，计时时间到，则电梯门进入"门关着"状态。如果用户没有按任何电梯按钮或者没有其他待完成的请求，则电梯闲置在当前楼层。如果用户在电梯里按下代表某楼层的按钮，如用户按下代表 8 楼的电梯按钮，则电梯进入事件循环状态；电梯当前楼层为 1，目标楼层为 8，则条件"电梯当前楼层<目标楼层" 满足，则电梯一直处于向上运行状态，在电梯向上运行过程中，经过 2～7 层，均满足条件"电梯当前楼层<目标楼层"，则电梯一直处于向上运行状态，直至电梯抵达 8 楼，则条件"电梯当前楼层==目标楼层"满足，电梯停止。无论是用户按下电梯按钮，还是按下楼层按钮，如果电梯当前楼层等于目标楼层，则电梯进入"门开着"状态。

5.6 面向对象分析的测试

OOA 测试

软件分析工作的对错、质量的高低，将直接影响到后续的设计与实现工作，乃至于该软件系统的最终成功与否。因此，对分析工作的成果应该进行测试，以保证这些成果是正确、恰当的。

类-职责-协作（Class-Responsibility-Collaboration，CRC）卡片是对面向对象分析的成果进行测试的一种重要技术手段。利用 CRC 卡片进行测试的过程将是以下这样。

首先，对类建模所获得的初始类图中所有的类一一填写 CRC 卡片。卡片包括类名、职责、协助者 3 个部分。职责是指该类应该承担的职责，例如它能够做什么或者它应该向其他对象发送什么消息等。该类/对象完成其职责可能需要其他类/对象的协作，那么这些对其提供协作的类/对象即称为该类的协助者。

本节以图书馆管理信息系统为例进行面向对象分析的测试。

5.4.4 节中已经获得了图 5.46 所示的图书馆管理信息系统第一次迭代的初始类图。利用 CRC 卡片方法进行测试，要对该初始类图中的各个类分别建立 CRC 卡片。例如，自助借还书机类的 CRC 卡片如图 5.58 所示。

首先来看图 5.58 所示的自助借还书机类的职责。

职责 1：扫描图书条形码。每一本图书都有一个在图书馆管理信息系统中唯一识别的条形码，这个条形码打印在粘纸上，贴在书上，所以，"借还书机扫描图书条形码"暂时看起来没什么问题。

类
自助借还书机
职责
1．扫描图书条形码 2．验证借阅者 3．验证图书可否外借 4．借书 5．还书
协作者
1．借阅者 2．图书

图 5.58 自助借还书机类的 CRC 卡片

职责 2：验证借阅者。验证借阅者的有效性，肯定需要借阅者的个人信息，而自助借还书机本身并不拥有借阅者的个人信息，它能做的是读取借书卡的卡号，所以事实上自助借还书机只是自助扫描借书卡，它做不到"验证借阅者"，它没有能力承担职责 2。

职责 3、职责 4 和职责 5：验证图书可外借否、自助借还书机负责借书和还书。运用面向对象思想对这两个职责进行分析，发现其存在以下问题：一本图书是否可外借、如何实现借、如何实现还，是图书的内部工作机制，按照面向对象思想中的信息隐藏和职责驱动设计（Responsibility-Driven Design）的原则，只有图书知道其自身的内部工作机制，因此只有图书才知道自己可否外借、才能实现自身的"借"和"还"，这是图书自身的职责。而外部，即其他对象不可能知道图书的内部工作机制，包括"是否可外借""借"和"还"，因此自助借还书机不可能真正做到验证图书可否外借、借书或还书，它没有能力承担"验证图书可否外借""借书"和"还书"这三个职责。事实上，自助借还书机只是向借阅者提供扫描图书条形码的扫描器、借书和还书的操作界面。

图 5.46 所示的自助借还书机与图书之间的"扫描"关系和借阅者与自助借还书机之间的"操作"关系，并不是固有的业务关系，只是借书或还书业务过程中的一种操作，算不上是一种业务关系。

综合以上分析我们发现，自助借还书机的作用只是读取图书的条形码和借书卡卡号，因此尽管自助借还书机看起来是很重要的一个设备，但它实质上是由扫描器、读卡器、借书和还书的操作界面组合而成的一台仪器，且自助借还书机在系统内也没有任何固有的属性。所以，自助借还书机是图书馆管理信息系统的外部设备，是向系统内部提供外部信息的参与者，而不是该系统内部的实体类。

刚刚提到了一个新名词"借书卡"。我们可以分析出每位借阅者将拥有一个借书卡，用于自助借书时借阅者操作使用。借书卡显然是一个物理实体，但它跟图书一样，是物理上实实在在的一个物理实体；同时图书馆管理信息系统内部需要保存所有借书卡的信息及其与借阅者之间的关系，且能够根据读卡器读取的卡号来识别和对应相应的借阅者，因此借书卡也是系统内的实体类。

据此，应该从图 5.46 所示的初始类图中去掉"自助借还书机"类、增加实体类"借书卡"，且在图 5.23 所示的用例类图中增加参与者"自助借还书机"。

"图书"类的 CRC 卡片如图 5.59 所示，它的职责包括：判断是否可外借、判断是否已被其他借阅者预约，以及借书、还书、续借、预约。"图书"类应该对自身的类型和状态负责，因为它拥有自身的相应数据，而且"图书"类最清楚自身是否可外借、是否已被其他借阅者预约，以及借与还的业务逻辑，它应该承担这些业务功能的实现，而外界并不知道某图书是否可外借、是否已被其他借阅者预约，以及借书、还书、续借和预约的业务逻辑和实现细节，外界无法承担这些业务功能，外界只

类
图书
职责
1. 判断是否可外借类型
2. 判断是否已被其他借阅者预约
3. 借书
4. 还书
5. 续借图书
6. 预约图书
协作者
1. 借书记录
2. 还书记录
3. 预约记录

图 5.59　图书类的 CRC 卡片

是向图书对象发送消息，通知它借或还。这十分完美地符合了面向对象思想的职责驱动设计和信息隐藏的原则。因此毫无疑义，判断是否可外借、判断是否已被其他借阅者预约、借书、还书、续借和预约是"图书"类的职责。同时"图书"类这些职责的实现还需要"借书记录"类、"还书记录"类和"预约记录"类的协作，因此"借书记录"类、"还书记录"类和"预约记录"类是"图书"类的协作者。图 5.59 所示的图书类的 CRC 卡片是合理的。

同样，对其他的实体类也都这样分别建立 CRC 卡片，分析其职责是否合理、是否在目标系统内部、是否符合面向对象思想的职责驱动设计和信息隐藏原则。

经过 CRC 卡片方法的测试后，确定图 5.46 所示初始类图中的图书、借阅者、借书记录和预约记录都是图书馆管理信息系统内部的实体类，它们都有各自合理的职责和协作者。

经过 CRC 卡片方法测试后，高校图书馆管理信息系统第二次迭代的初始类图如图 5.60 所示。

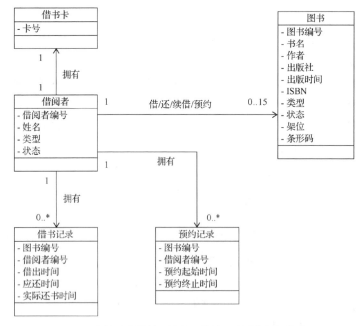

图 5.60　高校图书馆管理信息系统第二次迭代的初始类图

　　重新分析图 5.25 所示的用例图。根据上面的分析，用例"借书"需要借助于自助借还书机来读取借书卡的卡号，并需要借助于自助借还书机来读取图书的条形码，因此用例"借书"除了参与者"借阅者"，还需要"自助借还书机"这个参与者。同理，用例"还书"除了参与者"借阅者"外，还需要借助于自助借还书机来读取图书的条形码，因此用例"借书"也需要"自助借还书机"这个参与者。

　　据此，高校图书馆管理信息系统第二次迭代的用例图如图 5.61 所示。

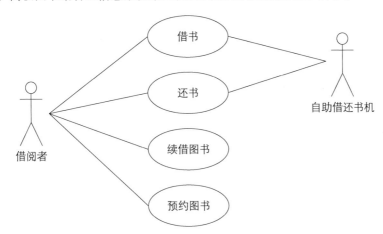

图 5.61　高校图书馆管理信息系统第二次迭代的用例图

　　再深入分析发现，5.5.2 小节中图书的状态图并不受影响。

　　由此可见，利用 CRC 卡片方法能够对面向对象分析的成果进行有效的测试，从而进行相应的改进。

　　我们对待软件分析设计和开发工作要有工匠精神，用心做好对社会、对群众有益的软件。

要点

- 分析工作使需求得以更深入地理解和分析，使设计和实现得以更容易、更高质量地开展。
- 规格说明文档用软件的思维和方法回答目标软件系统将做什么、将提供什么功能，但并不说明如何实现这些功能。
- 面向对象分析的主要工作包括用例建模、类建模和动态建模。
- 用例建模的成果是用例图。
- 类建模的成果是初始类图，只考虑实体类。
- 动态建模的成果是状态图，是对初始类图的补充。
- CRC 卡片是一种很有效的对面向对象分析的成果进行测试的方法。

习题

选择题

1．下面哪个关于面向对象分析阶段中用例建模的说法是正确的？_____

    A．一个情景对应多个用例　　　　　　B．每个用例只能有一个情景

    C．一个用例是一个情景实例　　　　　D．一个情景是用例的一个实例

2．_____描述目标软件系统的功能、参与者与系统之间的交互，而不是系统内部的活动。

    A．用例图　　　　B．类图　　　　C．协作图　　　　D．状态图

3．针对下面这个用例图（见图 5.62），哪个说法是错误的？_____

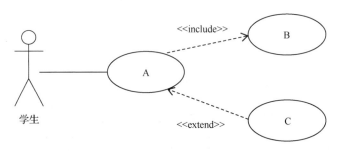

图 5.62　"学生"用例图

    A．学生能够与系统中的用例 A 交互

    B．用例 A 的成功执行必须包含用例 B 的成功执行

    C．如果用例 A 执行，用例 C 也必须执行

    D．用例 C 可能不被激活

4．以下关于用例建模的描述，哪个说法是正确的？_____

    A．用例图中参与者只能是人员

    B．参与者与用例之间的交互是单向的

    C．用例图是目标软件系统的功能模型

    D．用例建模既面向行为，也面向数据

5．某公司拟开发一个销售合同管理信息系统，其应用情景：每天，客户通过传真将订单信息传给销售人员，然后销售人员把销售信息录入该系统中。那么以下哪类人员是系统的直接参与者？_____

    A．客户　　　　B．销售人员　　　　C．订单信息　　　　D．传真机

6．以下关于类建模的描述，哪个说法是正确的？_____

    A．类是一种不支持继承的抽象数据类型

B．类图能够反映业务流程

C．类可以被看作模块

D．类图是对目标软件系统的动态建模

7．以下哪种图不是面向对象分析模型？_____

A．用例图　　　　　B．类图　　　　　C．状态图　　　　　D．ER 图

8．以下关于动态建模的描述，哪个说法是错误的？_____

A．状态图是动态建模的产品

B．一个类图对应一个状态图

C．不是所有的实体类都需要状态图作为补充

D．一个状态图对应一个类

思考与讨论

1．某高校的某学生宿舍楼，是一座 5 层楼，每层有 100 个宿舍房间，每个房间有 4 张床，每张床可以住一位同学。该宿舍楼由两位宿舍管理员进行管理。请对这个案例画出 UML 类图。

2．以高校校园为一个系统，校园中有教学楼、宿舍楼、食堂、图书馆、体育馆、教务处、财务处、各学院、学生、教师、辅导员等，请问作为一个系统的校园，它包含的这些对象之间是什么关系、这些对象分别承担什么责任、对象之间如何协作才使得校园能够为同学们提供良好的学习和生活的环境与条件、使校园能够有序且高效地运转。请对这个案例画出 UML 类图，并用 CRC 卡片来描述每个类的职责与协作者。

实践

实践小组全体成员分工合作，完成小组项目的用例图、初始类图和状态图。

注意：最终完成的用例图、初始类图和状态图应该是对每位同学所做工作成果的科学、合理的整合，而不是简单的合并，最终的用例图、初始类图和状态图所反映的业务功能要一致，这就要求小组全体同学通力合作、充分讨论，需要组长和骨干成员的积极协调与管理。

6

第 6 章　面向对象设计

学习目标：

- 充分理解软件系统设计的目标与基本任务
- 熟练掌握面向对象设计的主要技术与方法，包括交互图、详细类图、客户-对象关系图和伪代码设计
- 熟练运用 UML 工具绘制交互图、详细类图和客户-对象关系图
- 能够运用面向对象设计的主要技术与方法对实际案例进行面向对象设计

需求和分析都回答了目标软件系统做什么，但并不说明如何实现这些功能，设计则要回答如何实现这些功能。本章讲解软件系统设计和面向对象设计。

6.1　软件系统设计

软件系统设计是从软件需求规格说明出发，针对功能性需求和非功能性需求，形成软件具体设计方案的过程，也就是说，在需求分析阶段明确了软件是"做什么"的基础上，解决软件"怎么做"的问题。软件设计阶段通常分为以下两步。

软件系统设计

第一步是系统的总体设计，也称软件系统体系结构设计或架构设计。

第二步是系统的详细设计，包括用户界面设计、数据库设计、功能模块设计、数据结构与算法设计。

软件系统设计示意图如图 6.1 所示。

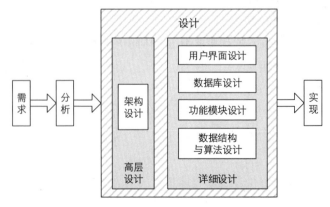

图 6.1　软件系统设计示意图

6.1.1　架构设计

由于结构化程序设计时代程序规模不大，通过强调结构化程序设计方法学，自顶向下、逐步求精，并注意模块的耦合性就可以得到相对良好的结构。20世纪80年代中期出现了Client/ Server架构（即C/S架构），C/S结构通常采取两层结构：前端是客户机，主要完成用户界面显示，接受数据输入，校验数据有效性，向后台数据库发请求，接受返回结果，处理应用逻辑；后端是服务器，是多个用户共享的信息与功能，执行后台服务，如控制共享数据库的操作等。

C/S架构在20世纪80~90年代得到了极其广泛的应用，但很快就暴露出一些不足，主要表现在：系统的可扩展性差；难以和其他系统进行互操作；难以支持多个异构数据库；客户端程序和服务器端数据库管理系统DBMS交互频繁，网络通信量大；所有客户机都需要安装、配置数据库客户端软件，系统布置与升级维护非常麻烦。

从20世纪80年代末开始，软件的规模和复杂度急剧增加，适用于两三层小楼房的传统架构已经远远不能满足几十层，甚至更高的现代高楼大厦的需求了，软件开发面临着越来越多的风险和挑战。为了更好地开发出功能更加强大、更为复杂的软件系统，业内学者与技术人员在20世纪90年代初，提出了软件体系结构即软件架构。顾名思义，软件架构以类似建筑学的观点来构造软件系统，它能够在给出满足所有技术需求解决方案的同时，优化诸如质量、安全性和可管理性等的通用质量属性，对整个系统的可扩展性、可靠性、强壮性、灵活性、性能、功能、成本、可维护性和整体成功产生重大影响。

"软件体系结构"一词多用于学术研究领域，"软件架构"多用于工程实践领域，二者的英文名都是Software Architecture，在IEEE中的定义均为"一个系统的基础组织，包含各个构件、构件互相之间与环境的关系，还有指导其设计和演化的原则。"（IEEE 2000）

在建筑行业，建筑师设定建筑项目的架构、设计原则、要求和风格作为绘图员画图的基础。一个软件系统可以被比作一个建筑，从与目的、主题、材料和结构的联系上来说，软件架构可以与建筑物的架构相比拟。软件架构师设计软件构架，以作为满足不同客户需求的实际系统设计方案的基础，包括软件的模块化、模块之间的交互、用户界面风格、对外接口方法、创新的设计特性，以及高层事物的对象操作、逻辑和流程。软件体系架构的开发是大型软件系统开发的关键环节。

软件架构是具有一定形式的结构化元素，即构件的集合，包括处理构件、数据构件和连接构件。处理构件负责对数据进行加工，数据构件是被加工的信息，连接构件把体系结构的不同部分组合连接起来。

软件体系结构贯穿于软件研发的整个生命周期内，具有重要的影响。这一点主要体现在以下3个方面。

- 系统设计的前期决策：软件体系结构是我们所开发的软件系统最早期设计决策的体现，而这些早期决策对软件系统的后续开发、部署和维护具有相当重要的影响。

- 可传递的系统级抽象：软件体系结构是关于系统构造及系统各个元素工作机制的相对较小、却又能够突出反映问题的模型。由于软件系统具有一些共通特性，这种模型可以在多个系统之间传递，特别是可以应用到具有相似质量属性和功能需求的系统中，并能够促进大规模软件的系统级复用。
- 利于相关人员之间的交流：代码级别的系统抽象仅仅可以成为程序员的交流工具，而软件体系结构是一种常见的对系统的抽象，是包括程序员在内的绝大多数系统的利益相关人员进行相互沟通、彼此理解、协商、达成共识的基础。

从 20 世纪 90 年代开始，软件从传统的软件工程进入现代面向对象的软件工程，寻求建构最快、成本最低、质量最好的软件构造过程。软件体系架构就是研究整个软件系统的体系结构怎样容易构造、构件怎样搭配才合理，重要构件有了更改后，如何保证对整个体系结构的影响最小，有哪些实用、美观、强度、造价合理的构件骨架使建造出来的软件系统更能满足用户的需求。

随着网络技术的发展，特别是随着 Web 技术的不断成熟，出现了 Browser/Server 架构（即 B/S 架构，浏览器/服务器架构）。这种架构可以进行信息分布式处理，可以有效降低资源成本，提高设计的系统性能。与 C/S 架构相比，B/S 架构有着更广的应用范围，在处理模式上极大地简化了客户端，客户端只需安装浏览器即可，而将应用逻辑集中在服务器上，可以提高数据处理性能，所以可扩展性非常强。在软件的通用性上，B/S 架构的客户端具有更好的通用性，对应用环境的依赖性较小；同时因为客户端使用浏览器，在开发维护上更加便利，可以大幅度减少系统开发和维护的成本。

随着越来越多的商业系统被搬上 Internet，一种新的、更具生命力的体系结构被广泛采用，它就是"三层架构"。

- 客户层：是用户接口和用户请求的发出地，典型应用是网络浏览器和胖客户。
- 服务器层：典型应用是 Web 服务器和运行业务代码的应用程序服务器。
- 数据层：典型应用是关系型数据库和其他后端。

三层架构中，客户（请求信息）、程序（处理请求）和数据（被操作）被物理地隔离。三层架构是灵活的体系结构，它把显示逻辑从业务逻辑中分离出来，这就意味着业务代码是独立的，可以不关心怎样显示和在哪里显示。业务逻辑层处于中间层，不需要关心由哪种类型的客户来显示数据，也可以与后端系统保持相对独立性，有利于系统扩展。三层架构具有更好的移植性，可跨不同类型的平台工作，允许用户请求在多个服务器间进行负载平衡。三层架构中安全性也更易于实现，因为应用程序已经同客户层隔离。

软件架构描述的对象是直接构成系统的抽象组件。各个组件之间的连接明确地、相对细致地描述组件之间的通信。在实现阶段，这些抽象组件被细化为实际的组件，例如具体某个类或者对象。在面向对象领域中，组件之间的连接通常用接口来实现。

软件架构在软件生产线的开发中具有至关重要的作用。在这种开发生产中，基于同一个软件架构，可以创建具有不同功能的多个软件系统。在软件产品族之间共享体系结构和一组可重用的构件，可以提高软件的质量，降低开发和维护成本。

如何选择一个好的软件架构应用在项目中，对项目开发的效率和可重用是至关重要的。软件架构师需要有广泛的软件理论知识和相应的经验来实施和管理软件产品的高级设计。

> ▶ **知识拓展**　　　　**把软件系统比拟为人体**

如果把软件系统比拟为人体，如图 6.2 所示，那么架构、用户界面、数据库、功能模块、数据结构与算法都能在人身上找到有趣的对应。

图 6.2　人

人体的骨架在人体中起着顶天立地的作用，其他所有器官和组织都依附于骨架，骨架与这些器官和组织协同工作，共同完成生理、运动等各种机能；同时骨架也保护着这些器官和组织免受外界的干扰和损伤。人体的骨架如图 6.3 所示。

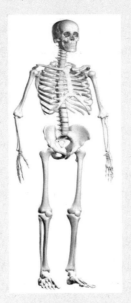

图 6.3　人体骨架

软件架构就如同人体的骨架，它支撑起一个软件系统，其他部分如用户界面、数据库、功能模块、数据结构与算法都依附于软件架构，软件架构为该软件系统满足安全性、可靠性等各种非功能性需求提供可能，同时它也与这些部分协同工作，共同完成该软件系统的各种业务功能。

如果某人不幸天生腿部骨架有残疾，那么无论他的其他方面如何优秀，他也无法完成正常的、快速的走路功能。如果某人的骨架天生娇小，那再怎么吃、怎么穿，也成就不了魁梧的身材。因此人体的骨架从根本上决定了一个人的体魄。同样，软件架构也从根本上决定了一个软件系统的基因。可见，体系结构乃是软件系统设计的重中之重。

6.1.2　数据库设计

顾名思义，数据库用来存储和处理数据。人体的数据库是大脑，我们学习的知识相当于数据，它们全"装"在大脑里，如图 6.4 所示。

数据库

图 6.4　大脑与数据库

如果脑子里存储的知识很多，我们就说这个人博学。如果脑子处理知识的速度很快，我们就说这个人很聪明。同理，如果数据库中能够存储的数据多，那么就说该数据库容量大；如果存储的数据多，那么就说该数据库数据丰富；如果能够高速处理数据库中的数据，那么就说该数据库性能优良。

若目标软件系统需要数据库，则需要先根据目标软件系统的需求，针对目标软件系统的规模、性能、成本等要求，选择适合的数据库管理系统，然后在该数据库管理系统上实施该目标软件系统的数据库设计；最后根据数据库设计在已选择的数据库管理系统上创建该数据库。

数据库的主要挑战是高速处理大容量的数据。数据库的性能取决于数据库设计和数据库管理系统两个方面。

1.　数据库

数据库（Database，DB）是永久性地存储和组织大量数据的"仓库"，是大量数据的集合。数据库有两种类型：关系型数据库与非关系型数据库。

（1）关系型数据库

一直以来应用最广泛的数据库是关系型数据库。

关系型数据库（Relational Database）是指采用了关系模型来组织数据的数据库，其以行和列的二维形式存储数据。一系列行（Row）和列（Column）组合成表（Table），一系列表组成数据库。为了便于理解关系模型可以简单理解为二维表格模型，而一个关系型数据库就是由多个二维表及其之间的关系组成的一个数据组织。

关系型数据库采用结构化查询语言（Structured Query Language，SQL）来对数据库进行操作。SQL 早已获得了各个数据库供应商的支持，成为数据库行业的标准，它能够支持数据库的操作[指 create（增加）、require（查询）、update（更新）、delete（删除）]，还具有求和、排序等功能。SQL 可以采用类似索引的方法来加快查询操作。

关系型数据库对于结构化数据的处理更合适，如学生成绩、订单信息、产品信息等，这样的数据一般情况下需要使用结构化的查询。由于结构化数据的规模不算太大，数据规模的增长通常也是可预期的，所以针对结构化数据使用关系型数据库更好。关系型数据库十分注意数据操作的事务性和一致性。

在轻量或者小型的应用中，使用不同的关系型数据库对系统的性能影响不大，但是在构建大型应用时，则需要根据应用的业务需求和性能需求，选择合适的关系型数据库。

（2）非关系型数据库

近年来，追求速度和可扩展性、业务多变的应用场景越来越多，出现了简化数据库结构、避免冗余、减少影响性能的表连接、摒弃复杂分布式等需求。由此，大量的非关系型数据库（Not Only Structured Query Language，NoSQL）被设计。

NoSQL 数据库技术具有一些非常明显的应用优势，如数据库结构相对简单，在大数据量下的读写性能好；能满足随时存储自定义数据格式需求，非常适用于大数据处理工作。

NoSQL 数据库对于非结构化数据的处理更合适，如文章、评论，这些数据如全文搜索、机器学习通常只用于模糊处理，并不需要像结构化数据一样进行精确查询，而且这类数据的数据规模往往是海量的，数据规模的增长往往也是不可预期的，而 NoSQL 数据库的扩展能力几乎也是无限的，所以 NoSQL 数据库可以很好地满足这一类数据的存储。NoSQL 数据库查询结构化数据效果比较差。

> ▶ **知识拓展**　　　　　　**NoSQL 数据库**
>
> 目前，NoSQL 数据库仍然没有一个统一的标准，通常分为以下 4 大类。
>
> （1）键值对（key-value）存储：代表软件是 Redis，其优点是可以大量获取非结构化数据，并且数据的获取效率很高，查询快速；而缺点是需要存储数据之间的关系。
>
> （2）列存储：代表软件是 Hbase，其优点是对数据能快速查询，数据存储的扩展性强，而缺点是数据库的功能有局限性。
>
> （3）文档数据库存储：代表软件是 MongoDB，其优点是对数据结构要求不特别严格。而缺点是查询的性能不好，同时缺少一种统一查询语言。
>
> （4）图形数据库存储：代表软件是 InfoGrid，其优点可以方便地利用图结构相关算法进行计算。而缺点是要想得到结果必须进行整个图的计算，而且遇到不适合的数据模型时，图形数据库很难使用。
>
> 目前，比较常用的非关系型数据库还有 Memcache、Cassandra、CouchDB、键值数据库、Dynamo 等。

接下来讲解的都是关系型数据库。

2. 数据库管理系统

数据库管理系统（Database Management System，DBMS）是一个能够科学地组织和存储数据，高效地获取和维护数据的系统软件，是位于用户和操作系统之间的数据管理软件，主要功能有数据定义、组织、存储、操作、事务管理、数据库建立和维护管理，以及跟其他软件系统通信等。用户通过数据库管理系统访问数据库中的数据，数据库管理员也通过数据库管理系统进行数据库的维护工作。数据库管理系统提供多种功能，可使多个应用程序和用户用不同的方法在同时或不同时刻去建立、修改和查询数据库。它使用户能方便地定义和操纵数据，维护数据的安全性和完整性，以及进行多用户下的并发控制和恢复数据库。

数据库管理系统按照容量分为大型数据库、中型数据库和小型数据库。数据库管理系统由数据库供应商提供。常见的关系型数据库有：Oracle 公司提供的 Oracle、IBM 公司提供的 DB2、Sybase 公司推出的 Sybase、IBM 公司推出的 Informix、微软推出的 SQL Server 和 Access，以及免费的数据库 MySQL 和 PostgreSQL 等。国产数据库有人大金仓数据库、达梦数据库、中国数据库（ChinaDB）、华为云 GaussDB、阿里巴巴 OceanBase、神通数据库、海量数据管理系统（DTStack）、南大通用数据库（NanDB）、阿里云数据库（ApsaraDB）、腾讯云数据库（TencentDB）、华为开源的关系型数据库 openGauss 等。

这些数据库管理系统各有特点，各有所长，各有所适用和长期服务的领域。另外，数据库管理系统中，除了极少数免费的数据库，其他的数据库都是要花钱购买的，因此在选择数据库管理系统时要综合考虑目标软件系统的需求、成本和安全性，要选择最适合的，而不是最贵的。

3. 数据库设计

数据库设计（Database Design）是指根据目标软件系统的需求，在某一具体的数据库管理系统上，设计数据库的结构和建立数据库的过程。在数据库领域内，常常把使用数据库的各类系统统称为数据库应用系统。

对于很多软件系统来说，绝大部分永久性数据保存在数据库中，因此数据库对软件系统的重要性不言而喻。只有设计良好的数据库，才能提高软件系统的整体性能，才能为用户提供更高质量的服务。

数据库设计是建立数据库及其应用系统的技术，是信息系统开发和建设中的核心技术。优质的数据库设计能够采用最优化、最合理的数据组织形式来存储数据、减少数据冗余、最大限度地节省存储空间、最大限度地高效读取和写入数据。也就是说，高水平的数据库设计能够在资源有限的情况下，尽可能地多存储数据、节约资源，提高软件运行的速度和性能，减少软件错误，使软件具有良好的可扩展性、易于维护和升级。相反，糟糕的数据库设计必将造成数据冗余严重、不一致，访问数据效率低下，浪费存储空间，更新和检索数据时会出现许多问题，进而影响整个软件系统的正确性、可靠性和性能。

在进行关系型数据库的设计过程中，要遵循以下几个原则，借此可以提高数据库的存储效率、数据完整性和可扩展性。

（1）命名规范化

数据保存在数据库中的众多表（Table）中，因此数据库中的表设计也是决定数据库系统效率的重要因素。表设计就是对数据库中的数据实体及数据实体之间的关系进行规划和结构化的过程。实体、属性及相关表的结构要统一。例如，在数据库设计中，要指定学生（Student）这个数据实体即表的相关的属性，如学号、姓名、性别、出生年月等，每个属性的类型、长度、取值范围等都要经过综合分析和研究而确定，这样就能保证在命名时不会出现同名异义、异名同义、属性特征及结构冲突等问题。

（2）数据的一致性和完整性

在关系型数据库中可以采用域完整性、实体完整性和参照完整性等约束条件来满足其数据的一致性和完整性，用 check、default、null、主键和外键约束来实现。

（3）数据冗余

数据库中的数据应尽可能地减少冗余，这就意味着重复数据应该减少到最少。例如，若一个商品的价格在不同的表中，该商品的价格发生变化时，冗余数据的存在就要求对多个表进行更新操作；若某个表不幸被忽略了，那么就会造成数据不一致的情况。所以数据库中的数据冗余越少越好。

（4）范式理论

在关系型数据库设计时，一般是通过设计满足某一范式来获得一个好的数据库模式，通常认为三范式（Third Normal Form，3NF）在性能、扩展性和数据完整性方面达到了最好的平衡，因此，一般数据库设计要求达到三范式，消除数据依赖中不合理的部分，最终实现一个关系仅描述一个实体或者实体间一种联系的目的。

在数据库设计的流程中，通常要根据需求画出数据的实体-关系图（Entity Relationship Diagram，ER 图）。构成 ER 图的 3 个基本要素是实体、实体的属性以及实体之间的联系。

（5）善用视图和存储过程

数据库中的视图（View）其实就是一条查询 SQL 语句，用于显示一个/多个表或其他视图中的相关数据。视图将一个查询的结果作为一个表来使用，因此视图可以被看作是存储的查询或一个虚拟表。视图能够保护基表的数据，提高数据库的安全性和编程效率。

数据库中的存储过程（Stored Procedure）使得程序中与数据存储相关的业务逻辑可以放到数据库中来处理，这样可以降低网络的访问次数，从而提高系统的效率和可靠性，对于需要频繁存取数据库中的数据的业务逻辑更加适用，其优越性更加明显。

多年前，笔者曾经负责过某钢厂的 ERP 系统中的 MRPII 算法的设计与开发，我们当时利用大量的存储过程来实现 MRPII 算法，相比于在程序中实现该算法，成几何级地提高了系统的运行效率。

在实际项目开发中，必须先选择适合目标软件系统的数据库管理系统进行数据库设计，以获得符合需求的、规范的数据库设计方案，然后按照数据库设计方案，在数据库管理系统中创建数据库、表等。至此，我们才获得了一个可以使用的数据库应用系统。

6.1.3 功能模块设计

软件系统功能模块化就是将程序划分成若干个功能模块，每个功能模块完成一个子功能，再把这些功能模块总起来组成一个整体，以满足整个系统的功能要求。

功能模块化的根据是：如果一个问题由多个问题组合而成，那么这个组合问题的复杂程度将大于分别考虑这些问题的复杂程度之和。这个结论使得人们能够利用功能模块化方法将复杂的问题分解成许多容易解决的局部问题。功能模块化方法并不等于无限制地分割软件，因为随着功能模块的增多，虽然开发单个功能模块的工作量减少了，但是设计功能模块间接口所需的工作量也将增加，而且会出现意想不到的软件缺陷。因此，只有选择合适的功能模块数目才会使整个系统的开发成本最小。

人体由若干功能系统组成，各功能系统由一系列功能器官组成，每个功能系统、每个器官都具有其特定的功能，这些系统和器官依附在人体的骨架上，为人体这个整体发挥各自的功能。

软件系统中的各个子系统、各功能模块就像人体中的各个功能系统和功能器官一样，构成了一个完整的软件系统。例如，某企业管理信息系统，由销售管理、采购管理、仓库管理、生产计划管理、质量管理、财务管理、人力资源管理等子系统构成；其中，仓库管理子系统包括入库、出库、库存、盘库、仓位等功能模块。再如，某高校教学管理系统由培养计划管理、课程管理、教学管理、考试管理、毕业管理、转专业管理、教改研究项目管理、教学成果管理、实习管理、通知管理等子系统构成；其中，教学管理子系统包括选课、查询课表 for 学生、查询课表 for 老师、录入成绩、查询成绩、生成学生成绩单、审查毕业资格等功能模块。

软件系统中的功能模块如同人体器官，这些功能模块是软件系统的部件，它们基于系统架构之上，为软件系统的整体功能发挥各自的、相应的作用。没有系统架构，这些模块无法构成一个整体，无法构成一个软件系统。

所以，在对软件系统进行不同层面的讨论时，功能模块所指可能不同，也可能指子系统，也可能指过程、函数、子程序或宏调用等。

软件系统功能模块的设计原则是"高内聚、低耦合"。

内聚指一个模块内部的交互程度，即模块内各个元素彼此结合的紧密程度。内聚性高的模块独立性好，其接口简单，易于编制，相对独立的功能模块也比较容易测试和维护。最好的内聚是功能性内聚和信息性内聚。

耦合是指模块之间的交互程度，即模块之间相互依赖的程度；耦合的强弱取决于模块间接口的复杂程度、进入或访问一个模块的点以及通过接口的数据。

高内聚能够限制功能模块之间的耦合度，降低由于联系紧密而引起的副作用。高内聚、低耦合，是保证软件质量的重要因素。

通过抽象、数据封装和信息隐藏，可以做到高内聚、低耦合。抽象是指对事物、状态或过程之间所存在的某些相似的方面集中和概括起来，而暂时忽略他们之间的差异，即考虑抽象事物的本质特征而暂时不考虑它们的细节。数据封装和信息隐蔽是指设计功能模块时使得一个功能模块内所包含的信息（过程或数据），对于不需要这些信息的功能模块来说是不能访问的。信息隐蔽原则对于以后在软件维护期间修改软件时会带来极大的好处，因为大量数据和过程是软件的其他部分所不能觉察的，因而再对某个功能模块修改时就不大会影响到软件的其他部分。

以上概念在本书的第 4 章中有详细的讲解。

▶ 知识拓展　　　　　　　精妙的人体构造

精妙的人体是大自然进化的杰作。人体由若干功能系统组成，包括心血管系统、淋巴系统、呼吸系统、消化系统、泌尿系统、内分泌系统、神经系统等；而每一个人体功能系统又由若干器官组成，例如心血管系统是由心脏、血管、毛细血管、血液组成的一个封闭的运输系统，心脏、血管、毛细血管就相当于一个软件子系统中的一个个功能模块，血液就像软件系统中的数据一样。这些人体器官各司其职，具有高内聚性；同时，它们之间也有关联。人体各功能器官之间的关联，既使得各功能系统成为一个相对完整、独立的系统，也使得各功能器官之间的耦合度最低。

因此可见，人体的生理结构极其完美地体现了"高内聚、低耦合"的系统设计原则。人体中的部分器官如图 6.5 所示。

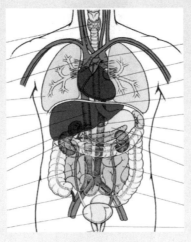

图 6.5　部分人体器官

6.1.4　数据结构与算法设计

曾经有一种流行的说法：程序=数据结构+算法，可见数据结构和算法是程序的灵魂。

数据结构是以某种形式将数据组织在一起的集合，它不仅存储程序中的数据，还支持对数据的访问和处理。算法是为求解一个问题需要遵循的、被清楚指定的简单指令的集合。

数据结构和算法是相辅相成的。数据结构是为算法服务的，算法要作用在特定的数据结构之上。因此，不可能抛开数据结构来讲算法，也不可能抛开算法来讲数据结构。数据结构是静态的，它只是组织数据的一种方式。如果不在它的基础上操作、构建算法，孤立存在的数据结构就是没用的。

随着人工智能技术的发展，我们已经开启了智能时代。我们身边的智能应用随处可见，如智能导航、网上购物系统中的智能推荐、教学管理信息系统中的排课表、智能制造中的智能排产、智能调度、企业 ERP 系统中的 MRPII 等，都是算法在发挥着巨大的作用。当然这些算法是非常复杂的，吸引了众多学者进行了几年、几十年的研究，乃至于现今依然在进行着研究。

> **▶ 知识拓展　数据结构与算法如同人的神经和肌肉**
>
> 人之所以能够全身运动，那是无数的神经和肌肉在起作用。如果局部的神经和肌肉失效了，那么会导致该局部的器官功能受影响。如果全局的神经和肌肉失效了，那么人就瘫痪了。人体的肌肉与神经如图 6.6 所示。
>
>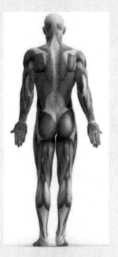
>
> 图 6.6　人体的肌肉与神经
>
> 数据结构与算法如同人的神经和肌肉，让软件功能模块能够发挥功能。所以数据结构与算法对整个软件系统的成功很重要，要慎重设计。

6.1.5　用户界面设计

用户界面（User Interface，UI）是指对软件系统的人机交互、操作逻辑、界面美观的整体设计。好的界面设计不仅会让软件变得有个性、有品位，还会让软件的操作变得舒适、简单、自由、充分体现软件的定位和特点。

用户界面是软件系统和用户之间进行交互和信息交换的媒介，它实现软件系统的内部形式与人类可以接受的形式之间的转换。用户界面使人与机器的互动（Human Machine Interaction）成为可能。

用户界面可分为感觉（视觉、触觉、听觉等）和情感两个层次。用户界面设计是屏幕产品的重要组成部分。界面设计是一个复杂的多学科参与的工程，认知心理学、设计学、语言学等在此都扮演着重要的角色。用户界面设计的三大原则：置界面于用户的控制之下、减少用户的记忆负担、保持界面的一致性。

在漫长的软件发展中，界面设计一直没有被重视起来。做界面设计的人也被"轻视"地称为"美工"。其实软件界面设计就像工业产品中的工业造型设计一样，是产品的重要买点。实用、适用、友好、美观的界面会给用户带来所需的功能、良好的用户体验和舒适的视觉享受，适用于该软件的定位与应用场景，拉近人与电脑的距离，为商家创造卖点。界面设计不是单纯的美术绘画，它需要定位业务功能、使用者、使用环境、使用方式，并且为最终用户而设计，是纯粹的科学性的艺术设计。检验一个界面的标准即不是某个项目开发组领导的意见，也不是项目成员投票的结果，而是最终用户的感受。所以界面设计要和用户研究紧密结合，它是一个不断为最终用户设计满意的视觉效果和使用体验的过程。

> **▶知识拓展**　**用户界面如同人的外在形象**
>
> 　　一个人即使有了骨架、大脑、各功能器官、肌肉与神经，但如果没有皮肤、毛发和衣服，也不是一个健全的、能够存活的社会人。人的外貌、气质和衣着能够体现出他的性别、年龄、文化水平、性格、职业、身份地位等。正所谓"人靠衣裳，马靠鞍"，因此几乎每个人都对自己的穿着打扮很在意，非常希望自己的外在表现能够体现出自己优秀、出众、有魅力的一面，希望能够给外界留下最好的印象。
>
> 　　最典型的代表就是我国戏剧中的人物都有非常鲜明的、容易辨识的人物扮相与特征，使观众很容易就能够识别人物的性格特点、身份与地位等，很容易理解剧情，当然就会受到广大观众的认可和欢迎。
>
> 　　软件系统的用户界面如同人的外表，是给用户的第一直观感受。软件系统强大功能的内在美固然重要，但一个用户能够对一个软件系统一见就喜欢、愿意接受，至少在软件应用的

初始阶段，多半是系统界面发挥了主要作用。在生活节奏越来越快的现代社会，用户界面对软件系统的成功应用发挥着越来越重要的作用。

6.2　面向对象设计概要

一个软件产品必不可少的两个元素：一是职责即操作；二是支持职责履行的数据。由此，在软件工程发展过程中派生出两种软件设计的方法：面向操作设计（Operation-Oriented Design）和面向数据设计（Data-Oriented Design）。

面向操作设计强调的是操作，其目标是设计高内聚的模块。在面向数据设计中，数据是优先考虑的。例如，在 Michael Jackson 技术中，数据结构首先被确定，然后那些操作被设计成能够符合数据结构。面向操作设计的缺点是它集中于操作，而忽略了数据的重要性；面向数据设计则过分强调数据，而忽略了操作的重要性。

软件是操作与数据公共作用而成的，软件系统中操作与数据同等重要，因此在设计软件系统时，应该把操作和数据作为同等重要的要素来考虑。面向操作设计和面向数据设计都不能做到这一点，只有面向对象设计能够做到这一点，因为对象同时载有数据和操作，因此能够同时考虑操作和数据。

面向对象设计包括以下 4 项主要工作。

- 构建交互图（Interaction Diagram）。为在面向对象分析阶段获得的每一个用例情景构建交互图，即时序图或协作图。
- 完成详细类图。基于交互图和面向对象分析阶段获得的初始类图，完成一个涵盖所有的类及其属性和方法的详细类图，这些类包括实体类、边界类和控制类。
- 构造客户-对象关系图。该图的重点是类的层次关系，它类似于结构化范型中的控制流程图。
- 对方法进行详细设计。对每一个类中每种方法内部的流程、逻辑、算法进行详细设计。

6.3　交互图

UML 交互图（Interaction Diagram），用于描述每一个用例情景实现过程中对象之间的交互内容和交互过程，所以交互图是针对用例的。交互图分为顺序图和协作图两种。它们描述的对象是相同的，即参与该用例情景的对象，以及对象之间传递的消息（Message），但是以不同的方式来表达。

交互图

6.3.1　顺序图

顺序图（Sequence Diagram），又称为时序图、序列图。它强调的是顺序、时序，是对象之间传递的消息流的序列及每一条消息的发送者和接收者。类定义了可以执行的各种行为。但是，在面向对象的系统中，行为的执行者通常是对象，而不是类，因此序列图通常描述的是对象层次，而不是类层次。

顺序图的要素有参与者实例、对象、生命线、对象之间传递的消息及其次序。

1. 参与者实例

在 UML 顺序图中的参与者实例是指用例图中与这个用例进行交互的参与者的某一个实例。

用例图中，参与者用人形符号表示，并用单数名词对其进行命名。在顺序图中，参与者实例位于顺序图的顶部，也用人形符号表示，但是用其对象名来命名，具体有以下两种命名方式。

（1）参与者实例名：参与者名

"参与者实例名：参与者名"表示该"参与者名"参与者派生出的一个以"参与者对象名"命名的实例，例如"学生 A：学生""教师 B：教师""customer_C：Customer"等，如图 6.7 所示。

图 6.7　顺序图中的参与者实例（一）

（2）：参与者名

"：参与者名"表示该"参与者名"参与者派生出的一个参与者实例，但并不指定该实例名，如图 6.8 所示；编程阶段，可以由程序员自行对其命名。

图 6.8　顺序图中的参与者实例（二）

2. 对象

在 UML 顺序图中的对象是指在完成一个用例情景过程中所有涉及的系统内部的对象，包括实体类对象、边界类对象和控制类对象。对象的标识符为以对象名来命名的矩形框，位于顺序图的顶部。

具体有以下两种对象命名方式。

（1）对象名：类名

"对象名：类名"表示该"类名"类派生出的一个以"对象名"命名的对象，例如"book_A：Book""课程B：课程""product_C：Product"等，如图6.9所示。

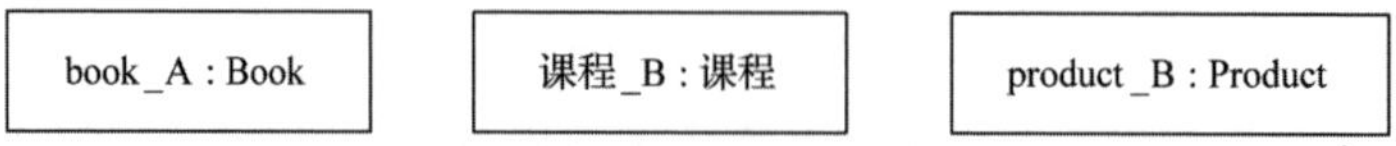

图 6.9　顺序图中的对象（一）

（2）：类名

"：类名"表示该"类名"类派生出的一个对象，但并不指定该对象名，编程阶段可以由程序员自行对其命名，如图6.10所示。

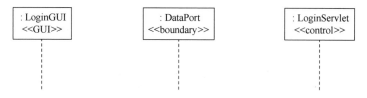

图 6.10　顺序图中的对象（二）

在顺序图中，边界类对象和控制类对象需要标识出来，在对象名的下面分别用"<<boundary>>""<<GUI>>"和"<<control>>"标识其为边界类对象、界面类对象、控制类对象，如图6.11所示。

图 6.11　顺序图中边界类对象和控制类对象的表示

3．生命线

生命线（life line）标识对象的存在。顺序图中参与者实例和各种类的对象的垂直方向向下拖出的长虚线称为生命线。生命线是一个时间线，从序列图的顶部一直延续到底部。如图6.12所示，序列图中的每个对象及其生命线显示在单独的列中。

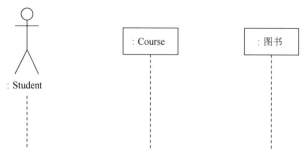

图 6.12　顺序图中的生命线

生命线包括以下两种状态：休眠状态和激活状态，如图 6.13 所示。

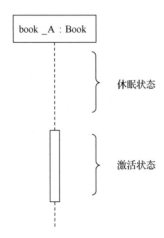

图 6.13　顺序图中生命线的两种状态

（1）休眠状态。休眠状态下生命线由一条虚线表示，代表对象在该时间段内是没有信息交互的。

（2）激活状态。激活状态就是激活期，用条形小矩形表示，代表对象在该时间段内有信息交互。

有的顺序图中，在生命线上出现消除对象的标记"✖"，表示该对象的生命周期到此终结，该对象从系统中彻底销毁，如图 6.14 所示。

图 6.14　顺序图中生命线的终结

关于对象的激活状态和生命终结的标记，有的业内人士认为顺序图的阅读者基本上都是其他设计人员和程序员，这些专业人员能够很容易地从顺序图中识别出什么时候应该创建该对象，什么时候应该销毁该对象，尤其面向对象语言 Java 自身拥有垃圾收集机制，Java 系统能够对不再需要的对象自动识别并销毁，因此不需要在顺序图中标识对象的激活状态和生命终结。

为简化顺序图，本书中的顺序图样例不标识对象的激活状态和生命终结。

4．消息

在任何一个面向对象软件系统中，对象都不是孤立存在的，它们之间互相协作和衔接为一个整体，作为一个系统向外界提供功能。对象之间通过相互间的消息传递来实现对象之间的动态联系，从而达成相互协作。

消息（message）是对象之间通信的规格说明，这样的通信用于传输将发生的活动所需要的信息。消息可能是用户操作、系统内部语句指令、数据等，用来说明序列图中对象之间的通信，可以激发操作、传递数据、创建或消除对象等。消息的作用就是既联系两个对象，又描述它们之间的交互。

在 UML 顺序图中，用一条有向线段从消息发送方对象的生命线指向消息接收方对象的生命线，来显示一个对象传递消息给另一个对象或其自身。其中，操作和命令类的消息用实线表示，数据类的消息用虚线表示。

消息线要有描述，用来表示两个对象之间具体的交互内容。例如，外部操作"输入用户名与密码"、内部语句指令"validate(username, password)""create( )"、数据"resultSet_Student"和数据"average_salary"等。

消息可能从一个对象传递给另一个对象，如图 6.15 所示，其中的虚线消息表示传递的是数据。

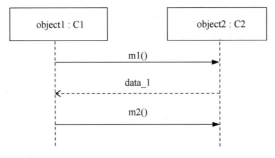

图 6.15　一个对象向另一个对象传递消息

消息也可能传递给对象自身，即自我调用，如图 6.16 所示。

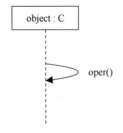

图 6.16　对象向自身传递消息

消息也可能是参与者实例与系统中的对象进行交互，如图 6.17 所示。

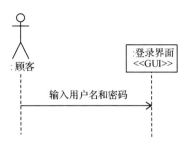

图 6.17　参与者实例与对象交互

（1）消息的标识

在顺序图中，消息发送，除了如图 6.15 那样按自上而下的顺序而发生，还可能是条件发送、循环发送等。

① 消息的条件发送。

如果在条件满足的情况下，只发送一条消息，则在消息前部加上警戒条件或条件语句，条件用 "[ ]" 括起来，如[salary>=5000]或[the user is a VIP]或 else，如图 6.18 所示。

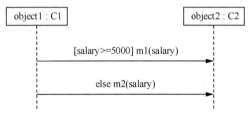

图 6.18　一条带条件的消息发送

如果在同一条件下，需要发送多条消息，则将这多条消息用 "]" 括起来，在旁边写上条件，如图 6.19 和图 6.20 所示。

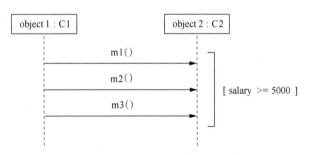

图 6.19　多条带条件的消息发送（一）

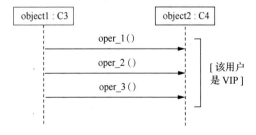

图 6.20　多条带条件的消息发送（二）

② 消息的循环发送。

如果在循环条件下，只发送一条消息，则在该消息前部加上循环条件或条件语句，条件用"[ ]"括起来，如[for all students]、[i:=1..n]，如图 6.21 和图 6.22 所示。

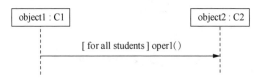

图 6.21　顺序图中单条消息的循环发送（一）

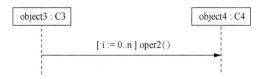

图 6.22　顺序图中单条消息的循环发送（二）

如果在同一循环条件下，发送多条消息，将这多条消息用"]"括起来，在旁边写上循环条件，如图 6.23 和图 6.24 所示。

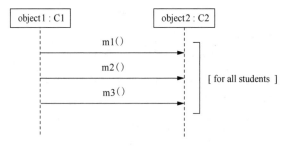

图 6.23　顺序图中多条消息的循环发送（一）

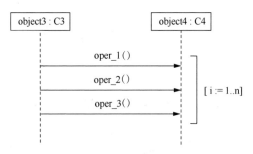

图 6.24　顺序图中多条消息的循环发送（二）

（2）方法的分配

在图 6.24 中 oper_1( )显然是一个方法，那么它是 object3 的方法还是 object4 的方法？对象 object3 向对象 object4 发送消息 oper_1( )方法，就是说，对象 object3 通知对象

object4 做 oper_1( )，如果对象 object4 中没有方法 oper_1( )，则意味着对象 object4 无法完成对象 object3 通知它的任务 oper_1( )；因此为了对象 object4 能够完成任务 oper_1( )，对象 object4 必须拥有方法 oper_1( )，即对象 object4 所属的类 C4 必须拥有方法 oper_1( )。

反过来说，不是因为消息的发送方 object3 有 oper_1( )而将其送给接收方 object4，而是因为接收方 object4 能够完成任务 oper_1( )，因此发送方 object3 将该消息 oper_1( )发送给 object4，由接收方 object4 来完成任务 oper_1( )。

也就是说，谁拥有该方法，就应该把该消息发送给谁；反之，消息发送给谁，也就意味着该方法分配给谁。

例如，电梯控制系统中的电梯向上移动、向下移动应该由电梯自身来实现，因为只有它自身才知道电梯移动的机械工作原理及电梯向上和向下移动的实现方法与细节，所以如果需要电梯向上或向下移动，则要向电梯发送相应的"向上移动"或"向下移动"的消息。按钮变亮或灭应该由按钮自身来实现，因为只有它自身才知道按钮变亮的工作原理及按钮变亮或灭的实现方法与细节，所以如果需要按钮变亮或灭，则要向按钮发送相应的"亮"或"灭"的消息。

再如，图书馆管理信息系统中，借书业务本质上是该图书允许自身被借，也就是说图书类才应该拥有方法"借书( )"。因此，如果想借某本图书，则要向该图书对象发送消息"借书( )"，由该图书对象来实现"借"的功能。

可见，方法的分配集中体现了面向对象的设计原则"职责驱动"，所以面向对象设计也称职责驱动设计（Responsibility-Driven Design）。

5. 建立顺序图的步骤与原则

建立顺序图的基本步骤和原则主要有以下几个。

（1）确定交互过程上下文（Context），要详细审阅有关资料，包括需求、用例建模、类建模和动态建模等文档。

（2）识别参与交互过程的对象，通过对用例基本流和可选流情景的实现过程的设计来识别在其实现过程中需要交互的对象，包括边界类、控制类和实体类。在顺序图的上部列出所选定的一组对象（应该同时给出其类名），并为每个对象设置生命线。通常按照阅读习惯，把发起交互的对象放在左边。

（3）按照通常的阅读习惯，一个顺序图中的第一条消息从顶端开始，并且一般位于图的左边，然后将继发的消息加入图中，稍微比前面的消息低一些。全部消息按照发生的先后，从上向下纵向排列，而且全部消息从序号 1 开始排序，以减少歧义、便于阅读和识别。

（4）如果因为条件判断出现多个分支，则用 A、B、C 等字母区分各分支，从而消息序号可能如 6A、6B、6C、12A、12B 等。

（5）确定消息将怎样或以什么样的序列在对象之间传递。从发出信息的对象的视角，确定它需要哪些对象的协作，而它又向哪些对象提供协作。

（6）关于消息的指向，要进行深入的分析与设计，它体现的是面向对象范型的核心原则职责驱动和信息隐藏，是面向对象设计的核心问题之一。

例如，"对象 a 向对象 b 发送指令 m( )"是否合理，这里面有这样几个问题要分析清楚：①对象 b 是否适合拥有方法 m( )、是否有能力完成方法 m( )；②对象 a 是否适合拥有方法 m( )、是否有能力完成方法 m( )；③是否还有其他类/对象比对象 b 更适合拥有方法 m( )、更有能力完成方法 m( )。

按照本章讲解的职责驱动设计和信息隐藏原理，谁更适合拥有并实现方法 m( )，主要取决于谁拥有实现方法 m( )所需的大部分资源，即数据。如果对象 a 向对象 b 发送指令 m( )是合理的，则意味着对象 b 拥有方法 m( )，那么在设计类图时，方法 m( )应该分配给对象 b 所属的类。这再次体现了本书中多次讲解和强调的职责驱动设计和信息隐藏。

顺序图中的指令类消息会对应到详细类图中的方法。

6. 案例

（1）案例 1：教学管理信息系统中的用例"学生登录"（采用的技术路线是 Java Web），其顺序图如图 6.25 所示。

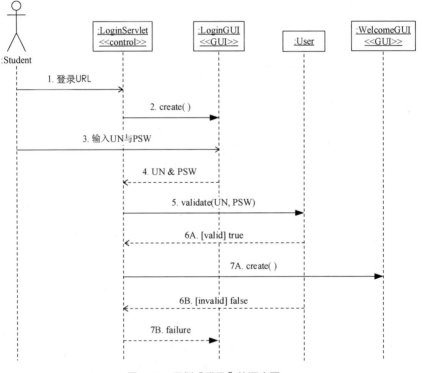

图 6.25 用例"登录"的顺序图

注：

① 采用不同的技术方案、不同的编程语言、不同的架构、不同的设计模式，必然导致

不同的顺序图设计。例如，对于同样的问题，采用 Java、C++语言，则其顺序图设计就会有所不同。再如，对于一个 Java Web 系统，采用不同的架构，则其顺序图设计也必然不同。

② 为了学习方便，图 6.25 采用的是最简单的 Java Web 技术路线。

（2）案例 2：电梯控制系统中某一个情景的顺序图如图 6.26 所示（假设采用 Java 技术路线）。

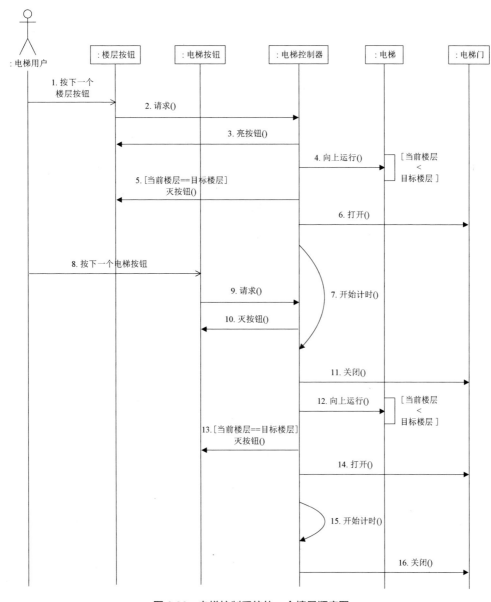

图 6.26　电梯控制系统的一个情景顺序图

（3）案例 3：图书馆管理信息系统中"借书"用例的顺序图如图 6.27 所示（采用 Java 技术路线）。

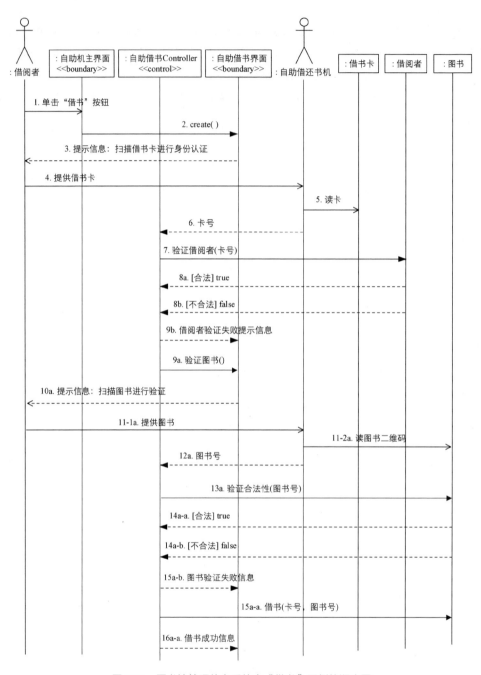

图 6.27 图书馆管理信息系统中"借书"用例的顺序图

6.3.2 协作图

协作图（Collaboration Diagram）是另一种交互图，它包括的建模要素与顺序图一样：系统外部的参与者实例、系统内部的对象和它们之间传递的消息。协作图中的内容跟顺序图也一样，都是用来描述用例情景的实现。但二者也有较大的不同。

（1）顺序图强调用例情景实现过程中操作发生的时间先后顺序，而协作图强调的是用例情景实现过程中对象之间的协作关系。

（2）顺序图中有对象生命线，而协作图中没有。

顺序图和协作图在语义上是等价的，二者之间可以相互转换，但二者并不能完全相互替代。

图书馆管理信息系统中"借书"用例的协作图，如图 6.28 所示。

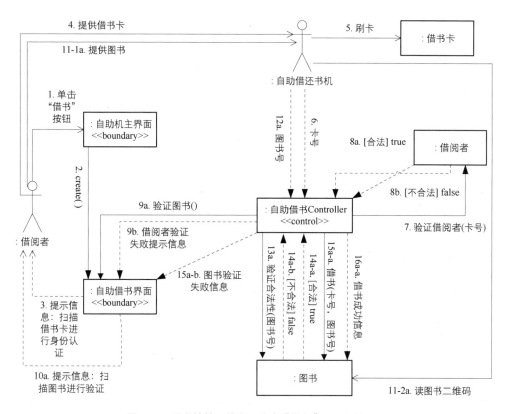

图 6.28 图书馆管理信息系统中"借书"用例的协作图

6.4 详细类图

详细类图、客户–对象关系图、方法的详细设计、迭代

对系统中的全部用例完成了交互图后，完成系统的详细类图（Detailed Class Diagram）就是顺理成章、水到渠成的事情：用例情景交互图的完成，即意味着挖掘并设计出了所有可能涉及的类（包括边界类、界面类、控制类和实体类），以及每个类的职责（即方法）。关于类的属性，主要是实体类具有属性，这在面向对象分析阶段已经确定，因此现阶段需要做的是基于面向对象分析阶段获得的初始类图，补充上实体类的方法、边界类、界面类和控制类，也可能包括针对实体类的集合。再确定这些类之间的关系，即可获得目标软件系统的详细类图。

例如，电梯控制系统的详细类图如图 6.29 所示。

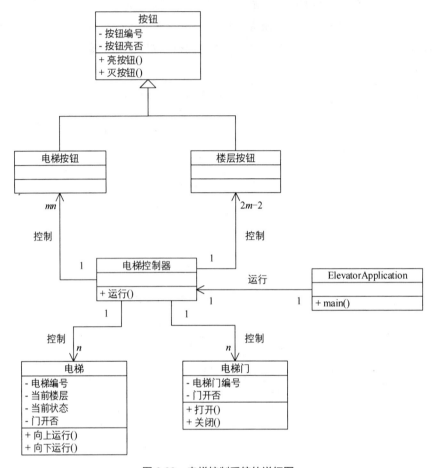

图 6.29　电梯控制系统的详细图

注：电梯控制系统不同于纯软件系统，例如按钮（电梯按钮和楼层按钮），既是实体类，也是边界类；电梯控制器物理上是一个单片机或一台计算机主机，逻辑上它又是控制类，因此它既是一个实体类，也是一个控制类。

6.5　客户-对象关系图

类图并不能反映类之间的层次关系，而客户-对象关系图（Client-Object Relation Diagram）就是要重点反映这些类的层次关系。

类之间消息的传递就反映出这种客户-对象关系，消息的发送就是客户，消息的接收方就是对象。在客户-对象关系图中，用箭头从客户指向对象。

电梯控制系统的客户-对象关系图如图 6.30 所示（假设系统的实现语言是 Java）。

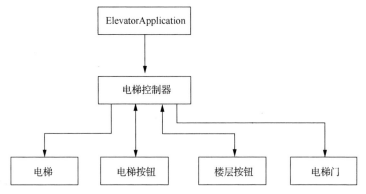

图 6.30　电梯控制系统的客户-对象关系图

ElevatorApplication 是这个系统的入口，其使命就是拥有一个 main( )方法，使整个系统能够启动。

电梯控制器与电梯按钮和楼层按钮之间的箭头是双向的，表示电梯控制器与电梯按钮和楼层按钮之间互为客户-对象关系；事实上这是成立的，因为在业务功能的实现过程中，有时电梯控制器向电梯按钮和楼层按钮发送消息，此时电梯控制器是电梯按钮和楼层按钮的客户；有时电梯按钮和楼层按钮向电梯控制器发送消息，此时电梯按钮和楼层按钮是电梯控制器的客户。

6.6　方法的详细设计

前面已经讲解了利用交互图、详细类图和客户-对象关系图来对目标软件系统进行软件设计，从编程实现的需求来看，已经明确了应该有哪些类及其属性和方法、类之间的关系，但是具体到类中的每一个方法，还没有给出实质性的实现方案。例如，图书馆管理信息系统中，"借书"是类"书"的职责即方法，但无论是交互图、详细类图，还是客户-对象关系图中都不能提供该方法的实现方案，即内部逻辑的实现细节。再如，电梯控制系统中，按钮如何"亮"或"灭"是按钮的职责即方法，但在前面的工作中，并没有给出这些方法（所有方法）的实现细节。

显然，没有方法的实现细节，程序员无从知晓方法的实现逻辑、算法和流程，因此对方法的详细设计是设计阶段不可或缺的工作。

通常，采用程序描述语言（Program Description Language，PDL）或伪代码（Pseudocode）来对方法进行设计，它是介于自然语言和编程语言之间的一种语言，比自然语言精练、简洁、更有逻辑性，同时也比编程语言有更强的可读性和可理解性。

以下是利用 pseudocode 做详细设计的样例（假设采用的编程语言为面向对象编程语言 Java ）：

```
......
send message ( userName and password ) to User to validate;
if (the student is valid) {
```

```
        send message to WelcomeGUI to create;
    }
else {
        send failure message to LoginGUI
    }
......
```

6.7 面向对象设计的迭代与测试

面向对象分析与设计的过程本质上就是迭代的，因此面向对象设计过程就是基于上一个阶段即面向对象分析的结果，进行面向对象设计，包括顺序图、详细类图、客户-对象关系图及方法的详细设计，而且要经过不断、多次的迭代，才能最终获得面向对象设计结果。

在设计阶段，也要对设计结果进行反复测试，以确保目标软件系统的规格说明得到正确的、完整的设计，且设计方案本身必须是正确的、合理的、没有逻辑错误的、技术上可实现的，以及所有的接口都有正确的定义等。我们可以通过设计审查和设计走查等方法来实现对设计的测试。无论是对审查还是对走查的设计，都应该是由规格说明驱动的，以便确保规格说明里的声明没有被忽略或误解。

设计工作是非常有难度的，设计者面临着很大的挑战。设计团队应该做的设计工作不能做多，也不能做少。设计工作不能做多是指详细设计不能成为代码；设计工作不能做少是指设计成果要能够支持实现工作。

要点

- 软件系统设计是从软件需求规格说明出发，针对功能性需求和非功能性需求，形成软件具体设计方案的过程，也就是说，在需求阶段和分析阶段明确软件是"做什么"的基础上，解决软件"怎么做"的问题。
- 软件设计阶段通常分为系统的总体设计和详细设计两大步骤。
- 系统的总体设计，就是对软件系统体系结构或框架进行设计。
- 系统的详细设计包括数据库设计、用户界面/接口设计、功能模块设计、数据结构与算法设计。
- 面向对象的功能模块设计采用顺序图或协作图、详细类图、客户-对象关系图来进行设计，并且采用程序描述语言 PDL 或伪代码对类中的方法进行详细设计。
- 面向对象分析与设计的过程本质上就是迭代的，要经过不断、多次的迭代，才能最终获得面向对象设计结果。
- 在设计阶段要对设计结果进行反复测试，以确保目标软件系统的规格说明被正确、完整地得到了设计，而且设计方案本身是正确的。

习题

选择题

1. _____图描述的重点是对象之间消息传递的顺序。

    A. 用例   B. 状态   C. 协作   D. 顺序

2. _____图描述的重点是对象之间的协作关系。

    A. 用例   B. 状态   C. 协作   D. 顺序

3. 顺序图与协作图都是_____图。

    A. 交互   B. 状态   C. 协作   D. 顺序

4. _____可以用来对类中方法的详细设计进行描述。

    A. 自然语言   B. 计算机语言   C. 伪代码   D. Java 代码

5. _____可以用来描述每一个用例的情景。

    A. 类图   B. 用例图   C. 顺序图   D. 状态图

6. 以下哪一个不是顺序图的组成部分?_____

    A. 对象   B. 消息   C. 状态转变   D. 生命线

7. 以下哪项工作不是详细设计阶段的工作?_____

    A. 数据库设计   B. 系统架构设计   C. 用户界面设计   D. 算法设计

 思考与讨论

1. 结合一个具体案例,阐述软件体系结构设计、数据库设计、接口/用户界面设计、功能模块、数据结构/算法设计之间的关系。

2. 结合一个具体案例,讨论职责驱动的面向对象设计原则。

 实践

实践小组全体成员分工合作,完成小组项目的系统设计,具体设计工作如下。

- 系统架构设计(选做)。
- 对主要功能模块进行面向对象设计,画出相应的顺序图。
- 界面设计(选做)。
- 数据库设计,包括表、表中的字段及其数据类型和长度等(选做)。
- 详细类图和客户-对象关系图设计(选做)。

注意:最终完成的成果应该是对每位成员所做工作成果的合理整合,而不是简单的拼凑。这样就需要组长和骨干成员积极协调与管理,需要小组全体成员进行充分的讨论、通力合作和彼此配合。

7

第 7 章　实现

学习目标:

- 了解编程语言的历史与分类
- 了解并理解编程语言的应用特点
- 了解并理解选择编程语言的原则
- 了解并应用一些基本的编程规范
- 了解并理解实现与集成的 3 种方法

对目标软件系统做需求、分析和设计,能够获得大量非常有价值的成果。当然,无论采用了什么软件工程工具,这些成果都是以文档的形式而存在的,文档中的内容是用人类的各种自然语言和软件模型符号来表示的。然而在当前的软件技术水平下,这些自然语言和软件模型符号是计算机所不能读懂和处理的。计算机能够读懂的是计算机语言,能够处理并执行的是用计算机语言编写的指令和程序。

也就是说,我们想要计算机能够按照设计方案做事情,就需要为计算机提供依据设计好的、符合需求的设计方案而编写的一系列计算机指令(Instruction),即计算机程序(Computer Program),这一过程就是"编程"(Programming/Coding)。在软件工程中,该过程称为实现(Implementation)。

用户最终使用的是实现的成果,即可执行的软件程序、软件系统,而这个软件程序、软件系统的质量直接、最终地决定了该软件能否被客户和用户所接受、能否真正满足用户的需求、能否最终获得成功。因此,实现在整个软件生命周期中有着独一无二、不可替代的作用。

7.1　编程语言的分类

计算机软件与计算机如影随形,不可分割。从诞生了计算机的那一刻开始,就诞生了计算机编程语言。在短短几十年的计算机软件历史中,计算机编程语言发展迅猛,已经经历了四代。

编程语言的分类

7.1.1　第一代语言

计算机程序由计算机执行，但事实上计算机内部能够接受、读懂并执行的语言只是二进制代码 0 和 1，用二进制代码描述的指令称为机器指令，全部机器指令的集合构成计算机的机器语言（Machine Language）。

随着计算机的诞生，最先产生的就是机器语言。用机器语言编写程序，编程人员要首先熟记所用计算机的全部指令代码和代码的含义。手编程序时，程序员需要自己处理每条指令和每一条数据的存储分配和输入/输出，还需要记住编程过程中每步所使用的工作单元处在何种状态。这是一件十分烦琐和有难度的工作。编写程序投入的时间往往是实际运行时间的几十倍或几百倍，而且编出的程序全是一些 0 和 1 的指令代码，可读性非常差，还容易出错。机器语言属于低级语言。现在除了计算机生产厂家的专业人员外，绝大多数的程序员已经不再学习和使用机器语言了。

机器语言依赖于机器，机器程序不具有可移植性。事实上，存在着多至 10 万种机器语言的指令。以下是一些机器语言代码示例。

* 指令部分的示例。

0000 代表加载（LOAD）。

0001 代表存储（STORE）。

......

* 暂存器部分的示例。

0000 代表暂存器 A。

0001 代表暂存器 B。

......

* 存储器部分的示例。

000000000000 代表地址为 0 的存储器。

000000000001 代表地址为 1 的存储器。

000000010000 代表地址为 16 的存储器。

100000000000 代表地址为 2^{11} 的存储器。

* 集成示例。

0000,0000,000000010000 代表 LOAD A, 16。

0000,0001,000000000001 代表 LOAD B, 1。

0001,0001,000000010000 代表 STORE B, 16。

0001,0001,000000000001 代表 STORE B, 1[1]。

7.1.2　第二代语言

第二代编程语言也属于低级编程语言类别的汇编语言（Assembly Language）。汇编语言是指任何一种用于电子计算机、微处理器、微控制器或其他可编程器件的符号语言。

在汇编语言中，用助记符代替机器指令的操作码，用地址符号或标号代替指令或操作数的地址，用一些容易理解和记忆的字母、单词来代替一个特定的指令，例如，用"ADD"代表数字逻辑上的加减，用"MOV"代表数据传递等。通过这种方法，程序员很容易去阅读已经完成的程序或者理解程序正在执行的功能，对现有程序的漏洞修复及运营维护都变得更加简单、方便。

例如，用汇编语言编程输出"Software Engineering"，需要写 10 多行代码。代码如下：

```
section .data
        msg db "Software Engineering", 0xA
        len equ $ - msg
section .text
global _start
_start:
        mov edx, len
        mov ecx, msg
        mov ebx, 1
        mov eax, 4
        int 0x80
        mov ebx, 0
        mov eax, 1
        int 0x80
```

计算机硬件并不能读懂字母符号，汇编程序需要编译成计算机能够识别的二进制数才能执行。汇编语言与机器自身的编程环境息息相关，如在不同的设备中，汇编语言对应着不同的机器语言指令集，通过汇编过程转换成机器指令。特定的汇编语言和特定的机器语言指令集是一一对应的，不同平台之间不可直接移植。

汇编语言保持了机器语言优秀的执行效率，所以汇编语言到现在依然是被使用的编程语言之一。在今天的实际应用中，汇编语言通常被应用在底层、硬件操作和高性能要求的程序优化场合。驱动程序、嵌入式操作系统和实时运行程序都需要汇编语言。

利用汇编语言编程，编程人员需要将每一步具体的操作用命令的形式写出来。汇编程序的每一条指令只能对应实际操作过程中的一个很细微的动作，例如移动、自增，因此汇编源程序一般比较冗长、复杂、容易出错，而且使用汇编语言编程需要有更多的计算机专业知识。

但汇编语言的优点也是显而易见的，用汇编语言所能完成的操作不是一般高级语言所能够实现的，同时源程序经汇编生成的可执行文件不仅比较小，而且执行速度很快。

7.1.3　第三代语言

高级语言（High-Level Programming Language）的出现标志着第三代编程语言的开始。与汇编语言相比，它不但将许多相关的机器指令合成为单条指令，并且去掉了与具体操作有关但与完成工作无关的细节，例如使用堆栈、寄存器等，这样就极大地简化了程序中的指令，降低了学习和使用高级语言的难度。人们通常认为一条第三代语言的语句功能相当于 5～10 条汇编语言的语句功能。

高级语言并不是特指某一种具体的语言，而是包括了很多编程语言，如 C、Basic、Fortran、C++、Java、COBOL 等编程语言。

7.1.4 第四代语言

第四代编程语言也是高级语言，其中包括 Visual Basic（简称 VB）、Visual C（简称 VC）、Delphi、DBaseIV、SQL、Python 等编程语言。人们通常认为一条第四代语言的语句功能相当于 30～50 条汇编语言的语句功能。

有的专家把第三代语言和第四代语言统归为高级语言。无论是第三代还是第四代语言，其所编制的程序都不能直接被计算机识别，必须经过转换才能被执行。按转换方式，高级语言可分为以下两类。

1. 编译类

编译是指在应用源程序执行之前，就将程序源代码"翻译"成目标代码（机器语言），即将源代码文件编译生成二进制的机器码组成的可执行文件。因此，该可执行文件可以脱离其语言环境独立执行，使用比较方便、效率较高。但应用程序一旦需要修改，必须先修改源代码，再重新编译生成新的可执行文件才能执行；如果只有可执行文件而没有源代码，修改就很不方便。编译后程序运行时不需要重新"翻译"，直接使用编译的结果就行了。该类程序执行效率高，依赖编译器，跨平台性差。代表性的语言如 C、C++、Delphi 等。

2. 解释类

其执行方式类似于我们日常生活中的"同声翻译"，应用程序源代码一边由相应语言的解释器"翻译"成目标代码（机器语言），一边执行，因此效率比较低，而且不能生成可独立运行的可执行文件，应用程序依赖于解释器，但这种方式比较灵活，可以动态地调整、修改应用程序，而且只要有解释器，解释类代码可以移植到任何机器上。代表性的语言如 Python、Java、PHP、Ruby 等。

高级语言是大多数编程者的选择。

7.2 编程语言的应用

编程语言，俗称计算机语言（Computer Language）。在计算机世界里，跟人类世界有汉语、英语、法语等很多种自然语言一样，计算机语言也有很多种。但编程语言并不像人类自然语言发展变化那样缓慢而又持久，其发展是非常快速的，这一点主要是因为计算机硬件、互联网和 IT 业的飞速发展促进了编程语言的发展。

每一种编程语言在诞生之际，往往是出于某方面的需要而对该编程语言有比较明确的定位和比较有针对性的设计，因此这些编程语言的语法和特性都不一样，以适应不同的应用环境、领域和需求。例如，有的编程语言的定位是要有较好的可移植性，有的编程语言的优势是有较好的性能，有的编程语言语法简单、易学易用，有的编程语言擅长复杂的科学与工程计算。

编程语言按照所适用的领域，大致可以进行以下这样的分类。

- 科学与工程计算：该领域适合的编程语言有 Fortran、Pascal、C、PL/1、C++等。
- 数据处理与数据库应用：该领域适合的编程语言有 COBOL、SQL、4GL 等。
- 实时系统：该领域适合的编程语言有汇编语言、Ada 等。
- 系统软件：该领域适合的编程语言有汇编语言、C、Pascal、Ada 等。
- 人工智能：该领域适合的编程语言有 LISP、Prolog、Python 等。
- 虚拟现实、电子游戏、Web 应用和移动应用等：该领域适合的编程语言有 C++、C#、HTML、Java、JavaScript、C++、Objective C 等。

▶ 知识拓展

常用的编程语言

1．Java

Java 在业界非常普及，它是程序员必备的基本技能。它作为一门面向对象的跨平台开发语言，功能强大且简单易用。作为一种纯面向对象编程语言，Java 是实现面向对象设计方案最理想的语言。Java 在 TIOBE 语言排行榜常年占据榜首，在全球占有极大的市场份额。经过20 多年的发展，其形成了完善的社区生态，多用于 B/S 架构的企业级项目开发，国内一线公司多在使用 Java 进行项目建设。

2．Python

Python 是一种非常简单的编程语言，极大地降低了编程门槛，已成为全球大/中/小学编程入门课程的首选教学语言，更是人工智能领域首选的编程语言。在大数据领域，Python 同样可以胜任，如使用 Python 进行数据的爬取操作等，故 Python 可以用在 Web 开发、爬虫、游戏、人工智能、物联网等方方面面。

3．C 语言

C 语言是古老的编程语言之一，它几乎可与所有系统兼容，很适合操作系统和嵌入式系统方面的开发。一般使用 C 语言进行操作系统底层开发、物联网软硬件开发。C 语言也是常见的编程入门语言。

4．C++

C++是一种基于 C 语言而发明的混合了面向对象机制和结构化机制的编程语言，它也是应用很广泛的一门语言，主要用于软件、搜索引擎、操作系统、游戏开发等。

5．JavaScript

JavaScript 作为一种主流的 Web 编程脚本语言，一般用来在客户端浏览器中运行。随着异步编程思想的深入，JavaScript 结合 Node.js 应用越来越广泛，不仅可以做 Web 前端开发，也可以做后端开发，还可以与移动端开发相配合来实现跨平台开发，例如小程序开发。

6. HTML 语言

HTML 超文本标记语言，是最著名的用于网页的标记语言。它用 HTML 标签的形式描述网页的外观，并且可以嵌入到某些其他代码中以影响 Web 浏览器的行为。

7. PHP

PHP 是一种通用开源脚本语言，主要适用于 Web 开发领域。在互联网逐渐兴起的几年里，人们有很多"建网站"的需求，由于 PHP 相对轻量级，适合快速进行 Web 开发，因此 PHP 的应用非常火爆。但随着这几年互联网的逐渐成熟和提升，项目体系和要求越来越高，PHP 的热度已经下降。

7.3 编程语言的选择

最终用户使用的软件产品是能够运行的软件系统，也就是说设计方案终究要转化为用计算机编程语言编写的程序，这就必然引出一个不可回避的问题：选择哪种编程语言来实现目标软件系统？可能的回答有：选择最好的编程语言，或选择最流行、最时髦的编程语言，或选择最喜欢的编程语言，……但这些回答都经不起推敲和研判。

1. 最好的编程语言

日常生活中人们对很多事情好像都倾向于选择一个之"最"，如最大的、最好看的、最耐用的等。但编程语言的"最好"无法确定。前面我们已经介绍了存在着众多编程语言，每一种编程语言都有其所长和适用场合，根本没有、也不可能有一个绝对的标准来评判哪种编程语言最好，更没有一种"包打天下"的编程语言。

2. 最流行、最时髦的编程语言

软件技术日新月异，新的、流行的、时髦的编程语言不断涌现，不断更替。当然新的编程语言肯定是因为某方面的需要而被发明的，但它绝不是"包治百病的神药"，因此我们不能为了赶时髦而盲目地选择最新的、最流行、最时髦的编程语言。

3. 最喜欢的编程语言

开发方最喜欢的编程语言很可能是其最熟悉、最擅长的编程语言，也可能是其一直心向往之的编程语言，但这些都与目标软件系统的需求无关。

所以以上这些答案都不是目标软件系统所真正需要的。从项目管理的层面讲，编程语言的选择应该按照合同上的要求来做。关于编程语言的要求，合同中可能有 3 种情况：合同中指明了编程语言、合同中要求采用最适合的编程语言、合同中没有指明编程语言。

合同应该对系统的技术方案（包括编程语言）有明确的要求，因为对技术方案的要求是一种非功能性需求。例如合同可明确要求目标软件系统的技术方案是 Java Web 技术路线或.NET 技术路线，采用什么架构、采用什么数据库、对接口的要求等。

如果合同中没有明确编程语言，就会留下很大的隐患：客户很可能在项目开发过程中，甚至项目开发完后，指出开发方选择的语言不符合他们的要求、他们对此不满意。对合同中没有说明白的事宜理论清楚是一件非常难的事情，开发方、客户方都很可能会为此付出代价。因此合同中应该明确编程语言，这样对双方的利益都是一种保护。

但如果合同中只是说"采用最适合的编程语言"，这几乎等于没说。开发团队当然依据自己的偏好、擅长、经验、想法等方面的因素来选择编程语言，而客观来说，这样选择的编程语言非常有可能不是"最适合的编程语言"。

所以，"合同中要求用最适合的编程语言开发"跟合同中没有指明编程语言本质上是一样的，因为"最适合的编程语言"是一个非常模糊的概念，极容易造成客户方与开发方之间的分歧，乃至于客户方对最终产品不满意。

当然，目标软件系统的编程语言的确应该选择最合适的编程语言，但无论是签合同前，还是签合同后选择最合适的编程语言都面临同一个问题：哪种语言是最适合的编程语言及最适合的编程语言的标准是什么。

因为目标软件产品是客户所需要的，并且客户方要为此支付开发经费乃至于交付后的维护费用，而开发方的职责是开发出满足客户需求的软件产品，所以编程语言的选择既要站在开发方的角度，也要站在客户方的角度，从多个层面、多维度地分析和选择。编程语言的选择应该综合考虑技术因素、经济成本和风险。

7.3.1 技术因素

技术因素是指客户对目标软件系统技术方面的需求，这必须在软件系统的整个技术方案中有所考虑。

首先，要考虑目标软件系统的应用领域，选择适合该应用领域的编程语言。例如，如果目标软件系统是基于 Web 的高校教学管理信息系统，那么就不应该考虑 C、C++等不擅长 Web 开发的语言，而应该考虑 Java、JavaScript、C#等擅长 Web 开发的编程语言。如果目标软件系统项目是网络管理系统底层开发、物联网软/硬件开发等，则 C 语言可能是首选。

其次，要考虑目标软件系统是否需要与客户现有的软件系统进行整合，如果是，就要考虑现有软件系统的技术架构，新的软件系统要能够与现有的软件系统无缝对接、整合，要能够以最小的代价实现整合。而无法实现与现有的软件系统对接的编程语言肯定不予考虑。

最后，要考虑开发团队的技术经验与管理经验，因此开发团队利用自己有经验、擅长的技术进行开发，其所开发出来的程序的质量和开发效率当然会比较高。反之，开发出的程序的质量和开发效率可能会不尽如人意，最终影响到软件产品的质量，乃至于交付后的维护工作。

7.3.2　经济成本

软件项目也是项目，就必然且必须有预算，而预算是在客户方与开发方之间的合作中必须明确规定的。事实上，在合同签订之前，客户方对目标软件系统的成本应该已经有了明确的计划。因此，在软件项目开发过程中，开发方对每一阶段、某一项工作都要考虑成本，否则开发方自身将面临极大的经济压力。软件项目的成本包括各种成本，如人力成本（包括开发项目组成员和质保项目组成员，也可能包括维护项目组成员）、开发成本、测试成本、管理成本、差旅成本、培训成本，以及开发、测试、管理、实施所需要的软/硬件设备、服务器、平台、工具等的成本。

编程语言本身与成本无关，但使用编程语言是有成本的。选择某种编程语言就意味着需要掌握该语言的技术开发与维护人员，以及相应的开发工具与平台、服务器等，例如，一个基于 Web 的软件系统，必然需要 Web 服务器；如果采用 Java Web 技术，则可考虑的Web 服务器有 Tomcat、WebSphere、JBoss、WebLogic、Resin 等；如果采用.NET 和 C#技术路线，则可考虑采用互联网信息服务（Internet Information Services，IIS）作为 Web 服务器。这些服务器有的是免费的，有的是要付费购买的，这时就涉及了经济成本问题。再如数据库，有的是免费的，如 MySQL、PostgreSQL，有些数据库则是需要付费购买的。

因此，技术方案的选择直接影响到整个目标软件系统的成本。显然，编程语言、技术方案的选择不是单纯的技术问题，而是与成本紧密相关的。因此，我们要在预算范围内本着少花钱多办事的原则，选择编程语言及开发与实施的技术方案。

7.3.3　风险

如果实现目标软件系统所采用的编程语言恰好是开发团队所擅长的、有丰富经验的编程语言，这将皆大欢喜，该团队以前成功开发成果的积累、技术及管理经验的继承、高效且可信赖的开发能力、大量高质量的可重用代码都会促使软件产品最终高质量地完成，非常有利于目标软件产品最终的成功，也会使软件系统以后的版本升级、维护等工作能够高质量地开展。

但如果开发团队对所采用的编程语言不擅长、不熟悉，那么可能就需要对开发人员进行相应的培训。培训是有成本的，意味着这些开发人员在接受培训期间不能工作、不能创造价值，还要为他们支付培训的费用，这对于开发团队来说是一笔完全不能忽略的，甚至是高昂的成本。开发团队采用不熟悉、不擅长的开发语言编写程序，开发团队没有既往的经验可借鉴，甚至教训可吸取，没有可重用的高质量代码，其开发出来的程序的质量是令人担忧的，这些程序显然需要更多测试与调试，也就是说要花费更多的成本。这也进而导致后期的版本升级、维护工作必将面临较大的困难。这些都增加了项目的风险。

另外，在复杂的国际形势下，尤其在涉及国家安全的领域，如果采用由外国软件企业的服务器、数据库等，可能面临断供、系统安全等严重的风险。那么，国产基础软件支撑的系统架构是风险最小、最安全的、最明智的选择。现在国产基础软件蓬勃发展，品质卓越。例如，国产操作系统有鸿蒙操作系统、欧拉操作系统、开源鸿蒙操作系统、统信桌面操作系统、银河麒麟桌面操作系统，国产 Web 服务器软件有 Nginx、LiteSpeed、OpenResty 等，国产数据库有 OceanBase、达梦数据库、神通数据库、人大金仓、TiDB、OpenBase 等。

可见，如果项目开发遇到技术方面或国际形势的困难、超出预算、风险过大，甚至失败必将使开发团队的大量投入得不到回报、赔钱，严重的甚至可能导致开发方破产。同时，这对客户方来说曾经的经费、人员和时间的投入是巨大的损失，同时没有获得期望中的软件产品来解决工作中的问题，甚至难以为继，从而造成二次损失。所以风险既是开发方的，也是客户方的。

综上，对编程语言的选择绝不是简单地凭偏好、跟潮流，而是要根据实际需求、实际情况，综合考虑多方面因素来选择能够使客户方和开发方都效益最大化且成本最小化的编程语言和技术方案。简言之，就是要运用成本—效益分析法（Cost-Benefit Analysis）来选择最适合的编程语言。

7.4 编程规范

好的软件程序必须具有以下基本特征。

- 可读性：代码可以被其他程序员轻松地阅读和理解。
- 可维护性：代码可以被轻松地修改和维护。
- 性能：使代码的运行速度尽可能快。
- 可追溯性：所有代码元素都应与设计元素相对应，这样的代码可以追溯到设计（设计可以追溯到分析、需求）。
- 正确性：程序应该完成规格说明中定义的功能，且结果正确。
- 完整性：满足所有的系统需求。

软件系统的规模越来越大，复杂性越来越高，这也意味着软件系统的代码量也越来越大；因此目标软件系统的实现，绝对不是一个程序员单枪匹马在规定的时间内能够完成的，再优秀的程序员也做不到。现在的软件产品都是由团队来完成的，即团队合作（Team Work）。

软件系统从开发到维护是一个长期的过程，而且是团队合作，很有可能一个程序员编写的代码某一天由一些质保人员进行代码审查，或由另一些程序员来调试、改进、维护等，这样就需要保证其他人员能够读懂代码。即便是该程序员自己来调试、维护代码，也要保证自己经过一段时间之后，依然能够读懂自己编写的代码（各位同学可以尝试读一下自己上个学期编写的程序，你是否还能读懂。）。此外，软件行业人员的流动性非常大，代码可能要不断地由不同的人进行修改、维护、升级等。

对代码进行调试、改进和维护的前提是读懂代码。我们都知道，计算机编程语言的可读性跟人类的自然语言是没法比的，因此读代码、读懂代码绝不是一件容易的事。读懂自己曾经写的代码都很难，更别说读懂别人编写的代码。

代码的可读性问题是不可回避的，因为对代码必须进行审查、调试、修改、维护和升级等，所以读懂代码（不管是谁编写的代码）是开发团队绕不过去的基础工作。代码的可读性差必然导致可理解性差、可调试性差、可维护性差、可重用性差。这样不仅对当前的开发和测试工作造成影响，也对将来的维护、升级、重用等工作造成深远的影响。

另外，即使开发团队对目标软件系统做了很好的需求分析与设计工作，但是如果是因为代码质量不高，而造成目标软件系统不能很好地，甚至不能基本满足客户和用户的需求、很难维护和升级，那将是令人痛心疾首的。

欲使代码具有良好的可读性和可维护性，开发团队应该对编程工作有明确的、科学的编程规范（Coding Standard），并且开发团队的每一名成员都应该严格遵照团队的编程规范来进行编程工作。

几乎所有的软件开发团队都针对本团队的情况及其所主要面向的领域制定自己的编程规则。有些大型、高端软件企业的编程规则可达几千条。

下面列出几条与语言无关的、与应用领域无关的、基本的、通用的编程规范。

1. 命名

命名方式应当以英文命名且有意义，采用驼峰式命名法，注意一致性等问题。

（1）变量、函数、类名、属性、方法及文件都要用英文单词来命名，这样是为了最大限度地减少歧义，使代码易于识别。尽量不要用汉语拼音命名。

（2）命名要有实际意义，使得读代码的人都能读懂该名字所代表的意思。例如，frequency、area、perimeter、salary 等。

（3）对含义相同的变量在整个系统中要保持一致的命名。也就是说，在不同的函数、类或文件中，对含义相同的变量都要保持一样的名称，以便于阅读和正确理解。

（4）名称要用英文单词的全拼，不宜用单词缩写。例如，frequency 这个变量名，所有人都能读懂，而 freq、fr、frqncy、freqAverage、minFr、frqncyTotl 不是大部分人能读懂，所以这样混乱的命名会容易造成误解。

（5）对于由多个英文单词组成的变量名，要采用驼峰式命名法、下划线命名法或匈牙利命名法的命名规则。

① 驼峰式命名法。

- 小驼峰法（Camel Case）：变量一般用小驼峰法标识，第一个单词以小写字母开始；从第二个单词开始，其他单词的首字母大写，例如，studentFirstName、studentLastName。

- 大驼峰法（Upper Camel Case）：也称为帕斯卡命名法（Pascal 方法），常用于类名、函数名、属性、命名空间。相比小驼峰法，大驼峰法把第一个单词的首字母也大写了。例如，StudentFirstName、StudentLastName。

② 下画线命名法（Under Score Case）。

基本原则：单词与单词之间用下画线隔开，UNIX / Linux 环境下普遍使用下画线命名法。

例如，print_student_transcript()、student_First_Name，函数名或变量名中的每一个逻辑断点都有一个下画线来标记。

③ 匈牙利命名法（Hungarian）。

基本原则：变量名=属性+类型+对象描述。

匈牙利命名法关键：标识符的名称以一个或者多个小写字母开头作为前缀；前缀之后的是首字母大写的一个单词或多个单词组合，该单词要指明变量的用途。匈牙利命名法通过在变量名前面加上相应的小写字母的符号标识作为前缀，标识出变量的作用域、类型等。例如，m_Str_StudentName 表示这是一个类型为 String 的成员变量"学生姓名"，p_Str_StudentName 表示这是一个类型为 String 的参数变量"学生姓名"。

（6）对于由多个英文单词组成的变量名，如果有形容词，则要明确形容词在前面还是后面。二者皆可，只要整个系统、整个团队都遵守一个不变的、统一的标准。例如，averageSalary、maximumSalary、minimumSalary、totalSalary，或者 SalaryAverage、SalaryMaximum、SalaryMinimum、SalaryTotal。

2．注释

注释（Comments）就是对代码的解释和说明，它不会被计算机编译和执行，其目的是让程序编写者自己、测试人员、调试人员、维护人员等需要阅读程序的人员能够更容易、更准确地读懂代码。程序员可以对一个类、一个方法、一个函数、一个程序段、一条语句等做注释，总之要在不易阅读处做解释和说明，例如一段包含重要逻辑或复杂算法的代码之处等。因此注释对代码的可读性和可维护性非常重要。

注释语句在不同编程语言中的语法符号可能不同，但注释的内涵与目的是相同的。

根据所处的位置不同，注释分为以下两种。

（1）序言注释

在一个模块（如类、方法、函数等模块）中正式代码之前的注释，称为序言注释（Prologue Comments）。

序言注释应该包括模块名、简单介绍、编程的程序员、编程时间、批准人、批准时间、参数的介绍、按照字母表顺序列出的变量及其用途、模块访问/处理的文件、模块的输入/输出、异常处理、该模块的测试文件名（为了日后的回归测试能够迅速找到并利用该测试文件）、对该模块曾经做的修改、何时由谁修改的、模块中已知的漏洞（如果有）。

例如，以下是有序言注释的样例代码。

```
/*
......序言注释（对该类的序言注释）......
```

```
*/
class Book {
    ......
    /*
    ......序言注释（对该方法的序言注释）......
    */
    void borrow( ){
    }
}
```

显然，如果一个模块有这样一个序言注释，任何一个阅读程序的人都能在短时间内对该模块获得一个全面的了解，从而极大地提高程序的可读性和可理解性。

很多编程工具会提示程序员对模块进行序言注释，例如：当程序员在 MyEclipse 中创建一个类后生成的框架代码中，MyEclipse 会自动提供序言注释的框架。

（2）行间注释

行间注释（Inline Comments），顾名思义，是指模块内程序代码行间的注释，主要是用来解释变量、代码的内涵、流程、逻辑和算法等。例如：以下行间注释。

```
......
// the following statements are to determine the customer's level
......
......
......
/* the following for loop is to bubble sort all the students in array
arrStudent on StudentNo in ascending order  */
......
```

显然，在程序中的关键变量、关键/核心代码处都应该做这样的行间注释，这样能够使阅读者很容易理解代码的流程、逻辑和算法等，也将极大地提高程序的可读性和可理解性。

3．代码布局

代码布局（Layout）对代码的可读性有着最直观的影响。好的代码布局能够清晰地呈现出代码的层次结构、流程和逻辑，极大地提高代码的可读性和质量。

代码布局的主要规范包括（但不限于）以下几点。

- 一行中不要出现多条语句；
- 各行按照层次进行缩进；
- 适当使用空行；
- 适当使用空格。

由于代码布局如此重要，因此很多开发工具都能够对代码进行自动排版布局，这种功能对程序员来说十分方便，能提高其工作效率。

4．嵌套 if

嵌套 if 也是很有意思的一个话题。考虑这样一个案例：根据矩形的长和宽来确定其等级。

请阅读以下代码，是否容易被读懂？答案当然是否定的，原因在于其糟糕的布局，以及因为过多的 if 嵌套而导致的逻辑混乱。

```
if ( length>50 && width>30 ) { if ( length<=80 && width<=50 )
level = 1;  else if ( length<=100 && width<=60 ) level = 2;
else print "invalid rectangle";  } else print "invalid rectangle";
```

再看以下改进后的代码。

```
if ( length>50 && width>30 ) {
        if ( length<=80 && width<=50 )
                level=1;
        else if ( length<=100 && width<=60 )
                level=2;
        else print "invalid rectangle";
}
else print "invalid rectangle";
```

第一眼会觉得改进后的代码比前面代码的布局好很多，但是再仔细阅读会发现，还是存在因为过多的 if 嵌套而导致逻辑混乱的问题，因此它的阅读性和可理解性还是比较差，还需要改进。

再阅读以下二次改进后的代码。

```
if ( length>50 && length<=80 && width>30 && width<=50 )
        level=1;
else if ( length>50 && length<=100 && width>30 && width<=60 )
        level=2;
else print "invalid rectangle";
```

首先，这个版本的代码具有很好的布局，容易阅读；其次，用简洁的 if-else if-else 结构清晰明确地表达了逻辑，易于理解。当然这才是能够让人接受的代码。

嵌套 if 通常比较难以阅读和理解，所以应该尽量减少嵌套 if 的层数。原则上，嵌套 if 最好不要超过 3 层。

5. 短路与&&和短路或||

下面来讨论一下短路与&&和短路或||。

例如，语句 "if (x>0 & y/x >8) ……"，这条语句是否会引起一些潜在的问题？答案是肯定的，假设 x=0，那么 x>0 为 false，但是逻辑与&运算符后面还有关系表达式，还要继续，而在 "y/x" 处必将出现 "被 0 除" 异常。

解决的办法就是把逻辑与&换成短路与&&，那么语句变为 "if (x>0 && y/x >8) ……"，假设 x=0，那么 x>0 为 false，短路与&&就会阻止继续计算后面的表达式，因为即使后面表达式的计算结果都为 true，与前面的 false 做与操作后，整个 if 判断条件的最终结果也将为 false，所以一旦发现前面有 false，就没必要再继续走下去。这就形成了一种保护。

注意，不要把 x>0 和 y/x >8 的顺序写反，要把形成保护的条件放在前面，被保护的对象放在后面。

对于短路或||，同理，如果前面出现 true，就立即终止计算后面的表达式，因为一旦出现了一个 true，即使后面的都是 false，整个 if 判断条件的最终结果也都是 true。

事实上，编程规则还有很多，此处因为篇幅有限，不能一一列出，想了解更多编程规范的同学可以在网上搜索各大软件企业的编程规则，如华为等高端 IT 公司的编程规则。

可见每一行、每一处代码都像一砖一瓦，都会影响整个系统的质量，所以，每一位程序员对待编程工作都应该有工匠精神，以开发出负责任的、高品质的软件。

7.5 实现与集成

实现与集成

软件系统由很多模块集成（Integrate）而成，作为一个整体对外界提供服务。那么如何集成，就对软件产品最终的成功有着"编筐编篓全在收口"的重要作用。

例如：考虑图 7.1 所示的目标软件系统，可能最直接的一种方法是分别单独编写和测试每个模块，然后集成这 13 个模块，最后对整体进行测试。使用这种方法存在一个疑问：是先实现调用模块，还是先实现被调用模块？

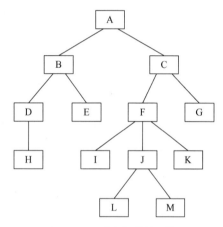

图 7.1　一个目标软件系统

我们对以下 3 种方法做分析。

（1）先实现调用模块

例如，如图 7.2 所示，如果先实现模块 A，它需要调用模块 B、C，才能保证完成其流程，那么就需要分别制作模块 B、C 的存根（Stub）。

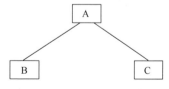

图 7.2　一个目标软件系统（甲）

存根可以是一个空模块，更加有效的方式是打印一条提示信息；如果需要，返回预先设计好的返回值。如以下对模块 B 的存根可能的定义。

```
// B( )是一个存根
B ( ){
    print ( "B is called.") ;
}
```

（2）先实现被调用模块

例如，如图 7.3 所示，如果先实现模块 B，它需要模块 A 来调用它，即需要一个能够一次或多次调用它的驱动器（Driver），并且如果需要，该驱动器能够检查被测试模块 B 的返回值。

如以下对模块 A 的驱动定义。

```
//A( )是一个驱动
A ( ){
    B( );
}
```

（3）如图 7.4 所示，如果先实现模块 B，则需要一个驱动 A 和两个存根 D、E。

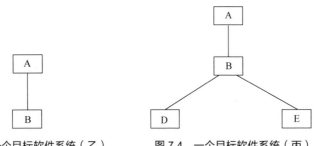

图 7.3　一个目标软件系统（乙）　　图 7.4　一个目标软件系统（丙）

假设对如图 7.1 所示的软件系统中的每个模块分别采用以上某种方法进行实现，然后将这些模块集成在一起，作为一个整体进行测试，如果出现任何问题，则 bug 可能存在于这 13 个模块以及 12 个接口的任何地方。可见这种方法无法做到错误隔离。

想象一下，如果 bug 可能存在于 200 个模块和 200 个接口，那么调试的难度可想而知。而且，这些花费大量精力制作的存根与驱动，在模块单元测试后就会被抛弃，造成很大的浪费。

由此可以看出，将实现与集成分开做，必将导致这些难以掌控的问题。所以，软件模块的实现和集成应该按照一定的方法并行开展。以下介绍三种实现与集成的方法：自顶向下实现与集成、自底向上实现与集成和三明治实现与集成。

7.5.1　自顶向下实现与集成

假设如图 7.5 所示模块 A 调用模块 B，先实现模块 A，经过测试与调试，确定模块 A 是正确的、可靠的；然后实现模块 B 并与模块 A 集成，再进行测试，如果出现问题，bug 只能存在于模块 B 或接口，而不是模块 A，这样就对模块 A 形成了错误隔离。

可以依此类推，自上而下、从调用模块到被调用模块来

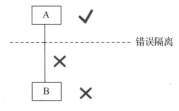

图 7.5　自顶向下实现与集成示例

实现与集成一个软件系统，这种方法就称为自顶向下实现与集成（Top-Down Implementation and Integration）。

采用自顶向下实现与集成方法，对众多模块的实现与集成，可以逐层进行，也可以逐分支进行。例如，对图 7.1 中各模块的实现与集成，如果是逐层开展，则可能的顺序是 A、B、C、D、E、F、G、H、I、J、K、L、M；如果是逐分支开展，则可能的顺序是 A、B、D、H、E、C、F、I、J、L、M、K、G。

除了错误隔离，自顶向下实现与集成的另一个优势是主要的设计错误能够尽早地被发现。软件系统中的众多模块可分为两大类：逻辑模块和操作模块。逻辑模块（Logic Module）在整个软件系统中控制系统的主要流程和主要逻辑，它们通常是系统模块图中靠近根部的那些模块，如图 7.1 中的模块 A、B、C、F 和 J。操作模块（Operational Module）是指进行实际操作的那些模块，如 perimeter、area、trunOn、printSalaryTable、calculateAverageSalary 等模块，如图 7.1 中的模块 D、E、G、H、I、K、L 和 M 是操作模块。自顶向下实现与集成显然使得处于上部的逻辑模块能够得到充分的测试，也就是说在实现与集成操作模块之前，就能够发现重大的逻辑错误，从而避免按照错误的设计开发软件系统而将造成的更大损失。

但是自顶向下实现与集成也有一个很大的缺点，就是底层的操作模块得不到充分的测试，从而导致这些操作模块的可重用性极大降低。而这些设计良好的操作模块，无论是信息性内聚，还是功能性内聚的模块，都是最可能重用的模块，因为操作模块与具体的业务流程相关性不大。而逻辑模块则与业务流程紧密相关，只适用于某些特定的、相同的问题。底层的操作模块得不到充分测试的一个原因是保护性编程（Defensive Programming），也称错误屏蔽（Fault Shielding）。软件系统设计越好，这个问题就会越严重。例如，如下代码。

```
if ( radius >= 0 )
    y = area_Circle ( radius ) ;
```

这段代码没有问题，显然能够很好地运行，但事实上操作模块 area_Circle 永远没有机会在 radius<0 的情况下得到测试，这样就无从知晓操作模块 area_Circle 在 radius<0 时会是什么样的情况。也就是说，该操作模块在这种设计下永远得不到充分的测试，因此它是不可靠的，对它的重用是没有信心的。

7.5.2 自底向上实现与集成

假设如图 7.6 所示，模块 A 向模块 B 发送消息，先实现模块 B，经过测试与调试，确定模块 B 是正确、可靠的；然后实现模块 A 并与模块 B 集成，再进行测试，如果出现问题，bug 只能存在于模块 A 或接口，而不是模块 B，这样就对模块 B 形成了错误隔离。

可以依此类推，自下而上、从调用模块到被调用模块来

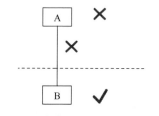

图 7.6　自底向上实现与集成示例

实现与集成这个软件系统。顾名思义，这种方法被称为自底向上实现与集成（Bottom-Up Implementation and Integration）。

对图 7.1 中模块的自底向上实现与集成的一种可能的顺序是逐层的，即 L、M、H、I、J、K、D、E、F、G、B、C、A；另一种可能的顺序是逐分支的，即 H、D、E、B、I、L、M、J、K、F、G、C、A。

除了错误隔离，自底向上实现与集成的另一个优势是其克服了自顶向下的缺点，使得可重用的操作模块能够得到充分的测试，这样获得的操作模块的可重用性和可靠性非常高。

但是自底向上实现与集成也有一个很大的缺点：重大的设计错误发现较晚，要到实现与集成工作的后期，实现与集成顶层逻辑模块时才会发现；如果在顶层逻辑模块中发现重大的设计错误，就意味着整个软件系统的模块设计都要推倒重来，那么底层的操作模块也将随着整个系统模块框架设计的改变而改变，已经实现与集成了的模块很可能都白做了，这是很大的损失。

7.5.3　三明治实现与集成

自顶向下实现与集成和自底向上实现与集成都各有所长、各有所短，秉承着工程精神，采取对这两种方式取长补短的策略。具体而言，就是对逻辑模块采用自顶向下的实现与集成，对操作模块采用自底向上的实现与集成，最后处理两组模块之间的接口，如图 7.7 所示。

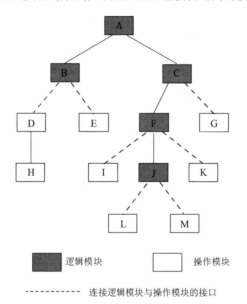

图 7.7　三明治实现与集成示例

逻辑模块与操作模块分别看作三明治的顶层和底层，两组模块之间的接口就像三明治的馅，故名三明治实现与集成。三明治实现与集成，是对自顶向下实现与集成和自底向上实现与集成的取长补短，既能够做到错误隔离，也能够尽早发现重大错误，而且可重用的操作模块也能够得到充分的、经常的测试。

 要点

- 在短短几十年的计算机及软件历史中，计算机编程语言发展迅猛，已经经历了四代。
- 每一种编程语言在诞生之际，就出于某方面的需要而对该编程语言有比较明确的定位和比较有针对性的设计，因此这些编程语言的语法和特性都不一样，以适应不同的应用环境、领域和需求。
- 编程语言的选择，既要站在客户方的角度，也要站在开发方的角度，从多个层面、多维度来分析和选择。
- 为了获得代码良好的可读性，开发团队应该对编程工作有明确的、科学的编程规范，并且开发团队的每一名成员都应该严格遵守团队的编程规范。
- 实现与集成应该同时开展，常见的方法有自顶向下实现与集成、自底向上实现与集成和三明治实现与集成。其中，三明治实现与集成是对前两种的取长补短。

 习题

选择题

1. 保持良好代码布局的最根本目的是_____。
    A. 显示程序员的专业水平　　　　B. 提高代码的可读性
    C. 美观　　　　　　　　　　　　D. 节省空间

2. 以下哪个说法不能作为编程的标准？_____
    A. 对代码构造合适的布局　　　　B. 为变量起有意义的名称
    C. 变量名宜短　　　　　　　　　D. 增加注释

3. 以下哪个关于良好的编程习惯的说法是错误的？_____
    A. 程序中的变量名应该是有意义的，即顾名思义
    B. 程序中的变量名应该具有一致性
    C. 如果程序员有足够的经验且足够小心，那么其写的代码就不需要加注释
    D. 注释对于代码的阅读者是有帮助的

4. 以下哪个关于编程习惯的说法是正确的？_____
    A. 好的变量名有利于调试和维护
    B. 如果做了序言注释，就不需要行间注释了
    C. 代码布局是为了获得好看的界面
    D. 应该推荐嵌套 if

5．以下哪个选项是自底向上实现与集成的缺点？_____

Ⅰ．操作模块得不到充分的测试

Ⅱ．逻辑模块得不到充分的测试

Ⅲ．故障隔离

    A．Ⅰ，Ⅱ与Ⅲ   B．只有Ⅱ   C．只有Ⅲ   D．只有Ⅱ和Ⅲ

6．图7.8是一个软件系统中的模块关系设计。如果系统采用自顶向下实现与集成，那么实现模块a时，需要2个存根，分别是对模块____和模块____的存根。

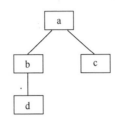

图7.8　一个软件系统中的模块关系设计

    A．a   B．b   C．c   D．d

7．以下哪个是在选择编程语言时最后考虑的因素？_____

    A．开发效率   B．应用领域

    C．成本   D．个人偏好

8．以下哪个是自顶向下实现与集成的缺点？_____

    A．逻辑模块得不到充分的测试   B．操作模块得不到充分的测试

    C．主要设计错误发现得晚   D．故障隔离

9．以下哪个说法是正确的？_____

    A．先做实现，然后做集成   B．自顶向下实现与集成需要驱动

    C．实现与集成应该并行开展   D．自底向上实现与集成需要存根

 思考与讨论

1．假设你与几位同学想为你们所在的学生宿舍开发一个宿舍管理信息系统，你们打算选择哪种或哪几种编程语言和技术方案？

2．假设你与几位同学要为你们学院或系里主管学生工作的学生办公室、团委开发一个学生工作管理信息系统，你们打算选择哪种或哪几种编程语言和技术方案？

3．假设你与几位同学要为你们所在学校的同学们开发一个基于Web的、为在读高校学生提供学习和生活互助的平台，你们打算选择哪种或哪几种编程语言和技术方案？

4．编程规范是否与编程语言相关，请举例说明。

5．怎么看C语言中的goto语句，应该遵循怎样的使用原则。

6．一个人的软件开发团队的编程规范与多人组成的软件开发团队的编程规范是否一样，为什么？

7．一个不超过 10 人的软件开发团队的编程规范与大型软件公司的编程规范是否一样，为什么？

8．在网上搜索几家高端软件企业的编程规则，如华为等公司的编程规则，分析、比较、讨论各企业的编程规则。这些高端软件企业的编程规则给你什么启示？

实践

实验小组全体成员讨论并确定本组项目应该选择哪种编程语言，应用你们所选择的编程语言实现小组项目（选做）。

第8章 软件质量保证

学习目标：

- 充分理解软件质量的内涵
- 充分理解软件质量保证的意义与内涵
- 充分理解软件测试
- 理解 SQA 管理

随着 IT 技术的蓬勃发展，软件已经深入社会的每一个领域和角落。如果软件中存在错误和缺陷，必将使客户和用户群体遭受不同程度的损失，甚至可能给生活、生产和学习等带来难以估量的损失，乃至于生命危险或灾难。软件质量问题已经成为所有软件团队和广大用户共同关注的焦点问题，软件的质量必须得到保证。

8.1 软件质量

如果软件系统出现了不能按照规格说明执行某项功能的不正常行为，就意味着该软件系统出了故障（Failure/Problem）；故障是由程序中的缺陷（Fault/Defect/Bug）导致的；程序中的缺陷是由软件工程师或程序员所犯的错误（Error/Mistake）引起的。

软件质量&SQA&
SQA 管理

软件质量（Software Quality，SQ）指软件产品满足规格说明的程度。软件工程的最高目标就是生产高质量的软件产品。

软件系统的规模和复杂性与日俱增，跨区域及跨系统的用户使用、庞大的开发团队、纷繁复杂的功能模块和接口等都对软件的质量提出了更高的要求。软件质量在软件工程中无所不在，它跨越软件整个生命周期。软件质量体现在多个方面，主要包括以下几个方面。

（1）无缺陷：一个软件产品在目标用户环境条件下，不受操作过程影响而能正确运行的程度。

（2）满意度：客户和用户认为软件产品满足其综合需求和期望的程度。

（3）产品价值：软件产品与各利益相关方和竞争力相关的价值。

（4）关键属性：一个软件产品达到综合期望特征的程度。

（5）过程质量：在与软件产品开发相关的过程中，采用有效的方法正确从事相关工作的程度。

8.2　软件质量保证

在软件过程中的任何开发人员、任何一个活动都可能对软件质量产生影响。如果软件团队遵循适合本团队的明确过程和计划，技术路线合理，所有团队成员都胜任工作并认真工作，那么最终软件产品很可能是高质量的。但如果过程方法不合适、有的团队成员不胜任工作或工作不认真，那么软件系统中就会隐藏很多的错误和缺陷，最终软件产品的质量就会很差。

因此，既要对软件生产过程中的所有活动，又要对软件生产的产品采取相关措施，以确保合理、有效的方法被采用，并且确保软件产品符合规格说明。可见，对软件质量的保证不是一蹴而就的，它是一个持续的过程，在开发过程中、开发结束后，以及维护过程中都需要对软件质量进行保证。

软件质量保证（Software Quality Assurance，SQA）是指用于衡量和提高软件产品质量的所有活动。SQA 主要有以下两类活动，即 V&V。

（1）验证（Verification）：每个阶段结束时，对成果进行验证，即检查每个阶段的成果是否符合其需求和规格说明。对软件产品需求的跟踪贯穿整个开发阶段，软件从一个阶段到另一个阶段的转换是"经过验证的"。

（2）确认（Validation）：检查最终完成的软件产品是否符合客户和用户的需求和规格说明。通常该过程在项目刚开始时，就可以通过最终用户及客户确认屏幕原型来执行，以作为对系统的最初确认。当有了一个完整的软件系统时，再继续最终确认和验收。

由于软件是抽象的和复杂的、开发人员自身能力和经验的不足等原因，软件开发过程中的软件错误和缺陷难以避免。例如，对需求的错误理解、软件分析与设计的缺陷、实现过程中的编程错误等问题。这些错误具有传导性，即上一个阶段的错误会继续传导给下一个阶段，错误会越来越被放大，从而使修改这些错误的成本和代价越来越大，因此错误越早被纠正越好。

软件质量保证应该贯穿于整个软件过程，包括软件开发与维护，而且软件开发人员也需要参与相关工作，积极配合软件质量保证工作。每一个软件开发人员都应该对自己的工作承担质量责任，例如：程序员有责任对 SQA 人员指出的有错误的、自己开发的代码进行调试、纠正错误、提高代码质量等。

软件的质量保证需要软件人对待软件设计、软件开发工作有工匠精神，用心负责地做好本职工作，为社会和群众提供有益的、质量合格的软件。

8.3　SQA 管理

软件质量保证由各种工作共同发挥积极作用而达成。参与这些工作的人员主要有两类：参与开发工作的技术小组和负责保证软件质量的 SQA 小组。

软件质量保证人员在项目开发过程中扮演着越来越重要的角色。每一个软件团队都应该包括一个软件质量保证小组，其主要职责是保证交付的软件产品是客户所需要且满意的软件系统，SQA 在软件开发的整个流程中都发挥着作用。SQA 小组要独立或在开发小组的配合下完成一系列 SQA 活动，包括计划、评审、记录、分析和报告等。

尽管 SQA 小组与开发小组要彼此配合，但它应该是独立的，其与开发小组之间应该保持管理独立性，也就是说，SQA 小组与开发小组应该隶属于不同的管理者，任意一方的管理者都不能支配另一方的管理者，遇到意见不一致且难以说服对方的时候，两个小组都应该向更高层的领导汇报，由高层领导来决定采用哪一种策略对客户和整个软件开发团队是最好的选择。

一个管理独立的 SQA 小组并不会增加软件开发的成本，因为如果不设置一个 SQA 小组，就意味着需要由开发人员兼顾软件质量保证工作，这样会占用这些开发人员的时间和精力、降低他们开发工作的效率。分别设置开发小组和 SQA 小组，使得各组人员能够专心于各自的工作，使得各自的工作效率更高，即整个软件团队的工作效率更高，使得软件产品的质量更高。因此，一个软件团队分别设置软件开发小组和 SQA 小组，不仅不会增加软件开发的成本，相反会提高软件产品的质量、可靠性和可维护性，会从后期的开发和维护中得到数倍、数十倍，乃至于数百倍的补偿。

8.4　软件测试

软件测试是软件质量保证重要的和主要的技术手段，它有以下两个主要目的。

软件测试

（1）发现软件系统中的缺陷，以便修正或减少缺陷。

（2）提供该软件系统质量的总体评估，为软件产品在大多数情况下正常运行提供一定程度的保证，并对可能存在的缺陷进行评估。

软件产品不仅仅指程序代码，还包括软件过程中产生的所有成果，如需求文档、分析文档、设计文档、代码等。所有这些工作成果都毫无疑问地对最终的软件产品产生影响，因此这些工作成果都需要及时、充分地测试。

软件开发与软件测试的工作性质和初衷完全不同：软件开发是建设性的，而软件测试是"破坏性"的。一个成功的测试应该能够发现错误，而不是证明软件没有问题。测试的目的是发现可能的错误，而不是试图修正错误。

软件测试可以按照是否运行代码分为两类：对可执行的代码进行基于执行测试和对不

能执行的各种文档及代码进行非执行测试。可见测试不是软件工程中的一个阶段，它贯穿于整个软件开发过程中的所有阶段的工作中，即软件开发过程中所有工作都需要进行测试、进行软件质量保证。

8.4.1 非执行测试

顾名思义，非执行测试（Non-Execution-Based Testing）就是在不运行软件代码的前提下测试软件。评审（Review）文档（包括需求文档、分析文档、设计文档、测试计划、用户手册等）和代码，使得错误能够在开发过程的早期被发现，能够减小后期纠错而不得不付出的代价。事实证明，评审是一种性价比很高的软件质量保证措施。文档和代码应该由一组具有不同技能背景的软件专业人员来共同评审，因为这些专家具有不同的知识专长和经验，能够极大地增加发现错误的概率。

评审分为走查（Walkthrough）和审查（Inspection）两种类型。

1. 走查

走查是一个互动的过程，应该由 SQA 小组的代表负责，问题被引出、各方参与人员进行讨论，而不是任何一方的一面之词。

实施走查有以下两种方法。

（1）参与者驱动的方法

在这种方法中，参与者负责引导走查小组的其他成员通读分析文档和代码来找出错误，列出疑问和认为有错误的地方，这些问题可能是对某业务需求的理解，也可能是某处的设计、某个模块的代码等，然后发起讨论，由撰写文档小组代表、编程小组代表做出回答或解释；如果指出的问题确实是错误，则将其归到缺陷报告中。

（2）文档驱动的方法

事先提供给走查参与人员拟评审的文档或代码，以便这些参与人员与会之前就对评审对象有一个基本的了解；与会时负责该文档或代码的个人或小组的一部分成员引导参与者通读文档或代码，参与者就事先准备的问题或现场引发的疑问，随时提出问题，从而引发对有关方案、技术、风格、可能的错误、是否违背评审标准等问题进行广泛的讨论，并且会发现更多的问题。

2. 审查

审查是一种正式的评定技术，比走查更加深入。审查的全部过程分为以下步骤。

（1）由负责生成文档的人提供待审查的文档，然后将文档分发给参与者。

（2）在准备阶段，每位参与者都试图去详细理解发放的文档。

（3）在审查的现场，由一位参与者与审查小组的所有人一起通读整个文档，并且保证涉及文档中的每一个细节，开始查找错误，形成一份潜在错误的清单。与走查一样，审查的主要目的也仅仅是查找错误，而不是修正错误。

（4）在修订阶段，负责文档的人员修正所有审查报告中的问题和错误。

（5）在跟踪阶段，主持者必须保证所有提到的问题都已经很好地解决了，或者澄清被误认为错误的"问题"或者修正文档。所有改动过的内容都应该再次检查，避免引入新的错误。

统计数据表明，大部分的错误能够在非执行测试中被发现，这样将极大地减少基于执行测试所需要的时间，因为很多错误在前期就被发现并修正了。

8.4.2 基于执行测试

尽管在非执行测试中对中间文档和代码做了测试，但是程序代码中的错误和缺陷仍旧很难避免，还会有相当一些只有在程序运行时才能显现出来的错误和问题，因此对代码进行基于执行的测试（Execution-Based Testing）是绝对不可替代、不可省略的。

1. 概念

基于执行的测试是基于或部分基于在已知环境下，用经过选择的输入执行产品而得到的结果，对软件产品的特定行为特征进行推断的过程。

从这个定义可以看出，测试是不可靠的，因为测试后的结论只是一种推断的结果。测试都是在一些已知的环境下进行的，而环境本身（如硬件环境、软件、环境等）有可能不是很可靠，所以测试过程中出现的不正常执行结果也可能是环境的问题，而不是被测试软件本身的问题。另外，"经过选择的输入"表示输入数据和操作是经过设计和选择的；而在软件真实的运行状况下，其输入数据和操作不可能是经过选择的，而是任何可能的数据和操作。目前的测试技术尚无法穷尽所有可能的输入数据和操作，不可能分毫不差地切合真实的软件运行环境。

基于执行测试的过程可分为 3 个层次，如图 8.1 所示。

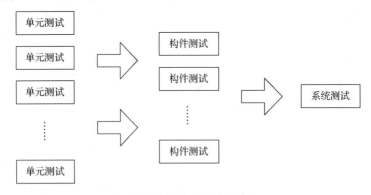

图 8.1　基于执行测试的过程

（1）单元测试：测试单个功能单元，如单个类、单个过程或单个方法。

（2）构件测试：把一个功能构件中的多个模块（可以假设这些模块的测试都已经完成并通过了）集成在一起进行测试，以测试这些模块的接口的行为与其规格说明是否相一致、它们集成在一起是否能够作为一个功能构件正常工作。

（3）系统测试：把该目标软件系统的所有构件集成在一起，作为一个完整的软件系统来进行测试，以确定这些构件是否兼容、接口是否能够正确交互、集成在一起能否作为一个软件系统正常工作。

还有一项重要的测试工作不可忽略，那就是验收测试（Acceptance Testing）。验收测试是客户正式结束软件产品并在付款之前进行的正式的、明确的测试。验收测试的标准是在需求工作中已经确定的、双方均已确认的功能性需求和非功能性需求。如果该软件系统通过了验收测试，那么该软件产品就将发布给客户和用户，标志着该软件进入维护阶段。

2. 测试什么

基于执行的软件测试要测试软件的行为特性，这些行为特性包括以下几点。

（1）正确性

软件的正确性（Correctness）是这样定义的：如果软件产品获得了运行所需要的所有资源，并被提供满足规格说明的输入数据，而且输出满足输出规格说明，则该软件产品是正确的。

正确性对于软件产品来说是头等重要的一个行为特征，因为用户使用软件系统就是要利用它获得正确的结果，以解决用户的问题，例如查询到信息正确的火车时刻表、获得准确无误的个税核算、生成正确且无冲突的课表、生成正确合理的生产计划且被下达到正确的生产车间、电子邮件被准确、无误地发给目标收件人等。

如果软件不正确，将给各行各业造成不同程度的影响和损失。想象一下，如果银行系统不能正确处理存款、取款业务，如果高校教学系统不能排出合理的、无冲突的课表，如果智能导航系统给出错误的路线导航，如果企业的生产管理信息系统生成了错误的生产计划，如果库存管理信息系统不能准确无误地管理库存信息，如果财务系统将账目处理得很乱，诸如此类的软件错误将给企业、组织、个人的生产、生活、学习和财产造成严重的影响与产生不良的后果。

再想象一下，如果医院管理信息系统给患者生成了错误的治疗方案，如果火车站或机场的调度指令是错误的，如果制药厂生产管理信息系统中的原料配比数据是错误的等，将严重威胁到人民群众的生命和健康安全。如果军事软件、航空航天软件不能正常工作，将直接给国家安全造成无法估量的、巨大的损失。

如果软件产品连正确性都不具备，也就是说，它连最起码的功能性需求都不能满足，那它就不能够解决用户的问题，甚至起反作用，是根本不能令客户和用户满意和接受的。

因此，正确性是基于执行测试的首要行为特性。

（2）可靠性

可靠性（Reliability）是对软件系统出现故障的频率和严重程度的度量。

故障的频率是指出现故障的平均间隔时间。例如，某软件系统出现故障的平均间隔时间不少于 3 周，而另一个软件系统出现故障的平均间隔时间不少于 3 个月，显然后者出现故障的频率更低、可靠性更高。

故障的严重程度是指故障的破坏性和修复的难度与工作量，即指需要投入多少时间去修复软件产品故障所造成的后果。如果某软件系统出现故障后需要两天修复故障，以及因故障而造成的后果（如受破坏的数据等），而另一个软件系统需要 0.5 天，当然后者的故障严重程度更低、可靠性更高。

例如，我们经常使用的智能导航系统和银行手机 App 等，其可靠性非常好，从来没有中断过服务、没出现过故障。除了个别时候银行手机 App 会通知某个时间段将进行系统维护而不能提供某项业务的服务，但这是正常的系统维护，是在提高系统的可靠性，而不是反之。

（3）健壮性

软件系统的健壮性（Robustness）是一系列因数的函数，如运行条件的范围、有效输入获得错误输出的可能性、无效输入而获得可接受输出的可能性等。

如果某软件系统只能在某一种软硬件环境下运行，而另一个软件系统能在多种软硬件环境下运行，显然后者的健壮性更强。例如，某基于 Web 的软件系统只能够在某一种特定的浏览器中正常运行，而另一个基于 Web 的软件系统能够在多款常用的浏览器中正常运行，那么显然后者的适用范围更大、健壮性更强。

再如，某软件系统有时在获得符合规格说明的输入数据时却给出错误的输出，则其健壮性不太好。又如某软件系统在获得不符合规格说明的输入数据时就会崩溃，而另一个软件系统在获得不符合规格说明的输入数据时并不会崩溃，而是会给出提示信息，如"身份证号码的输入数据长度不够，请重新输入"等，并会向用户提供重新输入的机会。显而易见，后者的健壮性比前者强得多。

我们生活中用到的银行自动提款机 ATM 系统，其用户可以说是包括男女老少各种类型的人群，但是无论这些用户操作是否正确，ATM 系统都极少崩溃，顶多退回到欢迎界面，系统并不会中断响应，用户可以重新操作。可见，银行 ATM 系统的健壮性非常强。

（4）性能

软件的性能（Performance）是指软件系统是否符合时间和空间上的要求。例如，某网上商店系统要求能够容纳 10 万名用户同时访问，且平均响应时间不超过 30 秒，这些就是对该系统的性能要求。再如，某移动 App，只能在内存 8GB 以上的手机上运行，而另一个相同功能的移动 App 在 2GB 内存的手机上即可运行；后者对空间的要求更低，当然后者的性能更好。

用户对软件系统的性能是比较敏感的，例如你上某网站浏览新闻，但是在网速正常的情况下，如果每个网页都很慢才能全部显示出来，当然其用户体验不会太好，会影响该网站的推广。

实时软件系统尤其对时间的限制会有很明确的要求，即实时性方面有严格的要求。如果达不到实时性方面的要求，该系统很可能无法满足客户的需求。例如，某炼铁高炉炉温实时监控系统要求每 0.2 秒采集一次炉温（这是一个假设的数据，可能与实际情况不符），如果达不到这个实时性要求，就意味着对炉温情况的掌握是滞后的，做不到及时调控炉温（因为炉温内的温度变化瞬息万变），那么该炼铁高炉炉温监控系统就无法达到预期的实时调控的目的。

（5）实用性

实用性（Utility）主要指软件产品的易用性、是否为用户提供实用的功能，以及成本划算的程度等。软件易用和实用对用户体验会有很大的影响，容易操作、用户界面简单大方的软件更容易被用户接受，这当然对软件的成功有着很大的正面作用。软件如果很易用、易学、很实用、美观，且价格不高，即性价比高，当然会有客户愿意花钱购买它；反之亦然。在这一点上，软件产品与其他产品是一样的。

显然，正确性对应目标软件系统的功能性需求；可靠性、健壮性、性能和实用性都对应目标软件系统的非功能性需求，这些非功能性需求都是只有系统开发完毕、集成完毕才能够进行测试。

测试工作是一个持续的过程，它渗入软件生命周期的各个阶段，包括维护阶段，直到该软件系统退役、用户再也不使用该系统为止。

8.5　测试活动与文档

测试是一项复杂的、系统性的工作，涉及许多活动，因此必须对其进行科学、合理的规划。开展测试活动之前，必须确定测试目标或具体项目的质量目标，制定用于实现目标的测试方法和技术，提供测试所需的软硬件环境，引入工具，必须做好测试时间表。此外，还需要测试人员一丝不苟，严格、客观地测试执行，并且要形成相应的测试文档。

归纳起来，测试活动与文档主要包括测试计划、测试用例、测试记录和测试总结报告。

1．测试计划

在需求确定了之后，就可以开始对目标软件系统有针对性地设计和拟定测试计划了。测试计划应该包括：

（1）测试范围与目标。

（2）测试目标软件系统的概述。

（3）测试要求（如需要/不需要进行测试的特征）。

（4）测试方法。

（5）测试技术与工具。

（6）测试标准（如通过/不通过测试的准则等）。

（7）测试用例。

（8）测试时间表。

2．测试用例

测试用例（Test Case）是为了某测试目标而设计的有顺序的一系列相关测试活动，即测试用例设计并描述了怎样测试某目标，包括测试条件、输入数据及预期结果等。测试用例是测试工作中最小的执行单元，测试用例质量的好坏直接影响测试工作的质量。

测试用例的目的就是要尽可能地找出软件中的错误，因此，测试用例的设计理念就是要尽可能地使程序出现不能正常工作、不能产生正确的结果、崩溃等非正常情况。那么判断程序的非正常情况就非常重要，对测试能否成功发现问题有着最直接的影响；如果不能甄别软件系统运行情况的异常，就不能发现问题，没有达到测试的目的。这样就要求在设计测试用例时，要给出该项测试对于给定输入的预期输出结果，即输入规格说明和输出规格说明。

执行测试时，要对比实际的输出结果与预期的是否一致；如果是，则认为程序通过了该测试；如果否，则认为程序没有通过该测试、程序中有错误。

与其他工作一样，如何以最少的代价（包括人力和资源的投入）、在最短的时间内完成测试、发现更多的问题与缺陷是每个软件团队都在积极探索的目标。影响软件测试的因素很多，例如软件本身的复杂程度、开发团队的经验与素质、测试技术与方法等。

好的测试方案、测试用例能够最大程度地规避各种客观因素与主观因素的影响，能够保障测试工作的成效。测试用例是测试方案的核心，对每一项功能性需求和非功能性需求都要有相应的、具体的测试用例，所以测试用例的设计与制定是软件测试中最基本、最重要的工作，需要测试人员认真研究与设计。

测试用例的具体内容应该包括：

（1）测试用例名。

（2）测试内容。

（3）输入规格说明。

（4）输出规格说明。

（5）测试环境（包括软件与硬件环境要求）。

（6）测试需要的约束（包括时间、负荷、操作等）。

（7）与其他测试用例的关系。

3．测试记录

记录每个测试用例的每次执行情况，包括实际运行结果。尤其对于功能或性能失效的情况，要对此做以足够详细的记录，以便能够重现此失效，方便开发人员调试，以解决问题。

4. 测试总结报告

测试总结报告中指出目标软件系统在测试中所发现的所有故障和问题。这些故障和问题将由开发人员进行调试和解决。

软件测试工作结束后，以上这些文档都要妥善保存，一方面是因为软件文档本身就应该保存，另一方面更重要的是也要以备以后的需要，例如在维护阶段中可能需要做回归测试，这时就需要用到曾经用过的测试用例。

软件测试工作是一个持续的过程，它融入到软件生命周期各阶段中，包括维护阶段，直到该软件系统退役、用户再也不使用该系统为止。

软件测试也是一项非常严肃的工作，SQA 人员要有工匠精神，要为客户、为社会严格把关，确保软件质量经得起考验。

不同于其他领域的产品，从技术层面讲，软件产品可以几乎零成本地、快速地无限复制。这意味着软件产品的质量保证需要更加高效、全面的测试管理、测试方法、测试技术、测试工具、测试环境和团队。总之，软件质量的定义、衡量和评估是软件开发中非常重要的一部分。通过不断的测试、优化和提高，可以确保软件系统高质量的开发和运维。

要点

- 如果软件系统出现了不正常行为，就意味着该软件系统出现了故障；故障是由程序中的缺陷导致的，这是由软件工程师所犯的错误引起的。
- 软件质量是指软件产品满足规格说明的程度。软件工程的最高目标就是生产高质量的软件产品。
- 软件质量体现在多方面：无缺陷、满意度、产品价值、关键属性、过程质量。
- 软件质量保证是指用于衡量和提高软件产品质量的所有活动，其中主要有两类活动：验证和确认。
- 软件质量保证由各种工作共同发挥积极作用而达成。参与这些工作的人员主要有两类：参与开发工作的技术小组和负责保证软件质量的 SQA 小组。SQA 小组在管理上应该是独立的。
- 软件测试可以按照是否执行代码分为两类：基于执行测试和非执行测试。
- 非执行测试分为走查与审查。
- 基于执行测试的过程分为 3 个层次：单元测试、构件测试和系统测试。
- 基于执行测试要测试的软件行为特性主要包括正确性、可靠性、健壮性、性能和实用性。
- 测试活动与文档主要包括测试计划、测试用例、测试记录和测试总结报告。

习题

选择题

1. 软件测试的目的是_____。

   A. 增加软件开发的工作量和成本

   B. 在软件系统中找到尽可能多的错误

   C. 证明软件是正确的

   D. 为了给一部分不适合做开发的人员找些事情做

2. 审查与_____是两种非执行测试。

   A. 单元测试　　　B. 构件测试　　　C. 走查　　　D. 以上都不是

3. 软件开发是建设性的，而软件测试是_____。

   A. 建设性的　　　　　　　　　　B. 破坏性的

   C. 为了掩盖软件中的错误　　　　D. 为了显示软件开发团队的排场大

4. 以下关于软件测试的说法，哪个是错误的？_____

   A. 软件测试对保证软件质量很重要

   B. 软件测试应该是自发的，不需要管理

   C. 软件测试需要事先做好计划

   D. 软件测试与软件开发一样，也要认真做好相关文档，并妥善保存

5. 以下关于测试的说法，哪个是正确的？_____

   A. 基于执行测试的对象是代码

   B. 对于一个目标软件系统，基于执行测试不需要运行代码

   C. 基于执行测试的测试方法与非执行测试的测试方法是一样的

   D. 所有的软件系统都要求极高的安全性，所以对所有软件系统的基于执行测试都
      要把安全性测试作为一项重要的、不可或缺的测试内容

6. 软件质量保证小组_____。

   A. 职责是根据开发小组的工作质量而对其实行奖惩

   B. 在整个软件团队或整个软件企业中是个点缀

   C. 在管理上应该独立于开发小组

   D. 只能够在目标软件系统的代码开发完后开始工作

7. 软件测试_____。

   A. 谁都能做，不需要计划和技术

   B. 对于高水平的软件开发团队来说是不需要的，或是可有可无的

   C. 是紧接在实现阶段后面的一个阶段

   D. 包括可执行测试和非执行测试

软件工程原理与方法（微课版）

思考与讨论

1．为什么测试只能表明错误的存在，而不能表明错误不存在？

2．有人认为开发人员不应该参与测试自己的代码，所有的测试都应该由独立的 SQA 小组来承担；而也有人认为开发人员应该独立地测试自己的代码；还有人认为开发人员应该与 SQA 小组来共同测试自己的代码。请讨论哪种观点更有道理、会收到更好的效果。

3．客户/用户是否应该参与测试，如何参与，为什么？

4．你是否做过测试，你认为测试一个小程序与测试一个较有规模的软件系统有什么不同。请举例说明。

5．你是否测试过自己开发的软件，你是否测试过别人开发的软件，你认为测试自己的软件与别人的软件有什么不同之处。

6．如果你是某软件企业的高层，你将如何设置和安排开发团队与 SQA 团队，以使整个企业获得最大化的生产力。

实践

尝试请别人来测试你的软件，看看是否能够发现一些问题和缺陷。别人测试你的软件的效果与你自己测试的效果相比，哪个更好？请分析其中的原因。

9

第 9 章　　维护

学习目标：

- 充分理解软件维护的必要性
- 充分理解软件维护的重要性
- 充分理解对维护人员素质的要求

维护

一旦软件系统经过验收测试、交付或发布给客户之后，对软件系统的任何方面（包括代码、数据、文档等）所做的任何工作都属于维护（Maintenance），直至软件退役，如图 9.1 所示。

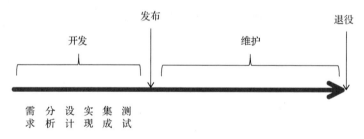

图 9.1　软件过程

9.1　维护的必要性

软件不磨损，用不坏，但程序是人开发的，是人就会犯错误。尽管已经对软件进行了测试，但是程序还是难免会有错误。再加上需求的不断变化和增加、软件运行环境（包括软硬件环境）的变化，使得软件维护是非常必要的。

事实上，我们时常遇到正在使用的一些软件提示打补丁，这时就是在做一些维护，利用补丁来纠正或弥补一些错误或缺陷，或者进行系统升级。

软件维护分为以下三大类。

1．纠错性维护

软件可能在特定的使用条件下暴露出的一些在测试中没有发现的潜在错误或设计缺陷，这些错误需要纠正，无论是需求错误、分析错误、设计错误、编码错误，还是其他任何错误，这种维护称为纠错性维护（Corrective Maintenance）。

事实上，几乎所有的软件产品都存在着或多或少的错误或缺陷，有的错误或缺陷广大用户在一些使用情况下已经遇到了，很有可能还有其他的错误或缺陷将会在某些特定的使用情况下才显露出来。系统现在没有显露出问题，只是因为条件还不具备，但这并不能证明系统中就没有错误和缺陷了。因此纠错性维护是必要的、必须的。

统计数据表明，现实中近 20%的维护是纠错性维护。

2．完善性维护

世界是变化的，软件系统在使用期间会发生很多事情。业务的发展或组织的重构等情况的变化，就会需要改进现有的业务功能或增加新的业务功能或改变业务流程或改善总体性能要求等。这些都属于完善性维护（Perfective Maintenance）。

例如，某用户单位内部的几个部门进行了重组、重新分配了各部门的职能权限、重新规划了各部门之间的业务流程，那么该单位所使用的业务管理软件系统就需要做一些完善性的维护，以适应新的需求，如业务流程的重新设计和开发、各部门及有关用户角色的功能权限的重新定义等，这样可能不仅仅包括对代码进行修改，还包括对分析设计文档、数据库、数据文件进行修改。

再如，某网上商店系统随着其用户数量的快速增长，该系统的用户容量和性能已经远远不能满足要求，那么就需要改进系统架构，同时也可能需要升级服务器，以便能够容纳更多的用户、能够对用户的请求提供更快速的反应，如能够容纳 10 万名用户同时访问，并且对用户请求的平均反应时间不超过 30 秒等。并且，随着智能手机越来越普及，该 PC 版网上商店系统已经不能满足更多用户的需要，客户就会提出开发手机版网上商店系统，这就是新的功能需求。又如，某高校教学管理信息系统，使用两年后，又增加了学生自助打印成绩单的功能，同时增加了手机版学生端 App，这些都是完善性维护。

统计数据表明，现实中超过一半的维护是完善性维护。

3．适应性维护

在软件系统使用期间，其运行的软/硬件环境或社会环境发生变化都会导致该软件系统需要适应性维护（Adaptive Maintenance）。

例如，系统升级，该软件系统可能需要移植到新的编译器、编译系统或硬件平台上，那么就会需要对软件做必要的维护，以适应新的运行环境。

再如，中国居民身份证号的位数从 15 位变为 18 位。在 20 世纪 90 年代对身份证号的设计都是 15 位，在当时计算机资源有限、开发成本高的情况下，15 位的设计是非常正确而且恰当的。随着第二代身份证的出现，第一代和第二代身份证并存，原有的软件系统就需要做适应性维护，把关于身份证号的处理改成既能接纳 15 位，也能接纳 18 位身份证号。后来随着第一代身份证的全面淘汰，这些软件系统就又需要做适应性维护，把关于身份证号的处理，改成仅能接纳 18 位身份证号。

统计数据表明，现实中近两成的维护是适应性维护。

无可避免地，在软件使用期间，可能会有各种情况发生，因此，对软件系统的维护是非常有必要的，是不可回避的。

9.2　维护的重要性

维护一直持续到软件退役（Retire），即软件生命周期的最后一个阶段，其任务就是保证软件系统在其整个运行期间能够正常工作、能够继续满足客户的需求。

事实上，平均来讲，软件产品的维护在时间和成本上占其整个软件生命周期的六成以上，因此无论从社会效益还是从经济效益来讲，无论是对客户方还是开发方，维护都是非常重要的。（1976 年至 1981 年的统计数据表明，软件产品的平均维护成本占总成本的 60%；1992 年至 1998 年的统计数据表明，软件产品的平均维护成本占总成本的 75%。）

维护对软件系统能否继续为用户和客户提供满意的功能、能否被继续使用下去，起着非常重要的作用，而且也关系到开发方的信誉和声誉，对其未来的发展产生极大的影响，因此无论是对客户方还是开发方，都非常重要。

1．对于客户方

维护能够使软件系统保持活力，确保软件系统能够持续地为客户和用户提供服务，这样能够使客户在该软件系统上的投入得到最大化的回报。客户方已经为该软件系统的开发投入了大量的时间、人力、物力和财力，如果被客户方因为该系统存在一些错误或缺陷而不得不放弃该系统，那么客户方将蒙受巨大的损失。而且放弃使用该系统，会使相应领域的业务因为缺少软件系统的支持而更加得不到高效、优质的处理，从而导致客户和用户更大的损失。

2．对于开发方

开发方要充分认识到，维护是好事，而不是麻烦事，因为这意味着客户对该软件系统持信赖的态度，希望通过维护，该软件系统能够继续为用户提供更优质、高效的服务、能够更好地解决用户的实际问题和需求，所以该软件系统将能够有一个比较长远的前途。如果维护工作做得不好，很可能导致该软件系统无法达到理想的应用效果、不能较好地满足客户和用户的需求，从而导致客户对该软件系统的放弃。

据统计，维护阶段的成本远远超过开发阶段的成本，占软件整体成本的六七成及以上，是开发方很重要的一项收入来源，因此只关注开发阶段的效益是远远不够的。而且，维护工作的效果直接影响到软件系统的应用效果和应用前景，客户和用户的满意度关乎软件团队的声誉。

综上，对于开发方来说，无论从哪个层面来讲，忽视维护工作都是不对的、不明智的。

9.3　对维护人员素质的要求

事实上，交付后维护是软件过程中最困难的一个阶段。交付后的维护涉及了软件开发过程中的所有工作环节，如需求、分析、设计、实现与集成、测试等。

对于纠错性维护，维护人员要针对错误报告中所描述的故障或异常情况尽快、准确地判断错误原因、确定维护方案并解决问题，因为这个错误正在影响用户的应用，可能已经或正在造成很大的损失。很多时候除了源代码，缺少甚至没有相关的分析设计文档，或者即使有文档，但是文档内容不全、与源代码不一致，这时就需要维护人员具有超强的调试能力。维护人员如果找到了错误的原因，也必须在修复该错误时，注意不能引入其他错误，即回归错误（Regressive Fault）。修复错误后，要设计测试用例来对所做的修复进行测试，以确认错误得到修正，而且还要进行回归测试（Regressive Testing），以确保没有带来回归错误。这些纠错维护的工作都要维护相应的文档。

完善性维护和适应性维护都是针对新的需求，因此，其工作的起点是需求，即确定新的需求，然后对新的需求进行分析、设计。需要特别注意的是，设计方案要基于现有系统，无论是开发新的功能模块，还是对现有功能模块的改进，都要确保其与现有系统能够无缝、完美地融为一体。同样地，测试人员要对改进后的模块或新开发的模块进行测试，需要设计相应的测试用例，也要进行回归测试。

开发阶段的工作有着明确的分工，由业务领域专家来做需求，由分析师来做分析，由设计师来做设计，由程序员来做实现与集成，由测试专家来做测试，而维护的全部工作，包括需求、分析、设计、实现与集成、测试等都由维护人员来做，因此要求他们必须拥有软件开发专业人员所具备的全部技能，因为要纠正别人的错误，所以要具备比软件开发人员更好的专业技能。

同时，由于维护工作要与用户和客户直接打交道，大多数情况下用户或客户会带有不满的情绪，甚至是报怨，急切地等待故障的排除和问题的解决，因此要求维护人员有较强的社交能力，能够高效地处理与客户或用户的关系。

由此可见，维护是一项难度非常大的工作，绝不可以简单、随便地应付了事。

与开发活动一样，维护活动也应该有一个专门的组织来负责，要有规范的管理、维护计划、维护方案和技术活动。每一次维护活动都要有详细的记录以供软件维护评审时使用，具体内容如下。

- 维护的源文件或文档的标志。
- 对文档的修改，包括需求文档、规格说明文档、设计文档、测试文档等。
- 所使用的编程语言、开发环境、软件环境。
- 对源文件进行维护时，增加的行数、删除的行数、变更的行数。

- 维护的工作量（人月或人日）。
- 维护开始、结束时间（年、月、日）。
- 维护人员名单。
- 维护类型。
- 维护后系统的启用日期。
- 从启用日期开始的程序运行次数、失败次数。
- 本次维护的成本效益分析。

维护工作的性质决定了维护人员必须拥有软件开发专业人员所具备的全部的、更好的技能，以及高超的沟通能力。但现实是这样的。

- 交付后的维护工作受累不讨喜；维护人员总是要面对心存不满的用户或客户；如果用户或客户满意，他们就不需要维护了。
- 软件系统中的错误都是开发人员造成的，而不是维护人员，但维护人员要替开发人员承担过错。
- 源代码不规范、难读难懂。
- 缺少完整的文档，甚至完全没有文档。
- 开发方对维护不重视，把维护工作交给能力较差的技术人员或新手，而且没有指导。
- 维护人员对维护工作没有热情、没有成就感，觉得没有受到应有的重视和尊重。

这种状况需要改观。对于交付后维护这项最具挑战性的工作，管理者必须安排团队中最优秀的程序员来做，以确保维护服务令客户或用户满意，从而使该软件系统和该软件团队获得成功。

 要点

- 软件不磨损，用不坏，但程序还是难免会有错误。再加上需求的不断变化和增加、软件运行环境的变化，因此软件维护是必要的。
- 软件维护分为三大类：纠错性维护、完善性维护和适应性维护。
- 维护是重要的。维护对软件系统能否继续为用户和客户提供满意的功能、能否被继续使用发挥着非常重要的作用，而且关系到开发方的信誉和声誉，对开发方未来的发展产生深远的影响。
- 交付后维护是软件过程中最困难的一个阶段。交付后的维护涉及了软件开发过程中的所有工作环节，如需求、分析、设计、实现与集成、测试等。
- 软件维护工作对维护人员的要求非常高，既要求其有非常全面、非常高超的技术，又要求其有出色的沟通能力。

习题

选择题

1. 在整个软件过程中，哪个阶段投入最长的时间和最多的成本？_____

　　A. 分析　　　　　　B. 设计　　　　　　C. 实现　　　　　　D. 维护

2. 以下哪种维护是为了提高软件产品的性能？_____

　　A. 纠错性维护　　　B. 完善性维护　　　C. 适应性维护　　　D. 哪个也不是

3. 使软件系统适应新的操作系统是_____维护。

　　A. 纠错性　　　　　B. 完善性　　　　　C. 适应性　　　　　D. 哪个也不是

4. 某银行的定期存款利率发生了变化，那么需要对该银行管理信息系统进行_____维护。

　　A. 纠错性　　　　　B. 完善性　　　　　C. 适应性　　　　　D. 哪个也不是

5. 以下哪个关于维护的说法是不对的？_____

　　A. 只有优秀的程序员才能够胜任软件维护工作

　　B. 维护很耗时，所以应该安排新手来锻炼一下

　　C. 维护是一项费力不讨好的工作

　　D. 很多时候，维护人员是为开发人员的错误而受过

6. 假设维护人员定位了程序中的一个错误，试图去修改它，却引进了新的错误，这称为_____。

　　A. 犯错　　　　　　B. 回归错误　　　　C. 故障　　　　　　D. 缺陷

7. _____的目的是检查回归错误。

　　A. 调试　　　　　　B. 审查　　　　　　C. 回归测试　　　　D. 验收测试

8. 以下关于维护的说法哪个是对的？_____

　　A. 软件维护就是指修改代码中的错误

　　B. 软件磨损，所以需要维护

　　C. 软件维护是一项非常有难度的工作

　　D. 如果软件开发做得足够好，软件就不需要维护

思考与讨论

1. 为什么很多软件企业对交付后的维护工作不重视？

2. 如果你是某软件企业的主管，你将如何对待维护工作？

3. 软件系统的运行环境对维护有何影响？请举例说明。

4．假设维护工作的工资比开发工作高，你是愿意做开发工作，还是愿意做维护工作？为什么？

5．如果你与几位同学为你们学院或系里主管学生工作的学生办公室、团委开发了一个学生工作管理信息系统，并且已投入使用，请问接下来将如何为用户提供维护服务？

6．如果你与几位同学为你们学院或系里主管学生工作的学生办公室、团委开发了一个学生工作管理信息系统，并且已投入使用，请问你们几位同学毕业后，该系统是否还有可能得到维护？你们将采取哪些措施或做哪些工作以保证该系统能够继续得到维护？

7．如果你与几位同学为你们学校的在校生开发了一个学生学习和生活互助平台，并且已投入使用，请问接下来将如何为广大同学提供维护服务？

8．如果你与几位同学为你们学校的在校生开发了一个学生学习和生活互助平台，并且已投入使用，请问你们几位同学毕业后，该系统是否还有可能得到维护吗？你们将采取哪些措施或做哪些工作以保证该系统能够继续得到维护？

10

第 10 章　软件生命周期模型

学习目标：

软件生命周期模型

- 了解和理解几种主要的软件生命周期模型
- 理解各种软件生命周期模型的特点
- 理解 Rational 统一过程

软件产品如果经历图 10.1 所示的软件过程，逐个阶段依次经历从需求、分析、设计、实现、维护直到退役，当然是非常理想的。

图 10.1　理想的软件过程

但是现实中很难做到这么理想，因为软件开发人员是人、是会犯错误的，开发期间客户需求还可能发生变化，也就是说软件开发过程中可能需要面对变化的目标及纠正不可避免的错误等问题，这样就使得真正的软件生命周期很难是一个理想的软件开发过程。

软件生命周期模型（Software Life Cycle Model）是指软件产品从无到有、从概念探究到退役所经历的一系列步骤。在软件发展的历史中，众多软件团队在无数的实践后，逐渐探索和沉淀下了一些软件生命周期模型。本章介绍其中一些比较有影响力、被广泛应用的软件生命周期模型。

10.1　瀑布模型

瀑布模型（Waterfall Model）是在 20 世纪 80 年代之前应用较广泛、较成功的软件生命周期模型之一，它对其他软件生命周期模型产生了深远的影响。如图 10.2 所示，瀑布模型的整个过程像瀑布一样，自顶向下，顺次进行需求、分析、设计、实现和维护，直至退役。

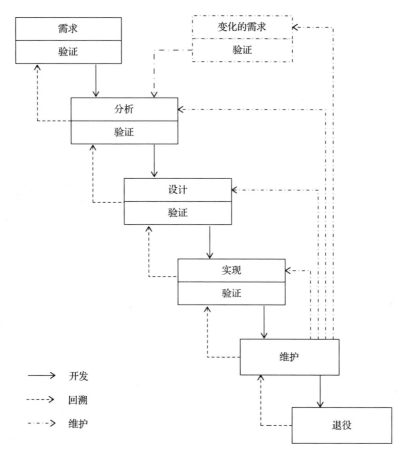

图 10.2　瀑布模型

　　瀑布模型中各阶段之间的界限分明，每一个阶段都要严格地等上一阶段结束才能开始，上一阶段输出的工作成果是下一阶段工作的输入。每个阶段的工作成果在输出给下一阶段之前，都要进行评审，以便尽早发现问题、改正错误。错误早发现、早纠正，就能最大限度地降低后期测试、调试、纠错可能付出的代价。上一个阶段的工作成果经过评审、改进，合格后，才开始下一个阶段的工作。因此，瀑布模型中各阶段之间存在依赖关系。

　　但是，由于软件是抽象的、复杂的，而且开发阶段的软件更多时候还是各种抽象的文档，因此即使各阶段的工作成果都经过严格、认真地评审和改进，但还是不可避免地出现错误或缺陷。如果下一个阶段发现前一个阶段的错误，则需要回溯到上一个阶段进行修正，因此相邻的两个阶段之间有反馈环。

　　瀑布模型的优点很明显，因为瀑布模型是严格地以文档驱动的，强制要求每个阶段都产出规范的产品，而且都必须通过软件质量保证小组的评审，这样保证了软件文档的完备性。而完备的文档对于软件的可维护性有着极其重要的作用，因为没有文档，软件系统几乎很难维护。遵循瀑布模型的软件系统有着完备的文档，因此其维护就会更容易。

　　但是瀑布模型也有明显的缺点。因为瀑布模型是严格地以文档驱动的，在可运行的软件产品交付给客户之前，客户只能通过文档来了解和理解目标软件产品，那么所理解并期盼的软件系统可能与最终实际交付的软件系统有很大的差异。另外，在目标软件系统开发期间，客户对目标软件系统的要求和设想可能会发生变化，而瀑布模型的各阶段工作都从根本上严格依赖于需求阶段所确定的需求，不能适应变化的需求。所以只有在对需求掌握得很准确且在开发过程中需求不发生重大改变的情况下，瀑布模型才是合适的。

10.2　快速原型模型

3.7 节讲解了利用快速原型能够快速、准确地获取需求，快速原型是一种非常有效的获取需求的手段。快速原型模型（Rapid Prototype Model）就是用快速原型来取代需求阶段，利用可视的、可简单运行的快速原型对软件的需求进行初步的分析和设计，该原型能够明确、清晰地体现和演示目标软件系统的主要功能，客户和用户可以与该原型进行接触和互动，进而基于原型给出更具体的意见和更多的需求细节。

开发人员可以基于原型与客户和用户反复沟通和讨论、快速搭建和修改原型，直至快速原型确定了真正的、无歧义的需求、客户满意并认可。开发人员据此快速原型对目标软件系统进行分析、设计、实现，以及相应的测试等，最终开发出客户满意的软件产品。

快速原型模型如图 10.3 所示。

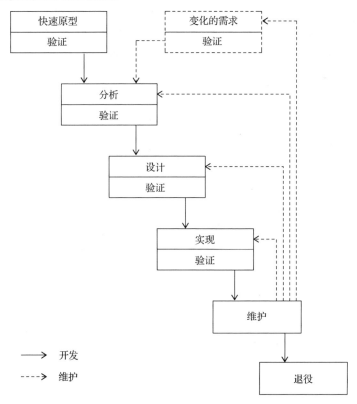

图 10.3　快速原型模型

从图 10.3 可以看出，快速原型模型没有反馈环，开发过程基本上是线性顺序进行的，因为用快速原型模型确认的需求足够明确和详细，所以后面的每个阶段工作都是基于正确无误的需求而开展的，因而各阶段的工作成果也都能够是正确的，不需要向上一个阶段反馈的反馈环。这也正是该模型的主要优点，它规避了瀑布模型的缺点，减少了由于软件需求不明确而带来的开发风险。

10.3 迭代与增量模型

无论是瀑布模型，还是快速原型模型，都将目标软件产品作为一个整体，对其开展需求（或快速原型）、分析、设计、实现与集成等方面的工作，验收测试合格后，一次性地把整个软件产品交付给客户。而如果对于大型和超大型软件系统及客户需求难以一次性确定的情况，这种方式就不适合了，因为大型和超大型软件系统的规模非常大、复杂度非常高，这样的目标软件系统无论对于客户方、用户方还是开发方，都是很大的挑战。对于开发方来说，它必须面对并承担一个超大规模与难度的软件系统的开发，其难度、开发周期和成本都必然非常高。如果开发方投入巨大的成本和资源，但开发出来的软件产品不被客户方和用户方所认可与接受，就意味着开发方收不到预期的开发经费，无法弥补其在该项目上的大量投入，那么开发方将面临极大的风险。

而对于客户方和用户方来说，使用一个全新的、大型的软件系统来工作，就意味着其将不得不大面积，甚至全盘改变原来的工作方式。这无论是对于整个用户单位，还是对于用户方的每一个工作人员，都是一个极大的挑战，因为学习并适应大面积甚至全盘移植的新系统及其带来的新的工作方式是很难的一件事情。事实上，任何一个用户单位应用一套新的软件系统，都要经过一个不可或缺的培训与试运行阶段，这是一个时间不短的、逐渐适应的过程，绝不是一蹴而就的。用户对新系统的不适应、不接受或应用效果不理想，都很可能导致该软件产品的最终失败。

可见一次性地开发、交付并成功应用一个大型或超大型的软件系统是很难的，风险是很大的。解决办法就是采用迭代与增量模型（Iterative and Incremental Model）来开发软件，即将整个目标软件产品分成若干个子系统，对这些子系统逐一开发并交付，直至整个目标软件产品全部交付给用户，这就是增量；在这些子系统内部则以迭代的方式进行开发。

迭代（Iteration）是重复反馈过程的活动，每一次迭代而产生的版本都来越逼近目标或结果，直至最终建造出各方面都满意的产品。每一次对过程的重复反馈就称为一次迭代，而每一次迭代得到的结果会作为下一次迭代的初始值。

在迭代与增量模型中，增量与迭代相互结合和配合；目标软件产品被分成逐个部分地开发和交付，即增量（Increment）；而每一个增量都经历多个版本，即迭代。

例如，某高校信息化建设，综合考虑成本、技术、应用等因素后，依次增量开发并实施应用了财务处、科研管理处、资产处、人事处等管理信息系统，达到了逐步、稳定的信息化建设目标，且实施和应用效果良好。

迭代与增量模型可能有以下两种情形。

（1）如果需求在一开始就基本能确定，则先对整个系统进行整体开发，包括需求、分析和总体设计，然后对各增量进行迭代与增量开发，即对每个增量进行详细设计、实现与集成且测试通过后交付给客户，如图 10.4 所示。

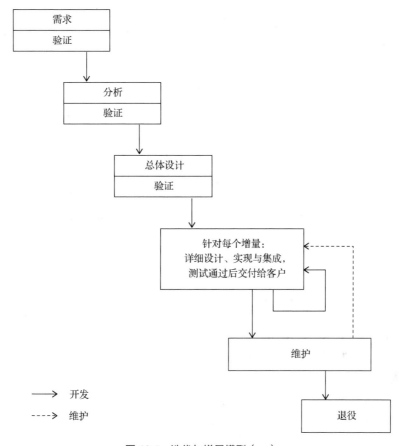

图 10.4　迭代与增量模型（一）

（2）如果需求在一开始不能全部确定，则先从核心功能或者需求能够尽快确定的模块着手，对每一部分按照瀑布模型或者快速原型模型进行开发，完成一个增量则交付一个增量，直至完成整个目标软件系统的开发与交付。这就是增量开发、增量交付，每一个增量内部都采用迭代开发，如图 10.5 所示。

对于开发方来说，迭代与增量模型将整个目标软件系统分为多个增量，分别进行开发，这样能够减少每一轮次的开发工作量、降低技术上的难度，开发方可以在较短的时间内较容易地先开发一部分业务功能，交付给客户和用户使用。同样地，进行下一个增量开发和交付，直至整个目标软件产品开发和交付完毕。这样也使得客户和用户能够有足够的时间逐个部分、逐渐地熟悉并适应新的软件系统，能够减小客户或用户的压力。

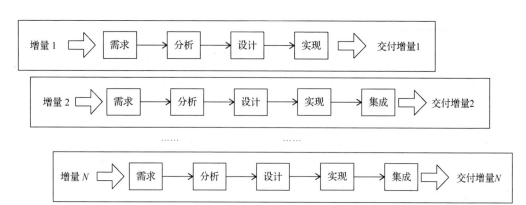

图 10.5　迭代与增量模型（二）

针对各个增量进行开发，每一轮次开发工作量的减少和技术难度的降低，使得开发方在每一轮开发中不需要投入庞大的经费和资源，而且可以保证已开发完毕的增量相应的开发经费及时到位，使得下一个增量的开发能够尽快开始，从而进入一个良性循环，直至这个目标软件产品开发和交付完毕。因此，这样能够极大地降低开发方在经费方面的压力与风险，同时也意味着客户不必一下子支付整个软件系统庞大的开发经费，而是分阶段地支付，极大地减轻了客户方经济方面的压力和风险，也有利于用户逐个部分地逐渐熟悉和适应新系统。

可见，迭代与增量模型非常适合大型或超大型软件系统的开发。

采用迭代与增量模型的确有一系列的益处，但使用该模型也是有难度的：最终目标是要向客户和用户交付一个集成度非常高的、完整的软件产品，因此必须保证每个增量模型都能集成到现有的、已发布的软件产品中，而且还不能破坏整个软件产品的实用性、可靠性、性能等。这时就要求整个目标软件系统的架构具有很好的可扩充性，各增量模块之间的接口要简单、明确、方便灵活。因此，采用迭代与增量模型需要高水平的架构设计来支撑增量开发。当然，高水平的架构设计也为将来的完善性维护打下了非常好的基础。

10.4　同步稳定模型

同步稳定软件生命周期模型（Synchronize and Stabilize Life-Cycle Model）是主要为微软公司所采用的一种迭代—增量模型，也称为微软解决框架（Microsoft Solution Framework）。

微软公司主要开发面向广大潜在客户的通用软件产品，在启动软件产品计划时，并没有明确的客户，更没有合同。微软向潜在用户群体进行需求调研、收集并分析需求，进而从中提取出对用户具有最高优先级的需求，确定规格说明。然后将工作分为 3～4 个构件（Builds），第一个构件是最重要的需求，第二个构件次之，依次类推。这些构件由一些小组承担开发任务，并且并行进行；每个小组由 3～8 名开发者组成。每天工作结束前，所有小组都要将代码输入产品数据库中以同步（Synchronize）当天的工作。如果同步遇到问题，即某组的代码阻碍了当天的同步顺利完成，则问题必须立刻解决，以保证当天的同步顺利完成。在每个构件开发结束时要进行稳定化工作（Stabilize），即修补测试到的错误、稳定代码，也称冻结。

这种从开发早期开始的、重复的同步稳定方法能够保证这些构件总能成功地集成在一起工作，使开发人员能够尽早了解产品的工作状态且及时修正错误。

10.5　螺旋模型

如前所述，软件开发中几乎总会有风险。如果风险过大，而目标软件产品还在继续开发，则将遭遇到项目开发失败，使开发方和客户方蒙受巨大的损失。针对这个问题，螺旋模型（Spiral Model）于 1988 年被提出，它结合了瀑布模型和快速原型模型的优点，强调其他模型均未考虑的风险分析。如图 10.6 所示，可以把螺旋模型简单地看作是在每个阶段之前带有风险分析（Risk Analysis）的瀑布模型或快速原型模型，在每一个阶段开始之前都进行风险分析，如果风险在可控范围内，则继续开发工作，否则，立即终止该项目。可以说，螺旋模型是风险驱动的。

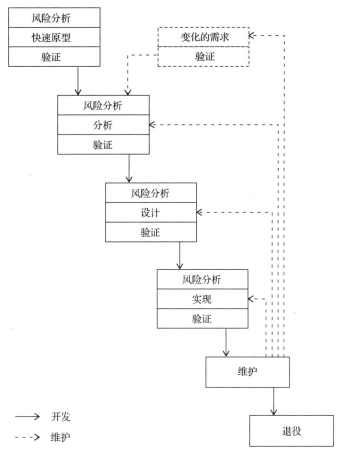

图 10.6　螺旋模型

应用螺旋模型有以下一些限制条件。

（1）螺旋模型仅限于内部软件（Internal/in-house Software），即项目开发方和客户方是同一个组织内的部门成员。如果风险过大，项目应该终止，则该项目可以实现终止。如果该项目基于开发方与外部客户方签订的合同，则任何一方在另一方不同意的情况下都是不可能终止开发、终止合同的，否则会导致法律诉讼等问题。

（2）螺旋模型仅适用于大型或超大型软件项目，它需要由风险分析专家来做风险分析，这样是有经济成本和时间成本的。如果软件项目规模不大，则风险分析的成本和时间周期可能与整个项目的成本和开发周期相当，这样将严重影响项目的利润和进度。

（3）螺旋模型要求开发人员能够胜任风险分析和风险处理。

本章介绍了几种软件生命周期模型，可以看到每一种模型都有其优缺点和适用性，不存在一种放之四海而皆准的模型。理论上的开发方式与实践中的软件开发方式会有很大的不同，任何一个软件组织在为一个目标软件系统选择软件生命周期模型这个问题上都不能教条，在应用软件生命周期模型时不能僵化。所有软件组织都要综合考虑多种因素来选择最适合的软件生命周期模型，包括目标软件系统的规模、特点与属性、其软件组织的项目经验与管理能力、组织结构、管理机制、雇员的项目经验与能力，以及开发环境和技术等。

开发团队还可以根据目标软件产品自身的特性，灵活改变和重组模型。也就是说实际开发过程中，不必拘泥于某种软件生命周期模型的固定模式，而是可以根据每个阶段工作的需要，灵活选择各种生命周期模型中最适合本项目的部分，取长补短，以获得项目开发的最佳效果和这个目标软件系统的最终成功。

选择题

1. 以下哪种软件生命周期模型将软件分成若干子系统/构件，后逐一将子系统/构件发布给客户？ _____

    A．瀑布模型　　　B．快速原型模型　　C．增量模型　　　D．螺旋模型

2. 哪种软件生命周期模型仅适用于大型项目或内部项目？ _____

    A．瀑布模型　　　B．快速原型模型　　C．增量模型　　　D．螺旋模型

3. 看待螺旋模型的最简单方法就是把它看作在瀑布模型或快速原型模型的每个阶段之前都加上_____。

    A．测试　　　　　B．风险分析　　　　C．决策分析　　　D．可能性分析

4. 瀑布模型_____。

    A. 适用于当需求明确定义的情况   B. 适用于快速创建软件产品

    C. 适用于大型开发项目   D. 是目前尚无法应用的模型

5. 瀑布模型最大的缺点是它很难适应_____的变化。

    A. 算法   B. 维护   C. 数据结构   D. 需求

6. 以下关于快速原型模型的哪个说法是不对的？_____

    A. 快速原型模型能够帮助软件团队快速收集和确认客户与用户真正需要什么

    B. 程序员可能基于快速原型模型的代码开发目标软件系统

    C. 快速原型模型必须快速搭建

    D. 快速原型模型在 20 世纪 70 年代非常成功

7. 以下哪个软件生命周期模型是最好的？_____

    A. 瀑布模型

    B. 快速原型模型

    C. 增量模型

    D. 不能简单地比较优劣，要具体情况具体分析

8. 以下哪个说法是正确的？_____

    A. 对于目标软件系统，我们要选择最好的软件生命周期模型

    B. 软件需求只关乎于目标软件系统的功能

    C. 发生软件危机的原因之一就是缺少文档，因此我们应该在软件项目周期中利用一个单独的阶段来撰写充足的文档

    D. 对于目标软件系统，我们要选择最适合的软件生命周期模型

思考与讨论

1. 你与几位同学组成了一个软件开发团队，假设你们团队的目标软件系统是高校学生宿舍楼管理信息系统，你们团队将如何为该系统选择软件生命周期模型，哪种软件生命周期模型最适合？

2. 你与几位同学组成了一个软件开发团队，假设你们团队的目标软件系统是高校学生工作管理信息系统，你们团队将如何为该系统选择软件生命周期模型，哪种软件生命周期模型最适合？

3. 你与几位同学组成了一个软件开发团队，假设你们团队的目标软件系统是高校教学管理信息系统，你们团队将如何为该系统选择软件生命周期模型，哪种软件生命周期模型最适合？

4. 你与几位同学组成了一个软件开发团队，假设你们团队的目标软件系统是一个基于 Web 的、为在读高校学生提供的学习和生活互助平台，你们团队将如何为该系统选择软件生命周期模型，哪种软件生命周期模型最适合？

5．你与几位同学组成了一个软件开发团队，假设你们团队的目标软件系统是饭店管理信息系统，你们团队将如何为该系统选择软件生命周期模型，哪种软件生命周期模型最适合？

6．你与几位同学组成了一个软件开发团队，假设你们团队的目标软件系统是宾馆管理体系，你们团队将如何为该系统选择软件生命周期模型，哪种软件生命周期模型最适合？

7．世界上的万物都有着各自怎样的生命周期模型，这些生命周期模型之间有着怎样的相同、相似以及不同之处，为什么会有这样的现象？这些现象揭示了一种怎样的普适、唯物的基本原理？

11

第 11 章　敏捷软件开发

学习目标：

- 了解和理解敏捷软件开发的目的与内涵
- 了解敏捷软件开发的核心价值与原则
- 了解极限编程
- 理解敏捷开发与计划驱动开发的不同

本书第 1 章就提到软件几乎服务于所有行业领域，软件已经成为所有行业领域正常运转和发展中不可或缺的重要组成部分，将各行业领域提升到了一个前所未有的水平和高度。当前的世界正在以人类文明从未有过的速度快速发展变化，几乎所有行业领域都在快速发展，也就是说软件所服务的行业领域都在快速发展，软件所面对的行业业务都处于全球性的、快速发展的环境中。所以，软件开发与交付如何应对和满足快速发展的社会环境，就越来越成为软件成功的重要因素、乃至于制胜法宝，越来越成为软件行业的机遇与挑战。

行业在发展，业务在变化，很多情况下不可能获得完整的和固定不变的软件需求。目标软件系统的设计方案都已经确定，甚至代码都已经开发完成，客户和用户的想法却发生了变化，或业务本身发生了变化，或业务的社会环境发生了变化等，使得系统的需求、设计和开发被迫改变甚至推倒重来，这样的情况屡见不鲜。在这种情况下，期望能够基于稳定的、明确的需求开展分析、设计和实现这一系列理想的、计划驱动的软件过程是很不现实的。

对于有些大型的或对可靠性、健壮性和安全性要求非常高的系统，对其采用计划驱动的软件开发过程是适宜的和必要的。然而，在快速变化的业务环境中，很可能软件开发完毕、即将投入使用时，当初需要该软件的理由已经不存在了，也就是说，此时该软件已经派不上用场了。因此，在有些情况下，目标软件系统能够快速开发和交付是非常必要和重要的。

敏捷软件开发（Agile Software Development），简称敏捷开发，即快速的软件开发，迅速构建可用软件。对以下两种类型的软件系统开发，敏捷软件开发是非常成功的。

（1）软件团队拟构建、开发并准备推向市场的是一个小型或中型的软件产品。

（2）单位内部定制软件系统的开发。客户与开发团队都是同属一个单位，客户能够对参与到开发过程中去有明确的承诺和履行，且没有来自外部规章和法律等的影响。

敏捷软件开发有多种方法，这些敏捷方法都是建立在增量式开发和交付的基本理念上，但是它们所经历的过程是不同的。然而，这些方法的基本原则是相同的：

（1）客户参与。客户应该始终紧密参与到开发活动中，提供目标软件系统的需求、对需求的优先级进行排序并评估系统的迭代。

（2）增量式交付。整个软件系统以增量的方式进行开发和交付，客户提供每个增量中的明确需求。

（3）人非过程。开发团队的技术应该得到承认和发扬，团队成员应该保持他们自己的工作风格，不落俗套。

（4）接受变更。把系统需求可能发生变更视为开发过程中的非异常现象，系统的架构设计和项目管理应该能够适应这些变更。

（5）保持简单性。努力使所开发的软件系统及开发过程简单、实用。只要有可能，就积极地尽量排除软件系统及其开发过程中的复杂性。

11.1　敏捷方法

在 20 世纪 80 年代和 90 年代初，人们对于开发好的软件的最好方法的普遍共识：需要通过仔细的项目规划和形式化质量保证，采用 CASE 工具所支持的分析和设计方法，遵循受控的和严格的软件开发过程。这些观点来自软件工程领域中关注大型、长生命周期且由大量单体程序所构成的软件系统开发的那些人。这种软件是由大型团队所开发的。这些基于计划的方法涉及在规划、设计和文档生成方面的高额的费用。这种计划驱动的方法在以下情况下是合理的：目标软件系统是要求极高的系统，或当多个开发团队必须协同工作，或者需要大量人力投入软件维护工作中去。

然而，当重量级的、计划驱动的开发方法应用于小型或者是中等规模业务系统时，其成本在整个软件开发过程中所占的比例非常大，以致影响到整个开发成本。更多的时间和人力花费在系统应该如何开发，而不是花费在程序开发和测试上。当系统需求发生了变更，分析和设计都要随着需求的改变而返工，其成本和代价是非常大的。

针对计划驱动开发方法的这种不足，业界在 20 世纪 90 年代提出了敏捷开发方法，即敏捷方法（Agile Method），开发团队将主要精力集中在目标软件本身，而不是在完成大量的文档上。敏捷方法依赖于迭代方法来完成软件分析、设计和开发，最适合在开发过程中需求不断变化的目标软件系统，客户新的需求在下一次迭代中进行设计、实现和交付。

敏捷方法的基本原理体现在敏捷宣言（也称敏捷软件开发宣言）中，通常指 4 种核心价值和 12 条原则，可以指导迭代的、以人为中心的软件开发方法。

敏捷宣言强调敏捷软件开发的 4 种核心价值：

（1）个体和互动高于流程和工具。

（2）运行良好的软件高于详尽的文档。

（3）客户合作高于合同谈判。

（4）适应需求变化高于遵循计划。

敏捷宣言提出的 12 条原则已经应用于管理大量的业及与 IT 相关项目中，包括商业智能（BI）。这 12 条原则如下。

（1）工作目标的最高优先级：通过尽早和持续交付有高价值的软件来满足客户。

（2）欣然面对需求变化，即使是在开发阶段的后期；敏捷流程就是通过灵活适应需求变化来为客户获得竞争优势。

（3）频繁交付可运行的软件，交付周期从数周到数月，越短越好。

（4）在项目过程中，业务人员和开发人员必须每天在一起工作。

（5）以受到激励的个体为核心构造目标软件，为他们提供所需的环境和支持，信任他们可以把工作做好。

（6）最有效的、最高效的沟通方法是面对面的交流。

（7）可运行的软件是衡量进度的首要标准。

（8）敏捷方法倡导可持续开发。客户、开发人员、用户要能够长期共同维持开发的步调和节奏，稳定向前推进开发。

（9）持续地追求技术卓越和良好的设计，以此增强敏捷的能力。

（10）简单。尽最大可能减少不必要的工作，简单是敏捷流程的根本。

（11）最佳架构、需求和设计，来自组织型的团队。

（12）团队定期反思如何提升效率，并调节和调整自己的工作方式。

敏捷方法的成功，必然使人们有极大的兴趣要将这些方法应用到软件开发中。然而，敏捷方法所基于的基本原则有时是很难付诸实施的，因为敏捷方法致力于小型的、密集集合的团队，将它扩展到大型系统中，会有很多问题：

（1）虽然让客户参与到开发过程中的想法是很吸引人的，但是它的成功依赖于有意愿加入进来且愿意在与开发团队的沟通上花时间的人，且此人还要能够代表所有的信息持有者。现实情况往往是客户代表因为各种原因而不能够全身心地投入软件开发中来。

（2）团队成员可能从性格上不太适应高强度的投入，而高强度的投入正是敏捷方法的典型特征。因而他们可能不能与其他成员进行良好的沟通。

（3）对需求变更做出优先级排序可能是极其困难的，尤其是对那些拥有很多不同角色的用户的系统。典型情况是，每种角色的用户都会给出不同的优先级排序。

（4）需要多于常规维护的工作。迫于交付时间的压力，团队成员会没有时间执行应该有的系统优化和简化过程。这使得交付后的维护工作可能多于计划型开发后的维护。

（5）许多机构，特别是大公司，已花费多年致力于改变他们的文化，已保证制定和遵循过程规范，他们很难转向另一种工作模式。而敏捷软件开发的过程是非正规的，而且是由开发团队制定的。

另外，还有个问题，也是增量式开发和交付的一般问题：软件需求文档是客户和开发团队之间的合同的一部分，然而不断变化的、增量的需求是敏捷方法的固有特性，为此类开发撰写合同是件困难的事情。

敏捷方法是增量式开发方法，每个增量一般都比较小。通常，每两三个星期就会创建系统的新版本并提供给用户使用。用户参与开发过程，使得开发团队能够快速地获得变更需求的反馈。敏捷方法利用非正式的沟通，并不是采用有书面文件的正式会议，这样使文档工作最小化。

11.2　极限编程

1996 年 3 月，Kent 在为 DaimlerChrysler 所做的一个项目中引入了新的软件开发观念——极限编程（Extreme Programming，XP）。极限编程，是一种软件开发方法，是敏捷软件开发中富有成效的几种方法之一。

极限编程适用于小团队开发，是一种轻量级的、灵巧的软件开发方法；同时它也是一种非常严谨和周密的方法。它的基础和价值观是交流、朴素、反馈和勇气；即，任何一个软件项目都可以从四个方面入手进行改善：加强交流、从简单做起、寻求反馈、勇于实事求是。

极限编程是一种近螺旋式的开发方法，它将复杂的开发过程分解为一个个相对比较简单的小周期；通过积极的交流、反馈及其他一系列的方法，开发人员和客户可以非常清楚开发的进度、变化、待解决的问题和潜在的困难等，并根据实际情况及时地调整开发过程。

极限编程的主要目标是降低因需求变更而带来的成本。在传统系统开发方法中，系统需求是在项目开发的开始阶段就确定下来的，并在之后的开发过程中保持不变的。这意味着项目开发进入到之后的阶段时而出现的需求变更将导致开发成本急速增加，而这样的需求变更在一些发展极快的领域中是不可避免的。极限编程通过引入基本价值、原则、方法等来达到降低变更成本的目的。

在极限编程中，客户是开发团队的成员，与团队其他成员紧密合作，在对系统需求的梳理、定义、确定和优先权排序工作中，发挥着重要的、不可或缺的作用。所有的需求都以应用情境描述的形式来表达。

程序员两两配对组合，在同一台计算机上协同工作，即结对编程（Pair Programming）。这种两两结对是动态变化的，并不总是同一对程序员在一起工作；每个程序员都会更换合作伙伴，在整个软件开发过程中有机会与其他成员一起工作。

结对编程有以下优点：

240

软件工程原理与方法（微课版）

（1）结对编程使得信息是共享的。当有成员离开团队时，这种信息共享降低了项目的整体风险。

（2）团队对解决软件中的问题负责，个人不对代码中所出现的问题负责。

（3）结对编程承担了非正式的审查过程，因为每一行代码至少经过了两个人。代码审查对于发现绝大多数软件错误是非常成功的。

（4）有助于支持重构。这是一个软件改善的过程。在正规开发环境中，实现结对编程的困难在于这种投入是一种长期回报。对于单个成员来说，执行重构任务的人会被视为比只负责进行编程的程序员效率要低。而结对编程使得其他成员马上就能从重构中受益。

研究表明，结对编程的效率与单个人编程的生产率是相当的。这是因为两个人在开发之前和过程中对软件解决方案的讨论会减少错误的发生和返工，这种非常规的审查所避免的错误数量减少了仅在测试时发现缺陷而进行修改的时间。

11.3 敏捷开发与计划驱动开发

敏捷软件开发中任务设计和实现是其软件过程中的核心活动。敏捷方法将其他活动，如需求和测试，合并到设计和实现活动中。相对而言，计划驱动方法区分软件过程中的每个阶段及其相关输出。

在计划驱动的方法中，迭代发生在各个活动之中，用正式文件在软件过程的各个阶段之间进行沟通。在敏捷方法中，迭代发生在所有活动之间。

计划驱动的软件过程也可以支持增量式开发和交付。基于获取的需求将设计和实现分为一系列的增量是完全可行的。事实上，大多数的软件过程都包括计划驱动开发和敏捷开发。为了在计划驱动和敏捷方法之间取得平衡，必须明确一些问题：

（1）目标软件系统的类型是什么？在实现之前，有非常详细的需求分析和设计是否非常重要和必要？如果是，则计划驱动是最好的方法。

（2）增量交付策略，即软件交付给用户并快速地取得反馈，可能否？如果是，则考虑采用敏捷方法。

（3）目标软件系统的规模有多大？敏捷方法对于小的、处于同一地点的开发团队来说大多数有效的，这种团队的交流往往是非正式的。而需要大的开发团队的大型系统，则适宜采用计划驱动的方法。

（4）目标软件系统的寿命将是多长？长寿命的软件系统将需要更多的完善性维护和适应性维护，因此需求、分析、设计文档就必不可少、很重要，这种系统应该采用计划驱动方法。

（5）系统实现采用什么技术？敏捷开发通常依赖于好的工具。如果编程实现不能采用可视化编程和实现工具，就可能需要更多的设计文档，这种情况下，计划驱动的软件开发是最现实的选择。

（6）开发团队是怎么组织的？如果开发团队是分散的或一部分开发是外包的、多个开发团队合作开发，那么就需要规范的设计文档，以在开发团队之间进行沟通，则应该提前做好计划。

（7）开发团队的文化传统。习惯于传统开发方法的团队有计划驱动的文化，完备的文档是其工程规范。

（8）开发团队中的设计人员和编程人员的能力如何？计划驱动的编程人员可以按照详细设计方案来实现代码。而敏捷方法则需要开发人员有更全面的、更高的技术水平来综合并快速地完成分析、设计与实现工作。当然，采用计划驱动方法时，要由最好的人员来做设计。

（9）目标软件系统是否受制于外部法规？如果外部要求目标软件系统有详细完备的文档，则必须采用计划驱动方法。

实际中，一个项目是计划驱动开发还是敏捷开发，这并不是最重要的，软件系统的消费者主要关注的是可执行软件系统是否满足他们的需求、对他们是否有用。在实践中，许多团队将敏捷方法与计划驱动的过程集成在一起，灵活应用。

 要点

- 敏捷软件开发的由来与目的。
- 敏捷方法的核心价值与原则。
- 极限编程的基本方法。
- 敏捷开发与计划驱动开发的比较与选择。

 习题

选择题

1．以下关于敏捷方法的说法，哪个是正确的？ _____
   A．敏捷方法是增量式开发方法　　　B．敏捷方法适用于大型团队、大公司
   C．敏捷方法随着软件的诞生而出现　D．敏捷方法不需要客户参与

2．以下关于极限编程 XP 的说法，哪个是正确的？ _____
   A．极限编程 XP 中，不需要程序员结对编程
   B．极限编程 XP 于 20 世纪 60 年代被提出
   C．极限编程 XP 于 20 世纪 90 年代被提出
   D．极限编程 XP 是重量级的软件开发方法

3．以下哪个说法是正确的？ _____
   A．敏捷开发强调完备的需求分析与设计文档

B．敏捷开发对编程人员的要求高于计划驱动对编程人员的要求

C．软件消费者通常很关注软件是敏捷开发的，还是计划驱动开发的

D．如果开发团队是分散的、或多个开发团队合作开发，那么就不需要丰富的、规范的设计文档

思考与讨论

1．对有些目标软件系统，快速交付和部署可能比系统的具体功能更重要。你是否同意这个观点，请用例子来阐述你的观点。

2．你与你的同寝室同学组成了一个软件开发团队，拟利用周末时间为你们的宿舍楼开发一个管理信息系统，你们团队是否考虑采用敏捷开发，为什么？

3．你与几位同学组成了一个软件开发团队，假设你们团队的目标软件系统是高校学生工作管理信息系统，你们团队是否考虑采用敏捷开发，为什么？

4．你与几位同学组成了一个软件开发团队，假设你们团队的目标软件系统是高校教学管理信息系统，你们团队是否考虑采用敏捷开发，为什么？

5．你与几位同学组成了一个软件开发团队，拟利用寒假开发一个基于 Web 的、为在读高校学生提供学习和生活互助平台。因为要与家人欢度春节，所以你们各位同学这个寒假都分别在各自的家里。这种情况下，你们团队是否考虑采用敏捷开发，为什么？

6．你与几位同学组成了一个软件开发团队，假设你们团队的目标软件系统是饭店管理信息系统，你们团队是否考虑采用敏捷开发，为什么？

12

第 12 章 综合案例实践

本章以某网上商店管理信息系统为实践案例，展示从需求到分析与设计的工作过程及成果。

12.1 案例简介

自从 1999 年年底，随着互联网高潮的来临，我国网络购物的用户规模不断上升，大量网民养成了网购消费习惯。网络购物对于很多人来说是很熟悉的事情，尤其对于年轻人。

网上商店系统是基于 Web 的购物应用的软件，一般为 B/S 架构，其俗称网店系统、电子商务系统（简称电商系统）、电子购物系统。借助网上商店系统，小、中企业和个人可以快速、高效地搭建适合自己企业或个人的电子商务平台，开展电子商务活动。

网上商店系统的业务主线是众多商家能够在网上商店系统发布自己店铺的信息及所卖商品的详细信息，广大客户能够浏览商品和购买商品。相应地，该系统还需要一系列相关的功能，包括注册&登录、客户信息管理、商品分类管理、商品检索与查询、商品排行榜、商品推荐、购物篮管理、在线订单生成、订单支付、订单查询、商品评价、退款退货等功能。

毫无疑问，网上商店的业务功能和业务逻辑是非常复杂的，整个系统是非常庞大的。出于教学需要，本网上商店系统基于大多数实际网上商店系统的基本业务功能进行了缩略和简化，只考虑一部分核心业务。

（1）假设系统只面向一个商家。

（2）假设客户登录后才能浏览商品和下订单。

（3）只考虑购物篮功能和在线生成订单功能。

（4）灵活好用的购物篮，客户能够实时了解当前购物篮中商品总价、商品数量、商品名称、商品类型等，客户能够实时对购物篮商品进行增删及清空，并能够完成对商品总价的及时更新。

（5）在线生成订单，系统综合客户资料、产品资料、总金额、支付方式、配送方式等信息自动生成完善的订单，并发送到商店管理后台，供商店管理员实时进行处理。

（6）客户退出后，系统不保存该购物篮。

本章的网上商店系统命名为红星网上商店系统。

12.2　需求文档

表 12.1 是以红星网上商店系统为案例，展示一个软件项目的需求文档样例。

表 12.1

文档名	红星网上商店系统需求文档				
文档编号	红星网店-ReqDoc	版本号	V1.1	页数	***
文档撰写人	甲、乙		文档撰写时间		YYYY/MM/DD
文档检查人	丙		文档检查时间		YYYY/MM/DD
开发方批准人	丁		客户方批准人		戊
开发方批准时间	YYYY/MM/DD		客户方批准时间		YYYY/MM/DD

序号	修改时间	修改人	修改内容
1	****/**/**	己	购物篮：任何时刻，用户界面上都向顾客显示购物篮中货单的详细信息，并且随着购物篮中的商品变化而实时刷新，详细信息包括商品总价、商品总质量、运输方式、运费、合计总价（商品总价+运费）

项目名称	红星网上商店系统
项目简介	红星网上商店系统是一个基于 WWW 的网上商店系统，为顾客提供网上购物的功能
用户介绍	顾客：指该网上商店系统的注册用户，其登录系统后可以浏览商品、下订单
术语表	• 顾客账户：该系统每一个注册用户都将获得该系统中的一个账户，账户信息包括姓名、用户账号、密码、联系电话、地址； • 商品：指该系统中所售卖的商品； • 商品信息：指商品名称、单价、商品描述、图片、运输质量； • 商品清单：提供顾客浏览和购买的商品清单； • 购物篮：指顾客拟购买商品的集合，其中每种商品都可以定义一个大于 0 的、拟购买的整数数量。每种商品的数量默认值为 1； • 订单：顾客的每一次购物称为一个订单，订单的具体信息包括订单编号、顾客账号、下单日期、订单总价（所有商品的总价+运费）、送货地址、总运输质量、运输模式（陆运或空运）、运费（根据总运输质量和运输模式来计算）、商品编号、数量、商品总价（该商品单价×数量）； • 订单历史：指顾客曾经下过的订单的集合，每个订单的详细信息包括订单编号、下单日期、订单总价、送货地址、总运输质量、运输模式、运费、商品编号、数量、商品总价

功能性需求	<ul><li>商品信息<ul><li>允许顾客浏览商品清单；</li><li>允许顾客查看每一种商品的详细信息。</li></ul></li><li>购物篮<ul><li>顾客登录后，即可获得一个可供使用的、空的购物篮；</li><li>允许顾客向购物篮中添加商品，该商品的数量默认值为 1；</li><li>允许顾客对购物篮中每一种商品定义大于 1 的整数数量；</li><li>允许顾客从购物篮中移除商品；</li><li>允许顾客清空购物篮；</li><li>允许顾客选择运输模式，如空运或陆运；一旦运输模式发生变化，当前购物篮的运费、订单总价也实时更新变化；</li><li>任何时刻，用户界面上都向顾客显示购物篮中货单的详细信息，并且随着购物篮中的商品变化而随之刷新，详细信息包括商品总价、商品总质量、运输方式、运费、订单总价（商品总价+运费）；</li><li>如果顾客退出，购物篮随之销毁，即不为顾客保留，顾客下次登录时，他将获得一个空的购物篮。</li></ul></li><li>订单<ul><li>允许顾客把当前购物篮作为订单来提交，生成一个订单。</li></ul></li><li>历史订单<ul><li>允许顾客查看自己全部的历史订单清单；</li><li>允许顾客查看自己每一条历史订单的详细信息。</li></ul></li><li>登录&退出<ul><li>顾客使用该系统之前要登录，登录之后才可进行各种操作；</li><li>只有在顾客使用正确的用户账号和密码才能成功登录；</li><li>顾客可以通过"退出"操作退出系统。</li></ul></li><li>注册<ul><li>允许用户通过提供姓名、用户账号、密码（登录密码）、联系电话、地址来注册成为系统顾客</li></ul></li></ul>
非功能性需求	<ul><li>性能：系统要能够支持 2000 个用户同时访问，而且每次反应时间不超过 30 秒；</li><li>可靠性：系统要每周 7 天，每天 24 小时可用；</li><li>健壮性<ul><li>故障的平均间隔时间不少于 4 周；</li><li>在软硬件故障情况下，能够在第一次服务请求的 5 小时之内提供技术支持；</li><li>在软硬件故障情况下，每次故障的平均修复时间不超过 12 小时。</li></ul></li><li>系统架构<ul><li>系统应采用 Java Web 技术、MVC 架构；</li><li>永久性数据应保存在后台数据库中，应采用免费数据库，如 MySQL、PostgreSQL 等；</li><li>Java 应用系统与后台数据库之间应采用 JDBC 接口技术</li></ul></li></ul>

12.3　用例图

本节基于上节中红星网上商店系统的需求文档，对该目标软件系统进行用例建模。

顾客与该网上商店系统有交互，因此，"顾客"是该系统的参与者。

顾客需要先登录，才能进入该网上商店系统，因此，"登录"是一个用例。顾客浏览商品来获得商品的详细信息，该操作是顾客在该系统中的一种主要操作，因此，"浏览商品"也是一个用例。顾客操作购物篮并不直接产生什么业务结果，它只是下订单这个业务过程中的一部分，因此操作购物篮不是一个用例。由于下订单这个业务操作产生结果"订单"，因此"下订单"是一个用例。顾客可以退出该网上商店系统而结束与该系统的交互，因此"退出"是一个用例。据此，得到该网上商店系统的用例图如图 12.1 所示。

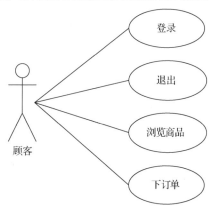

图 12.1　红星网上商店系统用例图

12.4　初始类图

本节基于 12.2 节中的需求文档和 12.3 节中的用例图，对该目标软件系统进行类建模。

不同于淘宝上有很多店铺，该网上购物系统只有一家商铺，该商铺在系统上售卖许多商品。已经注册的顾客可登录进入该系统。顾客登录后，可以浏览商品，商品信息包括商品名称、单价、商品介绍、图片等；顾客可以将所选择的商品加入购物篮中，而且每种商品的数量可以定义。顾客可以将商品从购物篮中移除，也可以清空购物篮。如果顾客退出系统，系统不为其保留购物篮，即顾客下次登录，他的购物篮初始为空。顾客如果决定购买购物篮中的商品，可以下订单，并且在订单中可以选择运输方式（陆运或空运），再根据商品的运输质量计算订单的运费，进而产生订单总价（商品总价+运费）。

我们采用名词抽取方法，然后经过甄别，发现顾客、商品、订单和购物篮 4 个候选类。下面我们对它们逐一进行审查。

1.　顾客

因为顾客的信息（如顾客编号、姓名、密码、电话等）在系统中要做持久性保存，而且顾客与系统进行交互的伊始要通过登录来进行身份认证，因此顾客是一个实体类。

2. 商品

现实中的每种商品都有其相应的商品名称、单价、外形等；相应地在系统中每种商品都有商品编号、商品名称、商品介绍、商品单价、商品单重、商品图片等数据，这些数据都持久地保存在系统中，所以商品也是一个实体类。

3. 订单

现实中，我们每次在商场购物，在收银台支付后，会获得一张收据，上面是此次购物购买的商品、数量、商品总价和支付总价，即购物记录。

在购物系统中，顾客每提交一个订单，系统里也相应地生成一条订单记录，订单数据包括订单编号、顾客编号、订单日期、商品总价、运输方式、运输质量、运费、订单总价、收货地址等。而且订单数据是持久地保存在系统中，因此，订单也是一个实体类。

为了使一个订单里可以有多种商品成为可能，经过分析，我们从订单中分离出一个实体类"订单明细"，订单明细包括商品编号、商品数量、商品总价。订单明细是订单的一部分，每一订单中包含一条或多条订单明细。具体见 5.4.3 小节。

4. 购物篮

购物篮中可容纳多种已选的商品，但顾客退出后，在系统中并不对购物篮进行持久性保存，购物篮只是在购物过程中用户界面上的一个界面类，只是已选商品的一个临时容器，因此购物篮不是实体类。

依上分析，我们获得这个案例的初始类图，如图 12.2 所示。

12.5 顺序图

本节基于 12.2 节中的需求文档、12.3 节中的用例图和 12.4 节中的初试类图，对该目标软件系统的用例利用顺序图进行设计。

图 12.1 中用例"浏览商品"的顺序图如图 12.3 所示，用例"下订单"的顺序图如图 12.4 所示。

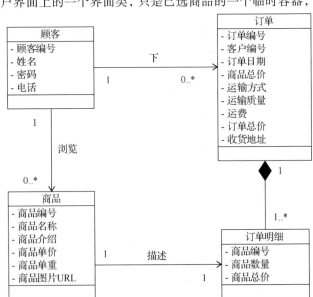

图 12.2 红星网上商店购物系统初始类图

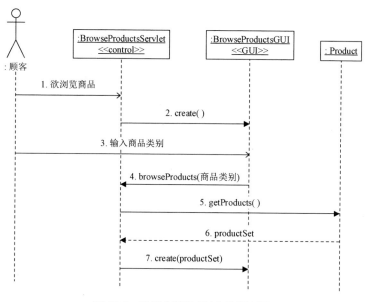

图 12.3　用例"浏览商品"的顺序图

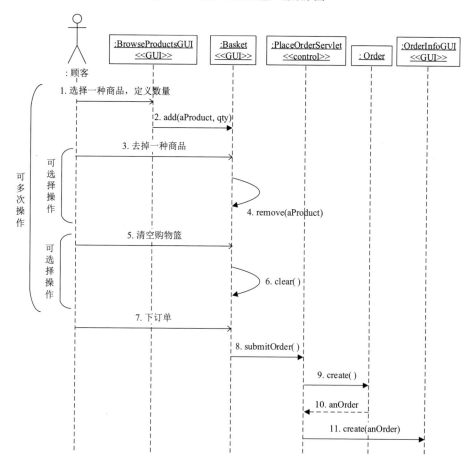

图 12.4　用例"下订单"的顺序图

参考文献

[1] Stephen R. Schach.面向对象软件工程[M].黄琳鹏,等,译.北京:机械工业出版社,2011.

[2] Ian Sommerville.软件工程[M].程成,等,译.北京:机械工业出版社,2016.

[3] 窦万峰.软件工程方法与实践[M].北京:机械工业出版社,2009.

[4] 胡思康.软件工程基础[M].3 版.北京:清华大学出版社,2019.

[5] 张海藩.软件工程[M].北京:人民邮电出版社,2002.

[6] 麻志毅.面向对象开发方法[M].北京:机械工业出版社,2011.

[7] 王爽.汇编语言[M].2 版.北京:清华大学出版社,2013.

[8] 敏捷软件开发宣言,敏捷宣言.2001[2001-02-13].